高等职业教育系列教材

AutoCAD 2012 项目化教程

主　编　高玉侠　刘雅荣
副主编　臧亚东　周佩秋　周　嵬　孙增晖　李国斌
参　编　张庆玲　王丛瑞　高　芳　姜海峰

机械工业出版社

本书的主要内容有设置 AutoCAD 2012 绘图环境、绘制平面图形、绘制零件图、绘制装配图、绘制轴测图、绘制三维实体图形 6 个项目，书后另有 AutoCAD 快捷键附录。

本书可作为高职高专院校机械类、近机械类各专业“AutoCAD 软件”相关课程的教学用书，也可供相关工程技术人员使用。

本书配套授课电子教案，需要的教师可登录机械工业出版社教材服务网 www.cmpedu.com 免费注册后下载，或联系编辑索取（QQ：1239258369，电话：010-88379739）。

图书在版编目（CIP）数据

AutoCAD 2012 项目化教程 / 高玉侠，刘雅荣主编．—北京：机械工业出版社，2015.8（2023.1 重印）
高等职业教育系列教材
ISBN 978-7-111-50793-2

Ⅰ．①A… Ⅱ．①高… ②刘… Ⅲ．①AutoCAD 软件－高等职业教育－教材 Ⅳ．①TP391.72

中国版本图书馆 CIP 数据核字（2015）第 151171 号

机械工业出版社（北京市百万庄大街 22 号 邮政编码 100037）

策划编辑：曹帅鹏
责任编辑：曹帅鹏
责任校对：张艳霞
责任印制：李 昂

北京捷迅佳彩印刷有限公司印刷

2023 年 1 月第 1 版・第 8 次印刷
184mm×260mm・11.5 印张・284 千字
标准书号：ISBN 978-7-111-50793-2
定价：39.00 元

电话服务	网络服务
客服电话：010-88361066	机 工 官 网：www.cmpbook.com
010-88379833	机 工 官 博：weibo.com/cmp1952
010-68326294	金 书 网：www.golden-book.com
封底无防伪标均为盗版	机工教育服务网：www.cmpedu.com

高等职业教育系列教材机电类专业
编委会成员名单

出版说明

《国务院关于加快发展现代职业教育的决定》指出：到2020年，形成适应发展需求、产教深度融合、中职高职衔接、职业教育与普通教育相互沟通，体现终身教育理念，具有中国特色、世界水平的现代职业教育体系，推进人才培养模式创新，坚持校企合作、工学结合，强化教学、学习、实训相融合的教育教学活动，推行项目教学、案例教学、工作过程导向教学等教学模式，引导社会力量参与教学过程，共同开发课程和教材等教育资源。机械工业出版社组织国内80余所职业院校（其中大部分是示范性院校和骨干院校）的骨干教师共同规划、编写并出版的“高等职业教育系列教材”，已历经十余年的积淀和发展，今后将更加紧密结合国家职业教育文件精神，致力于建设符合现代职业教育教学需求的教材体系，打造充分适应现代职业教育教学模式的、体现工学结合特点的新型精品化教材。

在本系列教材策划和编写的过程中，主编院校通过编委会平台充分调研相关院校的专业课程体系，认真讨论课程教学大纲，积极听取相关专家意见，并融合教学中的实践经验，吸收职业教育改革成果，寻求企业合作，针对不同的课程性质采取差异化的编写策略。其中，核心基础课程的教材在保持扎实的理论基础的同时，增加实训和习题以及相关的多媒体配套资源；实践性课程的教材则强调理论与实训紧密结合，采用理实一体的编写模式；实用技术型课程的教材则在其中引入了最新的知识、技术、工艺和方法，同时重视企业参与，吸纳来自企业的真实案例。此外，根据实际教学的需要对部分内容进行了整合和优化。

归纳起来，本系列教材具有以下特点：

1）围绕培养学生的职业技能这条主线来设计教材的结构、内容和形式。

2）合理安排基础知识和实践知识的比例。基础知识以“必需、够用”为度，强调专业技术应用能力的训练，适当增加实训环节。

3）符合高职学生的学习特点和认知规律。对基本理论和方法的论述容易理解、清晰简洁，多用图表来表达信息；增加相关技术在生产中的应用实例，引导学生主动学习。

4）教材内容紧随技术和经济的发展而更新，及时将新知识、新技术、新工艺和新案例等引入教材。同时注重吸收最新的教学理念，并积极支持新专业的教材建设。

5）注重立体化教材建设。通过主教材、电子教案、配套素材光盘、实训指导和习题及解答等教学资源的有机结合，提高教学服务水平，为高素质技能型人才的培养创造良好的条件。

由于我国高等职业教育改革和发展的速度很快，加之我们的水平和经验有限，因此在教材的编写和出版过程中难免出现疏漏。我们恳请使用这套教材的师生及时向我们反馈质量信息，以利于我们今后不断提高教材的出版质量，为广大师生提供更多、更适用的教材。

机械工业出版社

前　言

AutoCAD 由美国 Autodesk 公司研制开发，具有丰富的二维、三维绘图功能，工作界面易于被用户接受，广泛应用于机械、电子、建筑和纺织等多个工程领域。从某种意义上讲，掌握了 AutoCAD 就等于拥有了更先进、更标准的“工程语言工具”，也就有了更强的竞争力，因而 AutoCAD 受到了广大工程技术人员的一致好评。

本书以项目为主线，以 AutoCAD 2012 版本为载体，重点讲解 AutoCAD 二维工程制图的实用性操作方法和技巧，通过项目学习让读者了解软件的作用与功能，通过完成各个项目中的任务，提高读者的实践能力，并使其掌握一定的绘图技巧。

本书中的项目 1 介绍了 AutoCAD 2012 的入门知识，项目 2～项目 6 采用任务引领的方式编写，先给出学习任务，对本任务中所用到的命令进行介绍，之后分析本任务的完成过程，并举例进行拓展，典型例题只给出解题思路，最后配以相关习题，以实现读者对知识的进一步理解及技能的提升。

本书共分为 6 个项目，各项目的内容如下：

项目 1 介绍 AutoCAD 2012 的一些基本知识，包括工作界面、管理图形文件等；

项目 2 介绍平面图形的绘制和编辑，以及绘制技巧等；

项目 3 介绍零件图的绘制方法和技巧；

项目 4 介绍装配图的绘制方法及如何从装配图中拆画零件图；

项目 5 介绍轴测图的绘制方法；

项目 6 介绍实体三维模型的创建方法。

本书由长春职业技术学院高玉侠、刘雅荣任主编，由吉林省职业技能鉴定中心臧亚东和长春职业技术学院周佩秋、周嵬、孙增晖、李国斌任副主编，张庆玲、王丛瑞、高芳、姜海峰参与编写了本书。全书由高玉侠统稿。

由于编写时间仓促且编者水平有限，书中的错误和疏漏在所难免，敬请阅读和使用本书的广大读者批评指正。

编　者

目　录

项目 1　设置 AutoCAD 2012 绘图环境

任务 1.1　认识 AutoCAD 2012 的工作界面

双击桌面上的 AutoCAD 2012 的应用程序图标启动 AutoCAD 2012，单击软件右下角的图标，可以看到“AutoCAD 经典”的字样，单击就能切换为经典工作界面。计算机显示如图 1-1 所示的经典工作界面。AutoCAD 2012 经典工作界面主要包括标题栏、菜单栏、工具栏、绘图窗口、光标、命令窗口、状态栏等。

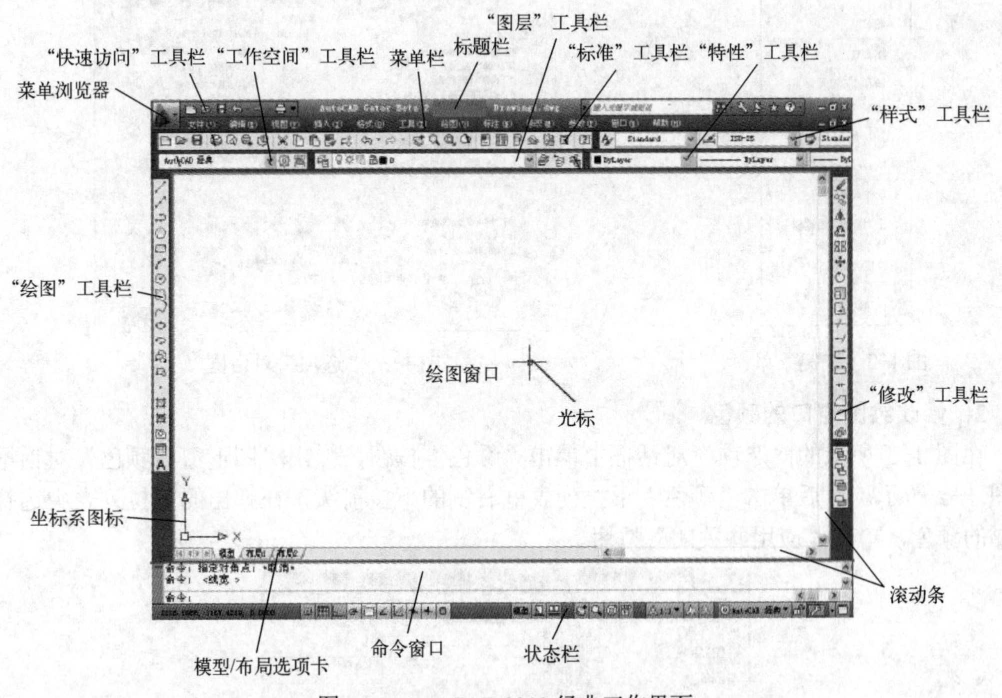

图 1-1　AutoCAD 2012 经典工作界面

1.1.1　标题栏

标题栏出现在屏幕的顶端，用来显示当前正在运行的程序名及当前打开的图形文件名。标题栏右侧的 3 个按钮依次为“最小化”按钮、“还原”按钮、“关闭”按钮。

1.1.2　绘图窗口

绘图窗口是显示、绘制、修改图形的区域，用户完成一幅设计图纸的主要工作都是在绘图窗口中完成的。绘图区没有边界，利用视窗缩放功能可使绘图区无限增大或缩小。绘图窗口的右边和下边都有滚动条，可使视图上下或左右移动，便于观察。

绘图窗口的左下方有 3 个标签，即“模型”、“布局 1”和“布局 2”。在默认情况下，“模型”标签是选中的，表示当前的绘图环境是模型空间，用户在这里一般按实际尺寸绘制二维或三维图形。当单击“布局 1”或“布局 2”标签时，就切换至图纸空间，用户可以将图纸空间想象成一张图纸，在这张图纸上将模型空间的图样按不同缩放比例布置。

在绘图窗口中，有一个十字线，其交点表示十字线在当前坐标系中的位置。该十字线称为十字光标，十字线的方向与当前用户坐标系的 *X* 轴、*Y* 轴方向平行。用户可以更改十字光标的大小及绘图窗口的颜色，下面介绍具体方法。

1．修改十字光标的大小

十字光标的长度系统预设值为屏幕大小的 5%，如需更改可在绘图区的任意位置单击鼠标右键，系统弹出如图 1-2 所示的快捷菜单，选择“选项”命令，弹出“选项”对话框，切换到“显示”选项卡，如图 1-3 所示，在“十字光标大小”区域的文本框中直接输入数值。

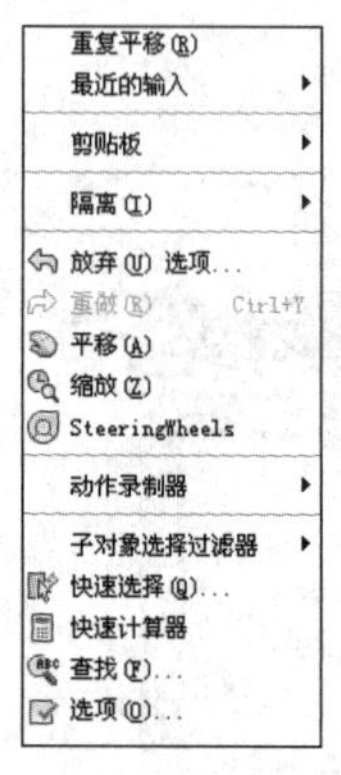

图 1-2　快捷菜单

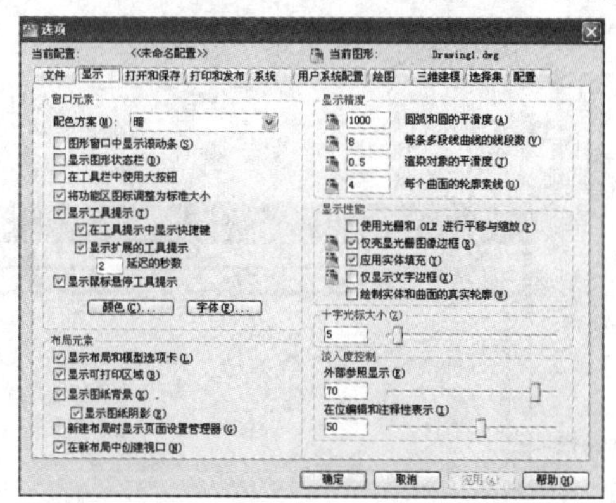

图 1-3　“选项”对话框

2．修改绘图窗口的颜色

在图 1-3 所示的“选项”对话框中单击“颜色”按钮，弹出“图形窗口颜色”对话框，如图 1-4 所示。然后单击“颜色”下拉列表框右侧的下拉箭头，在弹出的下拉列表中选择所需要的颜色，单击“应用并关闭”按钮。

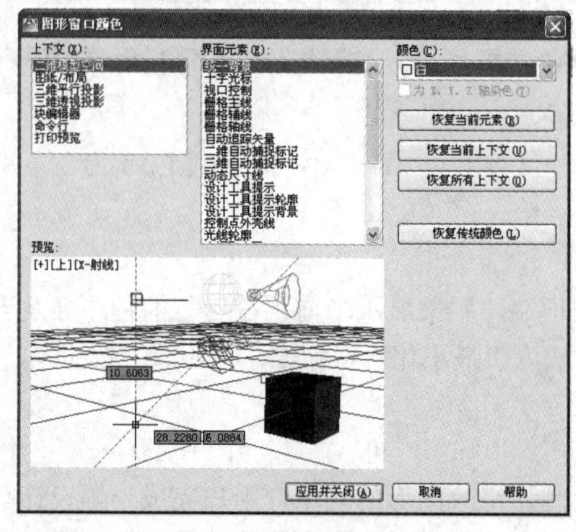

图 1-4　“图形窗口颜色”对话框

1.1.3 菜单栏

在 AutoCAD 标题栏下方是 AutoCAD 的菜单栏。AutoCAD 的菜单栏完全继承了 Windows 系统的风格。AutoCAD 2012 的菜单栏中包括“文件”、“编辑”、“视图”、“插入”、“格式”、“工具”、“绘图”、“标注”、“修改”、“参数”、“窗口”、“帮助”12 个菜单选项，单击相关的菜单即可展开该菜单的下拉菜单。当光标移至其他菜单时，原来展开的下拉菜单自动收回，系统将自动展开光标所在菜单的下拉菜单。在这 12 个菜单中包含了 AutoCAD 程序所有的操作命令。

在展开的菜单中，呈灰色的菜单命令表示当前状态下不能使用。在菜单命令中某些按钮右侧有一个黑色的三角符号，表示该菜单还有子菜单，若将光标移至带有黑色三角符号的按钮上，便会显示其子菜单。

1.1.4 工具栏

工具栏中包括了常用的命令。在默认状态下，通常显示“标准”、“图层”、“特性”、“绘图”、“修改”等工具栏。在使用过程中，用户可以随意增加、减少工具栏或改变工具栏的位置。

熟练掌握工具栏的使用是快速、准确制图的必要前提，以下是工具栏的使用技巧。

1．工具栏的浮动

当要浮动一个工具栏时，只需把光标移到该工具栏上除按钮之外的任意位置，单击并且按住鼠标左键将其拖动即可。

2．工具栏的关闭与打开

工具栏名称前有黑色对勾符号的表示该工具栏已打开，单击工具栏名称即可关闭或打开相应的工具栏。用户还可以使用菜单栏中的“视图”→“工具栏”命令管理工具栏。当工具栏处于浮动状态时，也可以直接单击其右上角的“关闭”按钮关闭该工具栏。

3．工具栏的固定

将工具栏拖曳到绘图区的周边，即可固定工具栏。

4．工具栏的调整

将光标移到工具栏的边界处，在出现双向箭头后，拖曳工具栏的边界即可调整其大小。

5．工具栏提示的使用

将光标移到工具栏的任意一个按钮上，稍微停留几秒，在光标箭头的尾部就会显示该按钮的功能。

1.1.5 命令窗口

命令窗口用来输入命令、显示命令提示和信息。命令窗口分为历史栏和命令栏两个部分，如图 1-5 所示。历史栏是曾用命令的回顾信息，按〈F2〉键以文本对话框的形式显示。命令窗口默认为 3 行，当将光标移至命令窗口最上方时，光标呈上下移动的状态，拖动窗口的边界可调整其大小。

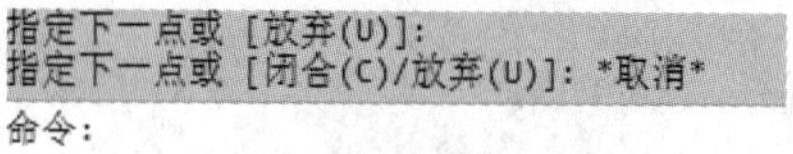

```
指定下一点或 [放弃(U)]:
指定下一点或 [闭合(C)/放弃(U)]: *取消*
命令:
```

图 1-5　命令窗口

1.1.6　滚动条

在 AutoCAD 的绘图窗口中，在窗口的下方和右侧还提供了用来浏览图形的水平和竖直方向的滚动条。在滚动条中单击向上及向下箭头按钮或拖动滚动条中的滚动块，可以在绘图区中按水平或竖直两个方向浏览图形。

1.1.7　状态栏

状态栏位于 AutoCAD 界面的最底部，包含当前指针坐标信息与“捕捉”、“栅格”、“正交”、“对象追踪”、“极轴追踪”、“对象捕捉”、“线宽”等功能按钮，使用这些按钮可以打开常用绘图辅助工具。打开该模式时，按钮呈凹下状态，若是该模式关闭，按钮呈凸起状态。

1．正交

“正交”功能用于启动或者关闭正交模式，该模式限制绘制直线时只能绘制水平或垂直的直线，或只能在水平或垂直的方向上复制、移动图形等。

2．对象捕捉

在“对象捕捉”图标上单击鼠标右键，弹出“草图设置”对话框，并显示如图 1-6 所示的“对象捕捉”选项卡，可以在其中设置对象捕捉模式。

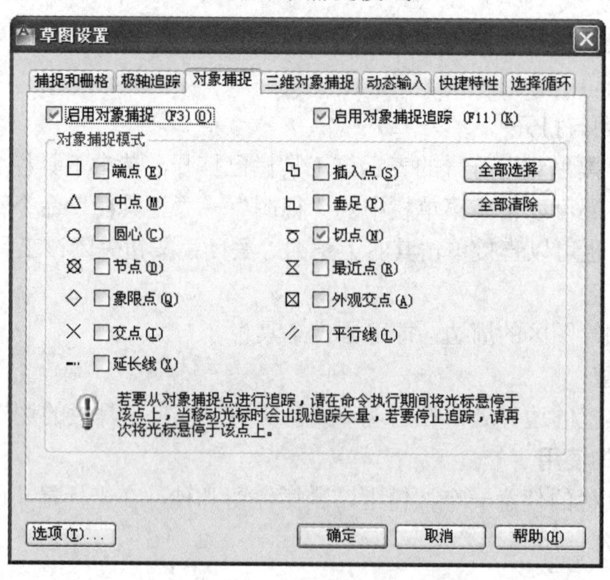

图 1-6　“对象捕捉”选项卡

3．极轴

在“极轴”图标上单击鼠标右键，弹出“草图设置”对话框，并显示如图 1-7 所示的“极轴追踪”选项卡，设置“增量角”的角度，可以在该角度以及该角度的整数倍角度上进行追踪。

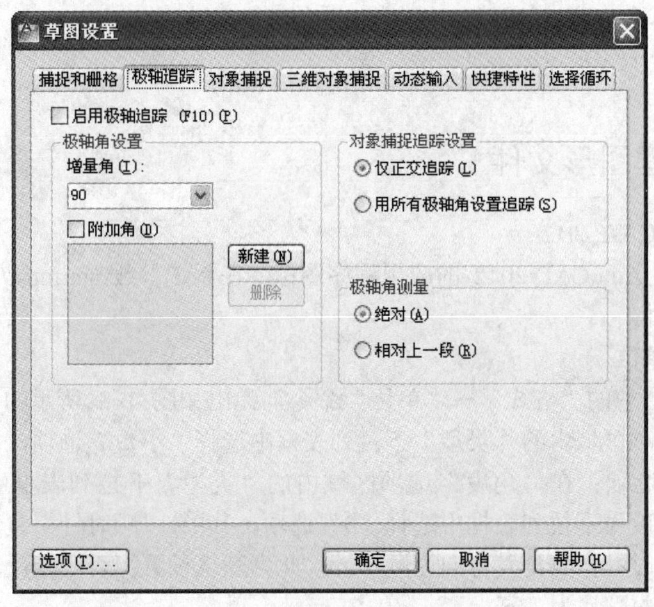

图 1-7 “极轴追踪”选项卡

1.1.8 AutoCAD 坐标系统

AutoCAD 的作图空间是无限大的，用户可以画非常大的图形，也可以画很小的图形。所有图形的图元都需要使用坐标定位，AutoCAD 的坐标系统是三维笛卡尔直角坐标系，默认状态下，屏幕在左下角位置显示坐标系的图标，此坐标系也称为世界坐标系（WCS）。在大多数情况下，世界坐标系就能够满足作图的需要。

当输入点的 X、Y、Z 坐标后，AutoCAD 读取这些坐标值，并利用当前的坐标系统来定位。世界坐标系的 X 轴是水平轴，Y 轴是竖直轴，Z 轴则垂直于屏幕。X、Y 轴的正方向是图中箭头所指的方向，Z 轴的正方向指向屏幕外边。

在二维空间中，用户只需输入点的 X、Y 坐标值就可以了，其 Z 坐标值将由 AutoCAD 自动分配为“0”。除了可输入直角坐标值外，用户还可输入极坐标值。对于每一种输入形式都能使用坐标的绝对值或相对值，绝对坐标值是相对于坐标系原点的数值，相对坐标值是指相对最后输入点的坐标值。

AutoCAD 提供了多种坐标输入方式，下面简要说明常用的两种。

1．绝对直角坐标和极坐标

绝对直角坐标的输入形式是“X,Y”。

其中，X、Y 分别是输入点相对于原点的 X 坐标和 Y 坐标。

绝对极坐标的输入形式是“$\rho<\theta$”。

其中，距离 ρ 表示输入点与原点间的距离，角度 θ 表示输入点和原点的连线与 X 轴正方向的夹角。注意，逆时针为正，顺时针为负。

2．相对直角坐标和极坐标

当使用相对坐标输入时，在坐标值前面加上@符号。

- 相对直角坐标形式为“@*X*,*Y*”。
- 相对极坐标形式为“$@\rho<\theta$”。

任务 1.2　管理图形文件

1．启动 AutoCAD 2012

双击桌面上的 AutoCAD 2012 的应用程序图标，在系统参数 startup 为“0”时直接进入 AutoCAD 操作界面。

2．设置图形单位

① 选择菜单栏中的“格式”→“单位”命令，弹出如图 1-8 所示的“图形单位”对话框，在“长度”选项区域内的“类型”下拉列表框中选择“小数”选项，在“精度”下拉列表框中选择“0”选项；在“角度”选项区域内的“类型”下拉列表框中选择“十进制度数”选项，在“精度”下拉列表框中选择“0”选项。其中，“顺时针”复选按钮不选中，表示正角度方向为逆时针，负角度方向为顺时针，此为默认设置；否则相反。在“插入时的缩放单位”选项区域内默认为“毫米”。

② 单击“图形单位”对话框下方的“方向”按钮，弹出“方向控制”对话框，如图 1-9 所示。在此设置“基准角度”为“东”，表示角度测量的起始方向。最后单击“确定”按钮，退出该对话框，完成图形单位的设置。

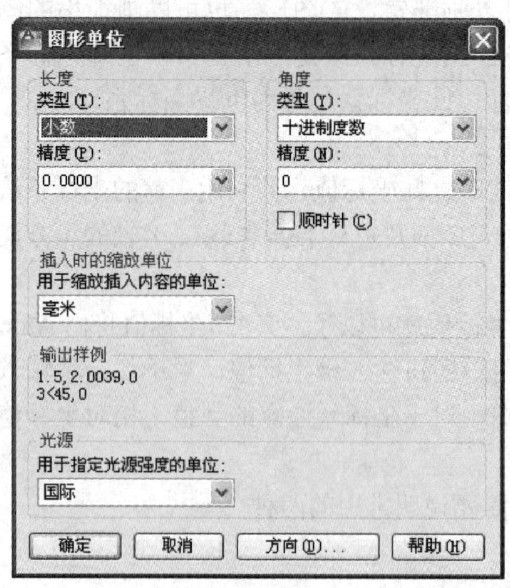

图 1-8 “图形单位”对话框

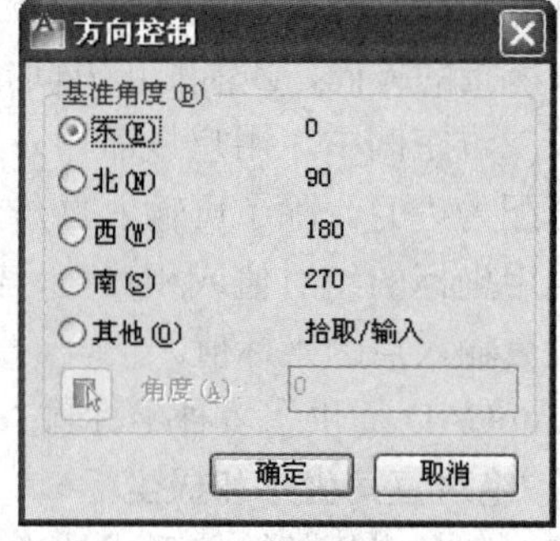

图 1-9 “方向控制”对话框

3．设置图形界限

① 选择菜单栏中的“格式”→“图形界限”命令。在命令行中，在指定左下角点处输入“0,0”，在指定右上角点处输入“420,297”。

② 在状态栏的“栅格”按钮上单击鼠标右键，在弹出的“草图设置”对话框中选中“启用栅格”复选按钮，同时可以设置“栅格间距”，然后单击“确定”按钮。

4．保存图形文件

选择菜单栏中的“文件”→“保存”或“另保存”命令，或单击“标准”工具栏上的“保存”按钮，弹出“图形另存为”对话框，设定文件名“A3 图幅”，指定保存路径，最后单击“文件”按钮即可。

5．退出文件

单击 AutoCAD 2012 操作界面右上角的“关闭”按钮，或者选择菜单栏中的“文件”→“退出”命令，即可退出该文件。

任务 1.3　综合练习

练习 1-1　启动 AutoCAD 2012 程序，打开“标准”、“样式”、“绘图”、“修改”、“标注”工具栏，关闭其他工具栏，并调整各工具栏的位置和形状。

练习 1-2　在 AutoCAD 2012 中设置栅格间距均为 10，并显示栅格。

练习 1-3　在 AutoCAD 2012 中设置极轴角的“增量角”为 30°，并选中“启用极轴追踪”复选按钮。

练习 1-4　新建一个文件，进行如下设置。

① 绘图界限：设置为 A0 图幅（尺寸为 1 189×841）。

② 绘图单位：将长度单位设为“小数”，精度为小数点后一位，将角度单位设为“十进制度数”，精度为小数点后一位，其余为默认设置。

③ 保存图形：将图形以文件名“A0”保存。

项目 2　绘制平面图形

任务 2.1　绘制直线类图形

通过本任务的学习，读者能够使用直线、矩形和正多边形命令绘制直线类图形；能够利用正交、极轴追踪、对象捕捉等功能辅助绘制直线类图形；能够利用删除、延伸、修剪、偏移等命令编辑直线。

2.1.1　任务引领

本任务是绘制如图 2-1 所示的平面图形，在完成任务的同时，掌握直线类平面图形的绘图方法及编辑方法。

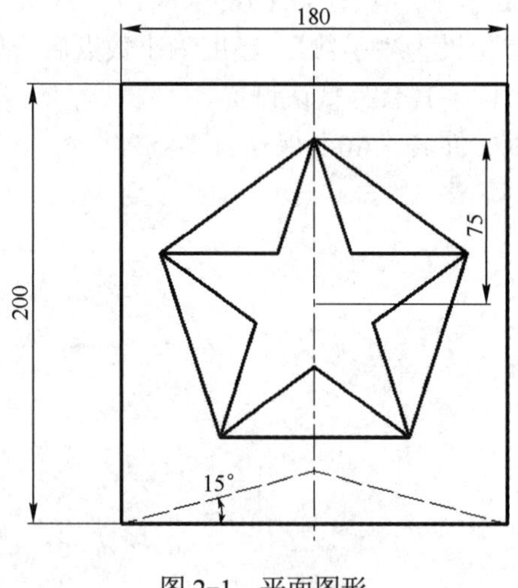

图 2-1　平面图形

2.1.2　命令学习

1. 直线 LINE

调用绘制直线命令的方法如下。

① 绘图工具栏：。

② 菜单栏：绘图→直线。

③ 命令行：L 或 LINE。

该命令的功能是绘制直线，如图 2-2 所示。命令提示如下。

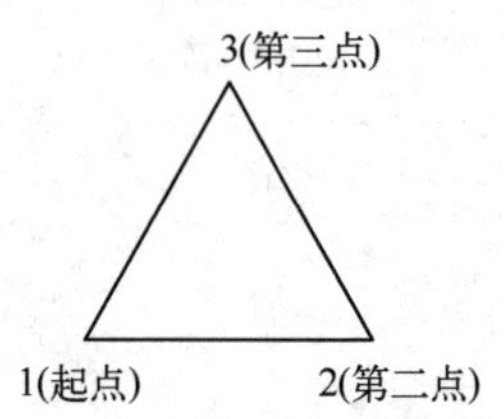

图 2-2　绘制直线

命令: _line 指定第一点: 指定点 1 或者按〈Enter〉键从上一条线或圆弧继续绘制

指定下一点或 [放弃(U)]:指定点 2

指定下一点或 [闭合(C)/放弃(U)]:指定点 3

指定下一点或 [闭合(C)/放弃(U)]:输入 C（闭合）并按〈Enter〉键结束

2．矩形 RECTANG

调用绘制矩形命令的方法如下。

① 绘图工具栏：。

② 菜单栏：绘图→矩形。

③ 命令行：REC 或 RECTANG。

该命令的功能是绘制矩形，如图 2-3 所示。命令提示如下。

命令: _rectang

指定第一个角点或 [倒角(C)/标高(E)/圆角(F)/厚度(T)/宽度(W)]://指定矩形的一个角点

指定另一个角点或 [面积(A)/尺寸(D)/旋转(R)]://面积指使用面积与长度或宽度创建矩形；尺寸指使用长和宽创建矩形；旋转指按指定的旋转角度创建矩形

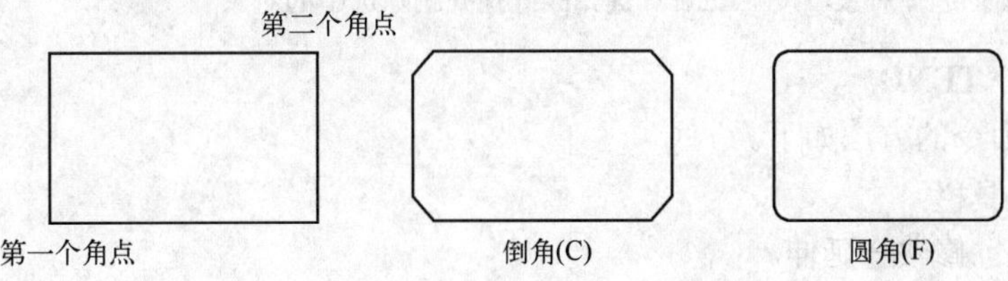

图 2-3 绘制矩形

3．正多边形 POLYGON

调用绘制多边形命令的方法如下。

① 绘图工具栏：。

② 菜单栏：绘图→多边形。

③ 命令行：POL 或 POLYGON。

该命令的功能是绘制 3 至 1 024 条边的多边形，如图 2-4 所示。命令提示如下。

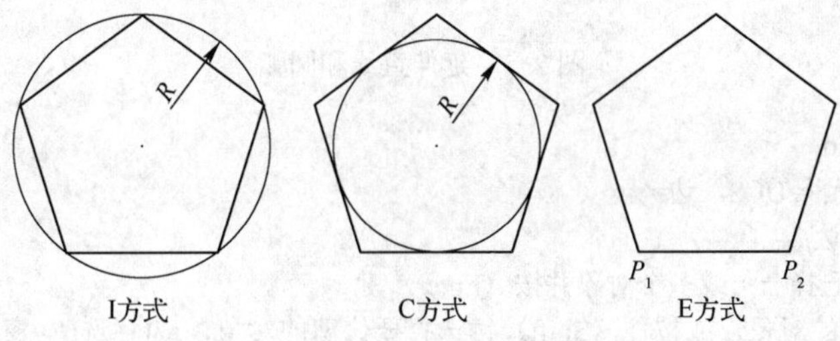

图 2-4 绘制多边形

命令: _polygon

输入侧面数 <4>:5

指定正多边形的中心点或 [边(E)]:指定一点或输入点 E

输入选项 [内接于圆(I)/外切于圆(C)] <I>:输入 I 或 C，或按〈Enter〉键

指定圆的半径: 输入半径值

选项说明如下。

- 边：通过指定第一条边的端点来定义正多边形。
- 多边形中心：定义多边形的中心点。
- 内接于圆：指定外接圆半径，多边形的顶点都在圆周上。
- 外切于圆：指定正多边形中心点到各边中点的距离。

4．删除 ERASE

调用删除命令的方法如下。

① 修改工具栏：。

② 菜单栏：修改→删除。

③ 命令行：E 或 ERASE。

该命令的功能是删除指定实体。命令提示如下。

命令: _erase
选择对象:选择对象，按〈Enter〉键完成选择并删除选中的对象

5．延伸 EXTEND

调用延伸命令的方法如下。

① 修改工具栏：。

② 菜单栏：修改→延伸。

③ 命令行：EXTEND。

该命令的功能是延伸实体到选定边界，如图 2-5 所示。命令提示如下。

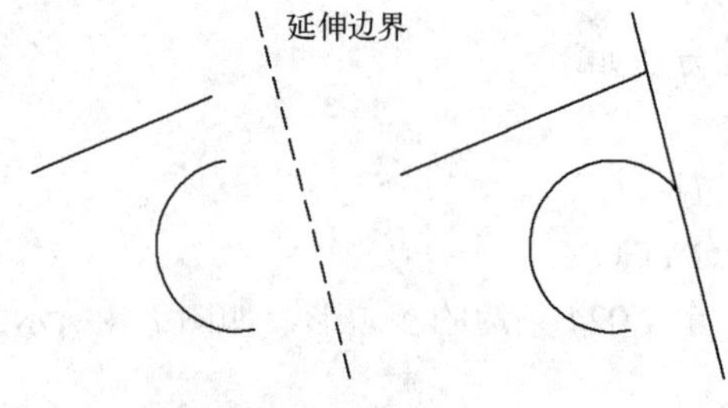

图 2-5　延伸直线和圆弧

命令: _extend
当前设置:投影=UCS，边=无
选择边界的边...
选择对象: 选择一个或多个对象并按〈Enter〉键
选择要延伸的对象，或按住〈Shift〉键选择要修剪的对象，或[栏选(F)/窗交(C)/投影(P)/边(E)/放弃(U)]:选择要延伸的对象，或输入选项

选项说明如下。

- 栏选、窗交：选择延伸对象的方式。
- 投影：用于在切割三维图形时确定投影模式。
- 边：确定剪切边与待裁剪实体是直接相交还是延伸相交。

● 放弃：取消最后一次延伸。

6．拉伸 STRETCH

调用拉伸命令的方法如下。

① 修改工具栏：。

② 菜单栏：修改→拉伸。

③ 命令行：S 或 STRETCH。

该命令的功能是拉伸图形中的指定部分，使图形沿某个方向改变尺寸，但保持与原图形不动部分相连，如图 2-6 所示。命令提示如下。

```
命令: _stretch
以交叉窗口或交叉多边形选择要拉伸的对象...
选择对象: 指定对角点: 使用一种对象选择方式并按〈Enter〉键完成选择
指定基点或 [位移(D)] <位移>: 指定基点
指定第二个点或 <使用第一个点作为位移>:
```

7．修剪 TRIM

调用修剪命令的方法如下。

① 修改工具栏：。

② 菜单栏：修改→修剪。

③ 命令行：TRIM。

该命令的功能是以选定的一个或多个实体作为裁剪边，剪切过长的直线或圆弧等，使被切实体在剪切边交点处切断并删除，如图 2-7 所示。命令提示如下。

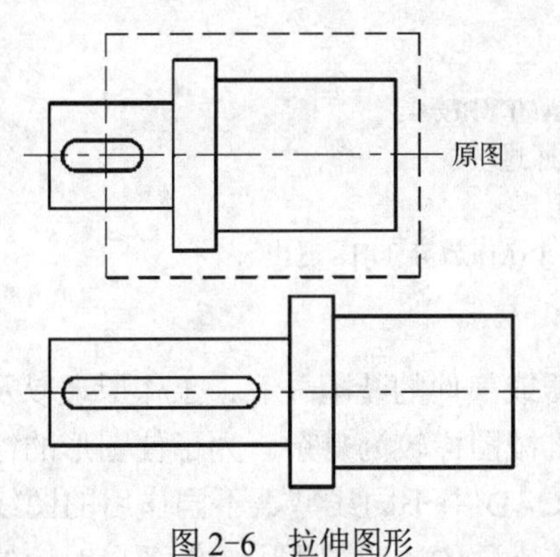

图 2-6　拉伸图形

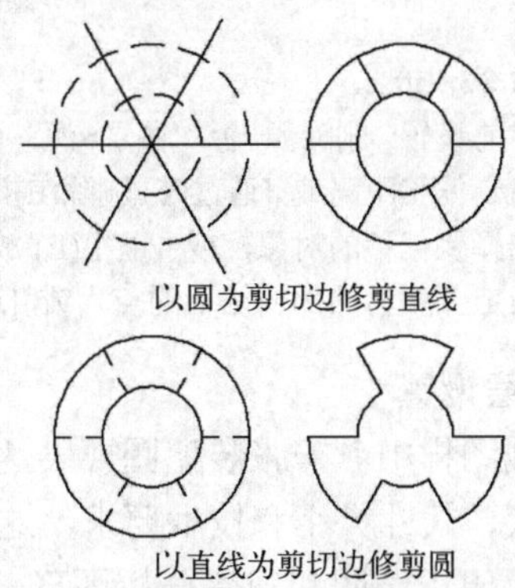

图 2-7　剪切图形

```
命令: _trim
当前设置:投影=UCS，边=无
选择剪切边...
选择对象或 <全部选择>: 选择裁剪边
选择要修剪的对象，或按住〈Shift〉键选择要延伸的对象，或
[栏选(F)/窗交(C)/投影(P)/边(E)/删除(R)/放弃(U)]: 选择要修剪的对象，或按〈Shift〉键选择要延伸的对象，或输入选项
```

选项说明如下。

● 栏选、窗交：选择修剪对象的方式。

- 投影：用于在切割三维图形时确定投影模式。
- 边：确定剪切边与待裁剪实体是直接相交还是延伸相交。
- 删除：删除指定的对象。
- 放弃：取消最后一次剪切。

8．偏移 OFFSET

调用偏移命令的方法如下。

① 修改工具栏：。

② 菜单栏：修改→偏移。

③ 命令行：O 或 OFFSET。

该命令的功能是对一个选择的图形实体生成等距线，如图 2-8 所示。命令提示如下。

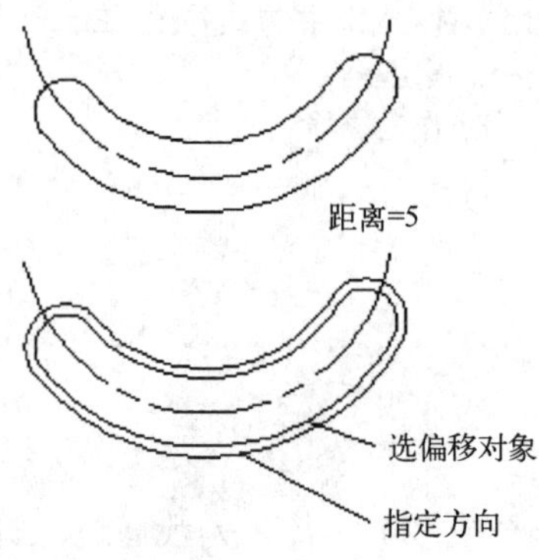

图 2-8 偏移图形

```
命令: _offset
当前设置: 删除源=否 图层=源 OFFSETGAPTYPE=0
指定偏移距离或 [通过(T)/删除(E)/图层(L)] <通过>: 5
选择要偏移的对象，或 [退出(E)/放弃(U)] <退出>:
指定要偏移的那一侧上的点，或 [退出(E)/多个(M)/放弃(U)] <退出>:
```

9．图层设置

在机械图样中，一张装配图要表达清楚机器或部件的装配关系、工作原理以及主要零件的结构形状、尺寸大小和技术要求，这就使得机械图样较为复杂。为了使图形的绘制清晰、准确，为了便于绘图和观察分析图形，在 AutoCAD 中不同线型、不同作用的图线通常绘制在不同的图层。一个图层就像一张透明图纸，在不同的透明图层上绘制各自对应的实体，这些透明图层叠加起来就形成了最终的机械图样。

在 AutoCAD 中可以创建多个图层，并根据需要为每个图层设置相应的图层名称、线型、线宽、颜色以及图层状态等信息。熟练地应用图层可以使图形的绘制清晰、准确，并能有效地提高工作效率。

图层的相关操作和控制是通过图层工具栏完成的。图层工具栏如图 2-9 所示。

图 2-9 图层工具栏

（1）图层的设置

1）新建图层　单击图层工具栏上的“图层特性管理器”按钮，可以弹出图层特性管理器，如图 2-10 所示。通常，应当在这里直接给出一个方便识别、容易表明图层中所绘制图线特点的图层名称。图层的名称通常使用英文缩略的样式或汉语拼音的样式，如果要更改图层名称，可以在列表区左侧的图层名称栏中选中该图层，然后双击，输入新的名字。其中，“0 层”不能被重命名。

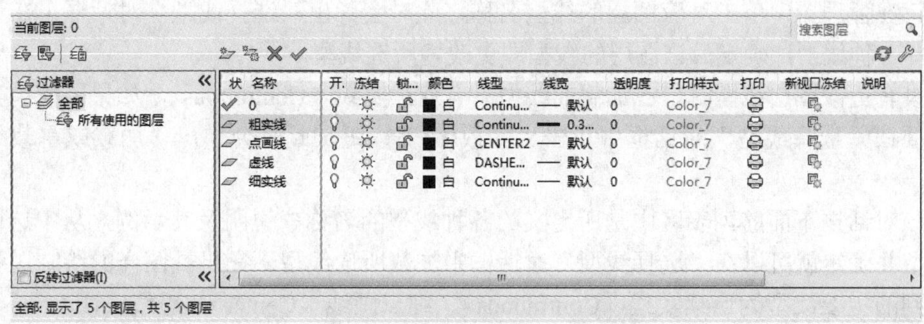

图 2-10　图层特性管理器

2）删除图层　在图层特性管理器中单击所要删除的图层名称来选中该图层，然后单击“删除”按钮，就可以删除该图层。在实际操作中，0 层、定义点层、外部引用层和当前层不能被删除。

注意：要选中图层只能在图层名称栏中选择。

3）设置当前层　当前层是当前绘图的图层，用户只能在当前层上绘制图形，而且所绘制图线的属性为当前层所设定的属性。

设置当前层的常用方法如下：

① 单击图层工具栏上的“将对象的图层置为当前”按钮，然后选择某个图形实体，也可以先选中实体再单击工具按钮，这样就可以将该实体所在的图层设置为当前层。

② 在图层工具栏的图层控制下拉式列表框中单击展开下拉列表，然后选择所需图层名称即可。

（2）图层图线管理

1）图层的颜色控制　在使用 AutoCAD 绘图时，往往需要给图层设置一定的颜色。设置颜色有利于绘图和读图，而且在使用绘图仪打印图样时可以针对不同的颜色设置不同的笔宽等参数，从而控制打印输出时图线的粗细，得到准确的图样。

如果要设置图层的颜色，可以在图层特性管理器中单击对应图层的颜色图标，此时会弹出“选择颜色”对话框，在该对话框中选择一种基本色，确定后该图层的颜色即更改为所选颜色。

通常情况下，把不同线型的图线所在图层设为不同的颜色，以便于区分线型，例如可以设定粗实线层为白色、细实线层为绿色、细点画线层为黄色、虚线和细双点画线层为红色，这样可以较容易地区分图形中的图线，便于观察图形绘制时线型是否正确。

此外，如果不使用绘图仪输出图样，而通过激光或喷墨打印机打印图样，应当在打印前更改图层中线型的颜色。只有黑色的图层才可以打印得到清晰的图线，其他颜色的图层打印得到的图线浅而且虚。如果要更改所有图层的颜色，可以在图层特性管理器的图层列表区中拖动鼠标以窗口方式选中所有图层，再单击其中一个图层的颜色图标并在对话框中改成黑色，这样所有图层的颜色就全部改为黑色了。

2）图层的线型控制　AutoCAD 为每一个图层分配一种线型，在新建图层时，系统会自动给该图层赋予一种线型，用户可以根据需要更改图层线型。如果要设置图层的线型，可以在图层特性管理器中单击对应图层的线型名称，此时会弹出“选择线型”对话框，在该对话框中选择一种线型，确定后该图层的线型即更改为所选线型。

在没有更改图层线型时，已加载的线型只有连续实线（Continuous），如果要使用其他线型，需要在“选择线型”对话框中单击“加载(L)”按钮，此时会弹出“加载或重载线型”对话框。

在该对话框下面的列表区中是所定义的各种线型的名称、说明及其示例，从中选取要加载的线型并确定就可以在“选择线型”对话框中加载所选线型。在机械图样的绘制过程中，需要用到的主要线型为连续实线（Continuous）、细点画线（Center）、虚线（Hidden）、细双点画线（Phantom）等。

3）图线线宽　如果要设置图层的图线宽度，可以在图层特性管理器中单击对应图层的线宽数值，此时会弹出“线宽”对话框。在该对话框中选择该图层图线对应的宽度并确定，图层的线宽就改为所选数值。

在机械图样中，通常选取粗线宽度为 0.5mm、细线宽度为 0.25mm，保证 2:1 的比例。线宽设定完成后，在打印输出时就可以得到粗细比例恰当的图形了。在绘图界面状态栏上按下“线宽”按钮，在绘图区中可以直观地显示粗细分明的图线。

在已经完成了基本图形的绘制，得到没有区分线型的图样后，可以根据需要建好适用图层，并设定图层的线型、颜色、线宽等图线特性，这样就可以得到粗细分明、线型清晰的图样了。

注意：在 AutoCAD 中绘制图形的过程中，通常是在简单图形绘制基本完成还没有标注尺寸时，或者复杂图形绘制出一部分基本图样后，通过图层来设置图线，使图线区分线型、分清粗细，并给不同种类的图线加上颜色，以便于区分图线、观察图形。

（3）图层的转换

① 选中要转换图层的图线，在图层工具栏的下拉选框中选择所需图层即可。

② 若图中已有处于正确图层中的图线，可以使用特性匹配格式刷选示例图线来更改要转换到该图层的图线。

（4）线型比例调整

在 AutoCAD 中按 1:1 绘制图形的过程中，选取图层绘制细点画线、虚线、双点画线等有间距的线型时，有时可能在屏幕上看起来仍是实线，必须通过局部放大显示才能确定真正的线型。这时，可以通过线型比例调整来改变线型的显示。

在 AutoCAD 中，若想更改实体的线型比例，可以在实体上双击鼠标左键，打开属性工具栏，在属性工具栏的线型栏中输入新的比例数值，单独修改该图线的线型比例。这一方法适用于总体线型比例调整，当部分图线不能正确显示的时候，例如多数细点画线的中心线和轴线显示正确，但有几条细点画线由于图线较短而无法正确显示，这时应当把它们的线型比例改小一些。

在更改时，可以先选中要修改的这几条图线再打开属性工具栏修改，也可以先打开属性工具栏再选中要修改的图线修改。如果要查看更改后图线比例是否恰当，可以按〈Esc〉键退出选中状态，这样就可以看清楚了。

此外，若图中部分图线比例已修改，还有图线要修改成相同的比例，可以使用属性格式刷来更改这些图线的比例。

（5）图层状态管理

AutoCAD 提供了一组状态开关，用于控制图层的相关状态属性。

1）打开/关闭　用户可以通过该选项控制按钮来控制是否打开某个图层。当关闭某一图层后，该图层上的实体不能在屏幕上显示或者由绘图仪输出。

在复杂图形的绘制过程中，用户可以通过该控制选项来观察图形。例如，可以关闭尺寸标注的对应图层来查看图形表达是否正确。

2）冻结/解冻　用户可以通过该选项控制按钮来控制是否冻结某个图层。当冻结某一图层后，该图层上的实体不能在屏幕上显示也不能进行其他编辑操作，而且该图层不能使用。另外，当前层不能冻结。

3）锁定/解锁　用户可以通过该选项控制按钮控制是否锁定某个图层。当锁定某一图层后，该图层上的实体仍在屏幕上显示但不能进行其他编辑操作。另外，当前层不能锁定。

在复杂图形的绘制过程中，用户可以通过该控制选项来控制图形编辑过程。例如，可以锁定一些图层，这时就可以方便地选中未锁定图层中的实体并进行相关编辑操作。

设置这些选项状态可以采用以下两种方法：

① 单击图层工具栏中下拉列表框上的选项控制状态按钮。

② 在图层特性管理器中选择要操作的图层，单击选项控制状态按钮并确定。

10．正交

在用鼠标画水平线或者竖直线时，仅凭人的眼睛观察和定位是非常困难的，为了解决这个问题，AutoCAD 提供了正交功能，当正交功能打开时，用户在图形窗口中只能用鼠标画水平线或者竖直线，正交功能的打开和关闭可以单击状态栏上的“正交”按钮或按〈F8〉键来切换。

11．极轴追踪和对象捕捉追踪

自动追踪方式包括极轴追踪和对象捕捉追踪两种。在绘图时利用自动捕捉方式来确定一些点可以简化绘图，提高工作效率，利用极轴追踪方式可以方便地捕捉到所设角度线上的任意点；利用对象捕捉追踪方式可以方便地捕捉到指定对象点延长线上的点。在利用极轴追踪和对象捕捉追踪之前，需要先进行设置。

选择“工具”→“绘图设置”命令，弹出“草图设置”对话框，切换到“极轴追踪”选项卡，如图 2-11 所示，可以在其中进行自动追踪设置。

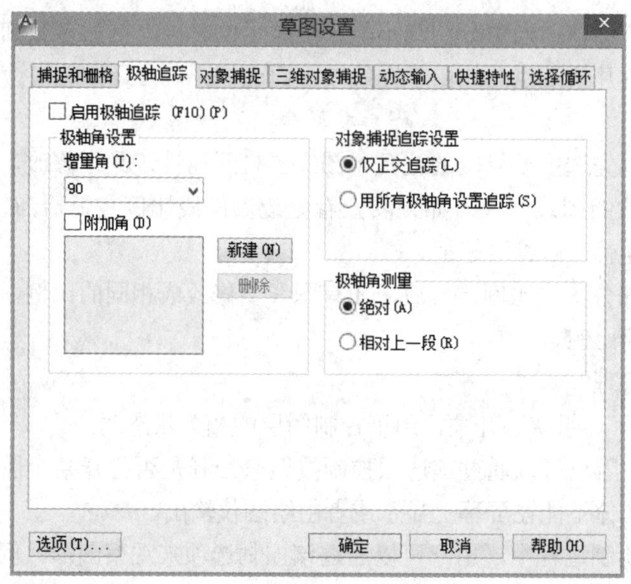

图 2-11 “极轴追踪”选项卡

①“启用极轴追踪”复选按钮用于打开或关闭极轴追踪方式。

②“极轴角设置”选项区用于设置极轴追踪的角度。其中“增量角”下拉列表供用户选择预设的增量角。用户一旦选定增量角，系统将沿与增量角成整数倍的方向指定点的位置。“附加角”复选按钮供用户指定“增量角”下拉列表中不包括的极轴追踪角度。

③“极轴角测量”选项区用于设置极轴追踪对齐角度的测量基础。选中“绝对”单选按钮，系统将以当前坐标系为基准计算极轴追踪角度；选中“相对上一段”单选按钮，系统将以最后绘制的两点之间的直线为基准计算极轴追踪角度。

④“对象捕捉追踪设置”选项区用于设置对象捕捉追踪的形式。选中“仅正交追踪”单选按钮，系统将只显示获取对象捕捉点的水平或竖直方向上的追踪路径；如果选中“用所有极轴角设置追踪”单选按钮，系统可以将极轴追踪设置应用到对象捕捉追踪，使用对象捕捉时，光标将从获取对象捕捉点起沿极轴对齐角度进行追踪。

⑤ 对象捕捉追踪方式的应用。对象捕捉追踪方式必须与固定对象捕捉相配合，用来捕捉通过某点延长线上的任意点。对象捕捉追踪方式的打开和关闭可以通过单击状态栏中的“对象捕捉追踪”按钮或者按〈F11〉键进行切换，也可以通过用鼠标右键单击状态栏中的“极轴追踪”、“对象捕捉”、“对象捕捉追踪”按钮，在弹出的快捷菜单中选择“设置”命令的方式打开。

⑥ 极轴追踪方式的应用。极轴追踪方式可以捕捉用户所设增量角线上的任意点，极轴追踪方式的打开与关闭可以通过单击状态栏中的“极轴追踪”按钮或者按〈F10〉键进行切换。

12．对象捕捉

在绘图过程中，经常需要在已有的图形对象上确定一些特殊点，使用 AutoCAD 2012 提供的对象捕捉能精确地捕捉到用户想要的特殊点，可以通过对象捕捉工具栏、“草图设置”

对话框等打开并应用对象捕捉功能。

① 对象捕捉工具栏，如图 2-12 所示。在绘图过程中，当命令行提示用户确定或输入点时，单击该工具栏中相应的特殊点按钮，再将光标移到绘图窗口中图形对象的特殊点附近，即可捕捉到相应的特殊点。对象捕捉工具栏中各捕捉模式的名称和功能见表 2-1。

图 2-12　对象捕捉工具栏

表 2-1　对象捕捉工具栏中各项捕捉模式的名称和功能

按钮图标	名　称	功　能
	临时追踪点	创建对象使用的临时点
	捕捉自	设置捕捉的起始位置
	捕捉到端点	捕捉线段或圆弧等几何对象的最近端点
	捕捉到中点	捕捉线段或圆弧等几何对象的中点
	捕捉到交点	捕捉线段、圆弧、圆、各种曲线之间的交点
	捕捉到外观交点	捕捉线段、圆弧、圆、各种曲线之间的外观交点
	捕捉到延长线	捕捉直线或圆弧延长线上的点
	捕捉到圆心	捕捉圆或圆弧的圆心
	捕捉到象限点	捕捉圆或圆弧的象限点
	捕捉到切点	捕捉圆或圆弧的切点
	捕捉到垂足	捕捉垂直于线、圆或圆弧上的点
	捕捉到平行线	捕捉与指定线平行的线上的点
	捕捉到插入点	捕捉块、图形、文字等对象的插入点
	捕捉到节点	捕捉对象的节点
	捕捉到最近点	捕捉离拾取点最近的线段、圆弧、圆等对象上的点
	无捕捉	关闭对象捕捉方式
	对象捕捉设置	设置自动捕捉模式

② 自动捕捉。在绘图过程中，如果需要确定的特殊点非常多，可以使用自动捕捉功能来确定，这样可以提高画图速度。自动捕捉就是根据绘图的实际需要提前选好一种或几种特殊点，在绘图过程中命令行提示要求确定点时，只需将光标移到一个图形对象上，系统就会自动捕捉到该对象上靠近光标处的特殊点，并显示出对应的标记，此时单击鼠标即可确定特殊点。具体方法如下：

选择“工具”→“绘图设置”命令，弹出“草图设置”对话框，切换到“对象捕捉”选项卡，如图 2-13 所示，在其中可以设置对象捕捉。

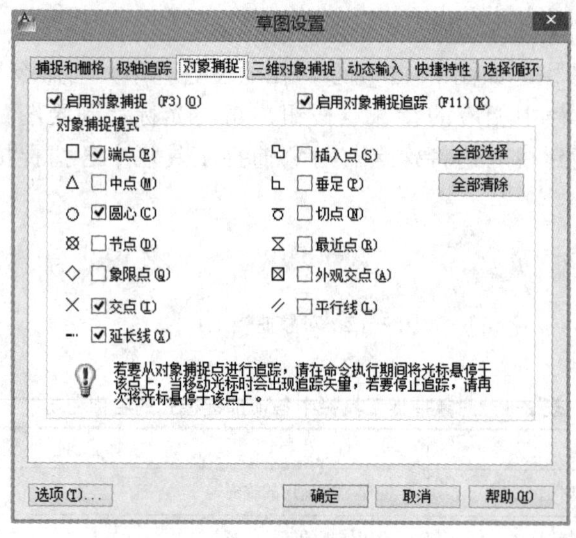

图 2-13 “对象捕捉”选项卡

2.1.3 任务分析

① 打开图层特性管理器，设置粗实线、细实线、虚线及点画线，设定“粗实线”为当前图层。

② 打开正交模式，对象捕捉选定端点、中点和交点。

③ 用直线命令绘制外框，如图 2-14 所示。

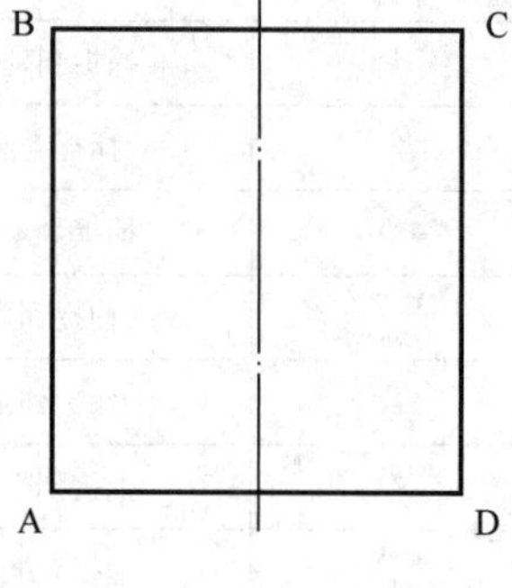

图 2-14 绘制外轮廓

```
命令: _line 指定第一点:                  //指定点 A
指定下一点或 [放弃(U)]: 200              //指定点 B
指定下一点或 [放弃(U)]: 180              //指定点 C
指定下一点或 [闭合(C)/放弃(U)]: 200      //指定点 D
指定下一点或 [闭合(C)/放弃(U)]:          //根据对象捕捉回到 A 点
指定下一点或 [闭合(C)/放弃(U)]:          //按〈Enter〉键结束
```

将图层设置为点画线，绘制中心线。

```
命令: _line 指定第一点:                  //绘制对称轴线
指定下一点或 [放弃(U)]:
指定下一点或 [放弃(U)]:
```

④ 绘制多边形，如图 2-15 所示。

将图层设置为“粗实线”。

```
命令: _polygon
输入侧面数 <5>:                                //输入边数 5
指定正多边形的中心点或 [边(E)]:                //根据对象捕捉，捕捉 AB 和 BC 中点
输入选项 [内接于圆(I)/外切于圆(C)] <I>: I      //内接于圆输入 I
指定圆的半径: 75                               //输入半径值 75
```

⑤ 连接五边形的各个顶点，如图 2-16 所示。

命令: _line
指定第一点:　　　　　　　　　　　　　　　　//根据对象捕捉端点选择五边形的一个顶点
指定下一点或 [放弃(U)]:　<正交 关>　　　　//关闭正交
指定下一点或 [放弃(U)]:　　　　　　　　　//连接各个顶点
指定下一点或 [闭合(C)/放弃(U)]:
指定下一点或 [闭合(C)/放弃(U)]:
指定下一点或 [闭合(C)/放弃(U)]:
指定下一点或 [闭合(C)/放弃(U)]:

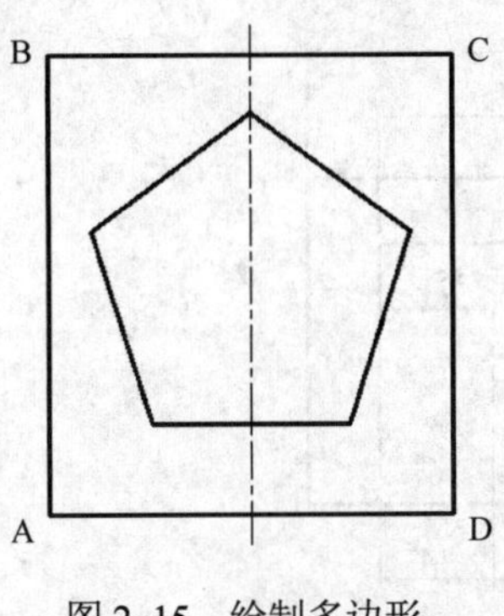

图 2-15　绘制多边形

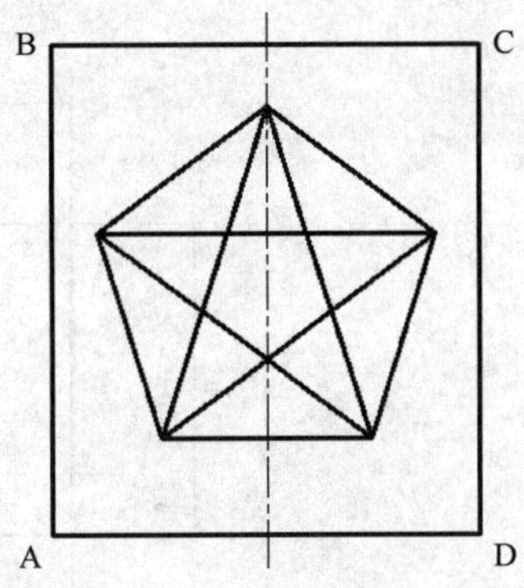

图 2-16　连接五边形的各个顶点

⑥ 用修剪命令修剪图形，如图 2-17 所示。

命令: _trim
当前设置:投影=UCS，边=延伸
选择剪切边...
选择对象或 <全部选择>:
选择要修剪的对象，或按住 Shift 键选择要延伸的对象，或
[栏选(F)/窗交(C)/投影(P)/边(E)/删除(R)/放弃(U)]:　指定对角点:

⑦ 绘制角度直线，如图 2-18 所示。

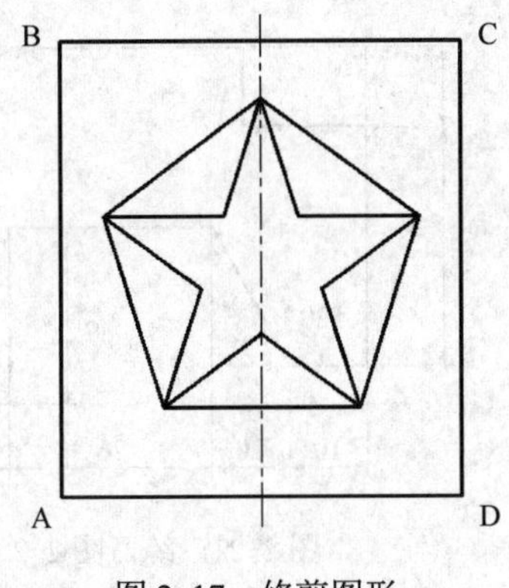

图 2-17　修剪图形

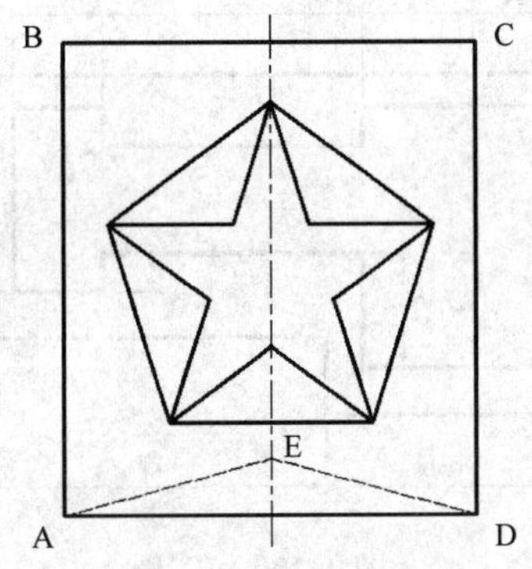

图 2-18　绘制角度直线

将图层设置为“虚线”。

```
命令: _line 指定第一点:                    //通过对象捕捉选定 A 点
指定下一点或 [放弃(U)]: <15                //设定角度为 15°
角度替代: 15
指定下一点或 [放弃(U)]:                    //根据对象捕捉选定 E 点
指定下一点或 [放弃(U)]:                    //连接 ED
指定下一点或 [闭合(C)/放弃(U)]:            //按〈Enter〉键结束
```

2.1.4 典型例题

绘制图 2-19。

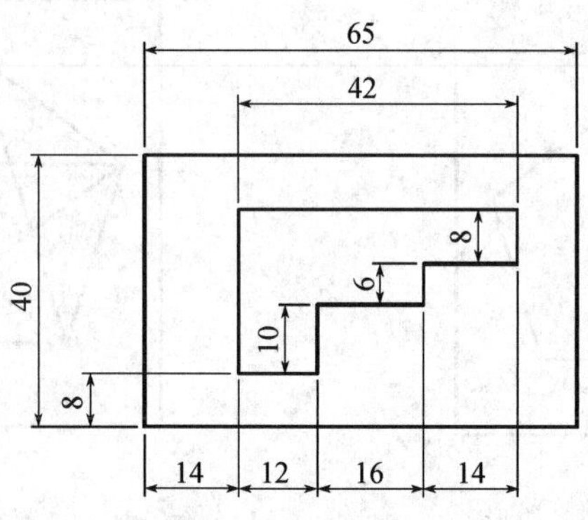

图 2-19　平面图形

解题思路:

① 利用矩形命令绘制出外部矩形轮廓。

② 打开正交功能，利用直线命令绘制内部形状。

2.1.5 实战训练

绘制图 2-20～图 2-25。

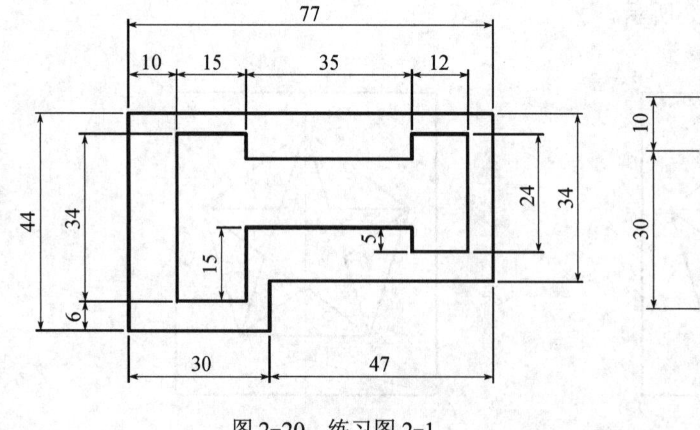

图 2-20　练习图 2-1

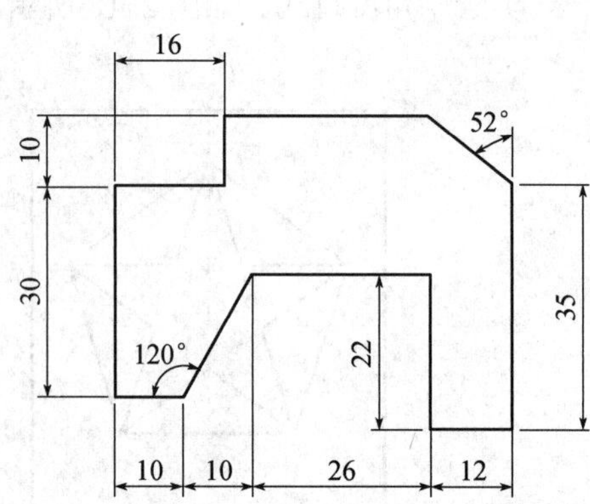

图 2-21　练习图 2-2

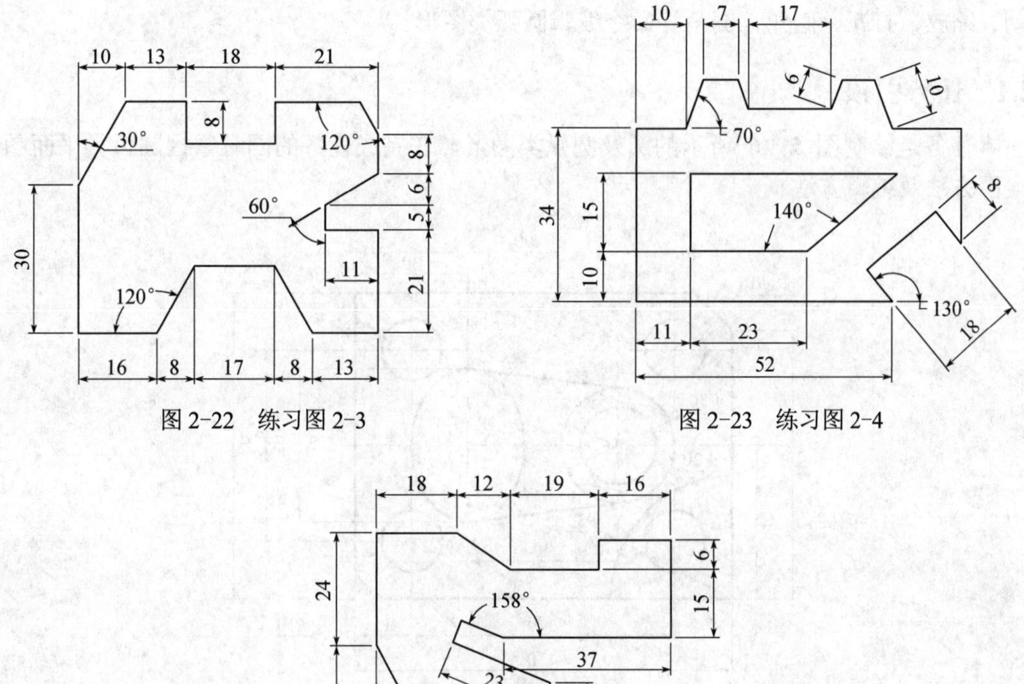

图 2-22　练习图 2-3　　图 2-23　练习图 2-4

图 2-24　练习图 2-5

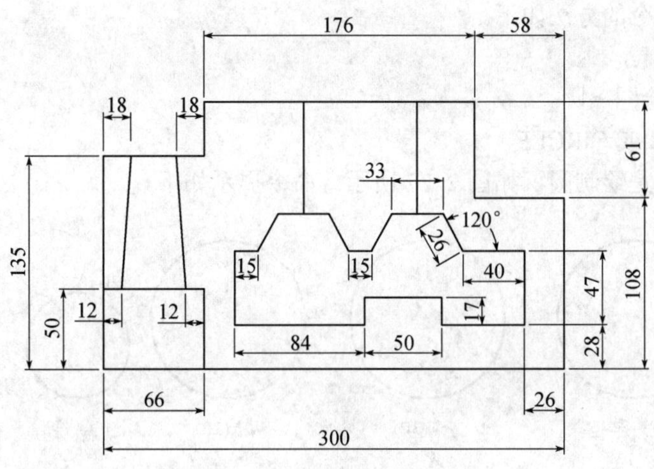

图 2-25　练习图 2-6

任务 2.2　绘制圆及圆弧类图形

通过本任务的学习，读者能够使用圆、圆弧和椭圆命令来绘制圆弧类图形，利用复制、移动、缩放、打断、圆角、倒角等命令编辑圆弧类图形。

2.2.1 任务引领

本任务是绘制图 2-26 所示的圆及圆弧类图形，在完成任务的同时掌握圆弧类平面图形的绘图方法及编辑方法。

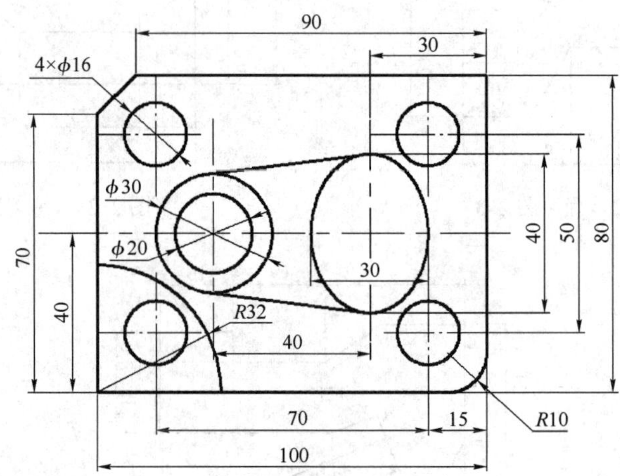

图 2-26　圆及圆弧类图形

2.2.2 命令学习

1．圆 CIRCLE

调用绘制圆命令的方法如下。

① 绘图工具栏：。

② 菜单栏：绘图→圆。

③ 命令行：C 或 CIRCLE。

该命令的功能是绘制圆，如图 2-27 所示。命令提示如下。

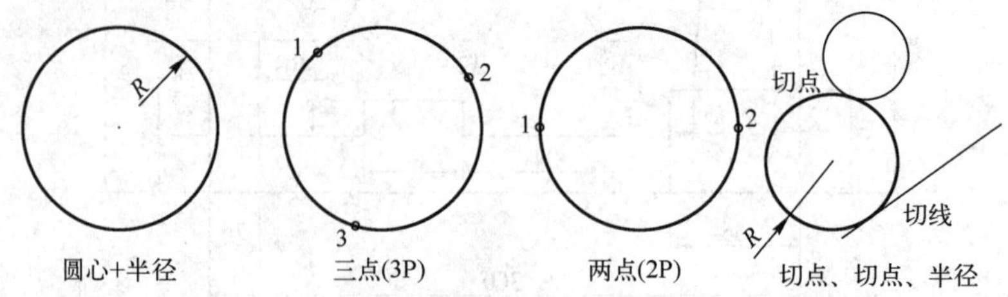

图 2-27　绘制圆

```
命令: _circle
指定圆的圆心或 [三点(3P)/两点(2P)/切点、切点、半径(T)]:指定圆心
```

选项说明如下。

● 默认项：指定圆心位置及用半径或直径方式画圆。

- 三点：基于圆周上的 3 个点来画圆。
- 两点：基于圆直径上的两个端点来画圆。
- 切点、切点、半径：基于指定半径和两个相切对象绘制圆。

2．圆弧 ARC

调用绘制圆弧命令的方法如下。

① 绘图工具栏：。

② 菜单栏：绘图→圆弧。

③ 命令行：A 或 ARC。

该命令的功能是绘制圆弧，如图 2-28 所示。命令提示如下。

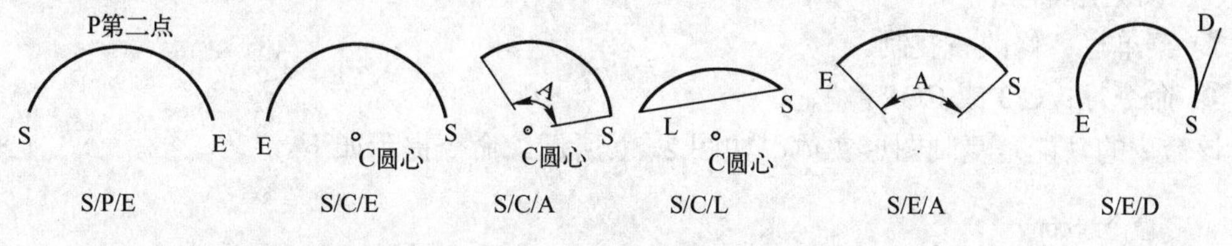

图 2-28　绘制圆弧

```
命令: _arc
指定圆弧的起点或 [圆心(C)]:
指定圆弧的第二个点或 [圆心(C)/端点(E)]:
指定圆弧的端点:
```

选项说明如下。

- 起点：指定圆弧的起点。
- 圆心：指定圆弧的圆心。指定圆心后系统提示：

```
指定圆弧的端点或 [角度(A)/弦长(L)]:
```

- 角度：指定包含角从起点（S）向端点（E）逆时针绘制圆弧。
- 弦长：绘制一条劣弧或优弧。如果弦长为正，AutoCAD 将使用圆心（C）和弦长计算端点角度，并从起点（S）起逆时针绘制一条劣弧。如果弦长为负，AutoCAD 将逆时针绘制一条优弧。
- 端点：指定圆弧结束点。指定结束点后系统提示：

```
指定圆弧的圆心或 [角度(A)/方向(D)/半径(R)]:
```

- 方向：绘制圆弧在起点处与指定方向相切。在给定圆弧的起点和终点后，指定圆弧起点处的切线方向。
- 半径：从起点（S）向端点（E）逆时针绘制一条劣弧。如果半径为负，AutoCAD 将绘制一条优弧。

3．椭圆 ELLIPSE

调用绘制椭圆命令的方法如下。

① 绘图工具栏：。

② 菜单栏：绘图→椭圆。

③ 命令行：EL 或 ELLIPSE。

该命令的功能是画椭圆及椭圆弧，如图 2-29 所示。命令提示如下。

```
命令: _ellipse
指定椭圆的轴端点或 [圆弧(A)/中心点(C)]:1
指定轴的另一个端点:2
指定另一条半轴长度或 [旋转(R)]:3
```

图 2-29　绘制椭圆

4．复制 COPY

调用复制命令的方法如下。

① 修改工具栏：。

② 菜单栏：修改→复制。

③ 命令行：CO 或 COPY。

该命令的功能是复制图形实体，如图 2-30 所示。命令提示如下。

```
命令: _copy
选择对象: 选择对象
当前设置: 复制模式 = 当前值
指定基点或 [位移(D)/模式(O)/多个(M)] <位移>:指定基点或输入选项
指定第二个点或 [阵列(A)] <使用第一个点作为位移>:
```

5．移动 MOVE

调用移动命令的方法如下。

① 修改工具栏：。

② 菜单栏：修改→移动。

③ 命令行：M 或 MOVE。

该命令的功能是在指定方向上按指定距离移动对象，如图 2-31 所示。命令提示如下。

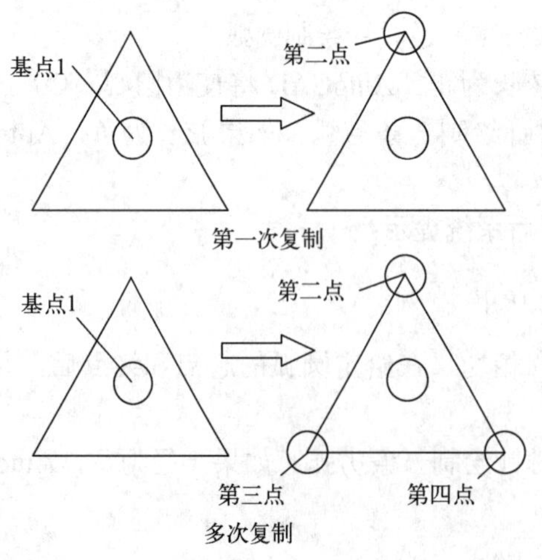

图 2-30　复制图形

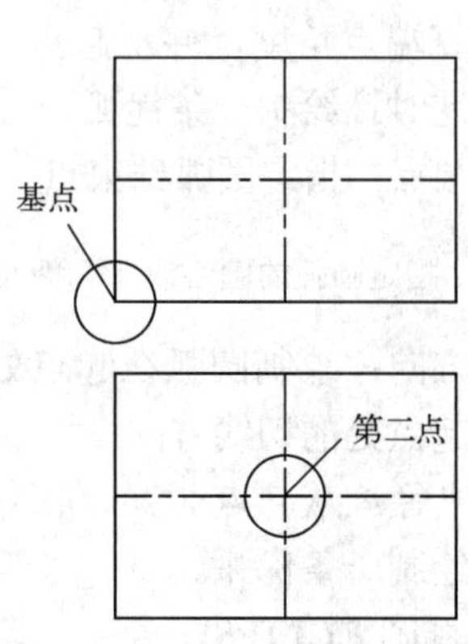

图 2-31　移动图形

命令: _move

选择对象: 使用一种对象选择方式并按〈Enter〉键结束对象选择

选择对象: 使用对象选择方式并在完成时按〈Enter〉键

指定基点或 [位移(D)] <位移>: 指定基点或者输入位移量

指定第二个点或 <使用第一个点作为位移>:指定点或按〈Enter〉键，如前一提示输入的是位移量，则本次提示按〈Enter〉键即可

6．缩放 SCALE

调用缩放命令的方法如下。

① 修改工具栏：。

② 菜单栏：修改→缩放。

③ 命令行：SC 或 SCALE。

该命令的功能是放大或缩小选定对象，使缩放后对象的比例保持不变，如图 2-32 所示。命令提示如下。

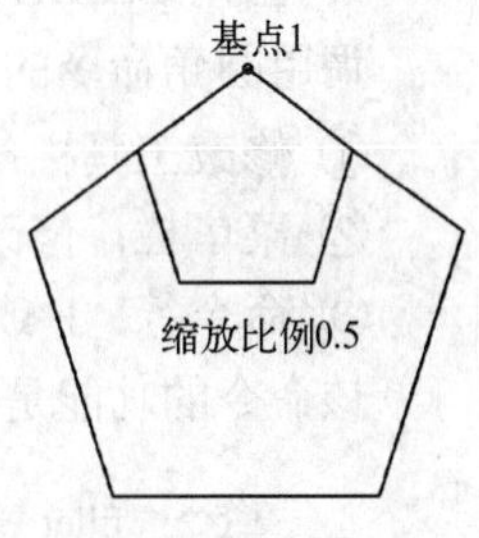

图 2-32　缩放五边形

命令: _scale

选择对象: 使用一种对象选择方式并按〈Enter〉键完成选择

指定基点: 指定点 1 并输入缩放基点

指定比例因子或 [复制(C)/参照(R)]:输入比例因子

7．打断 BREAK

调用打断命令的方法如下。

① 修改工具栏：。

② 菜单栏：修改→打断。

③ 命令行：BR 或 BREAK。

该命令的功能是将一个图形实体分解为两个或删除某一部分。命令提示如下。

命令: _break

选择对象: 选择某一实体

指定第二个打断点 或 [第一点(F)]:指定第二个打断点，这时系统将第一个打断点（选择实体时拾取点默认为第一点）与第二个打断点间的实体删除，注意第二点可以不在实体上

8．倒角 CHAMFER

调用倒角命令的方法如下。

① 修改工具栏：。

② 菜单栏：修改→倒角。

③ 命令行：CHA 或 CHAMFER。

该命令的功能是在两个不平行的直线间生成斜角，如图 2-33 所示。命令提示如下。

命令: _chamfer

(“修剪”模式) 当前倒角距离 1 = 30.0000，距离 2 = 30.0000

选择第一条直线或 [放弃(U)/多段线(P)/距离(D)/角度(A)/修剪(T)/方式(E)/多个(M)]:

选择第二条直线，或按住〈Shift〉键选择直线以应用角点或 [距离(D)/角度(A)/方法(M)]:

选项说明如下。

- 多段线：对整个多段线执行倒角操作。
- 距离：设置倒角至选定边端点的距离。
- 角度：通过第一条线的倒角距离和第二条线的角度设置倒角距离。
- 修剪：设置是否对选择实体进行裁剪。
- 方法：选择距离或角度两种方式中的一种。

9．圆角 FILLET

调用圆角命令的方法如下。

① 修改工具栏：□。

② 菜单栏：修改→圆角。

③ 命令行：F 或 FILLET。

该命令的功能是用圆弧连接两个实体，如图 2-34 所示。命令提示如下。

```
命令: _fillet
当前设置: 模式 = 修剪，半径 = 30.0000
选择第一个对象或 [放弃(U)/多段线(P)/半径(R)/修剪(T)/多个(M)]:
选择第二个对象，或按住〈Shift〉键选择对象以应用角点或 [半径(R)]:
```

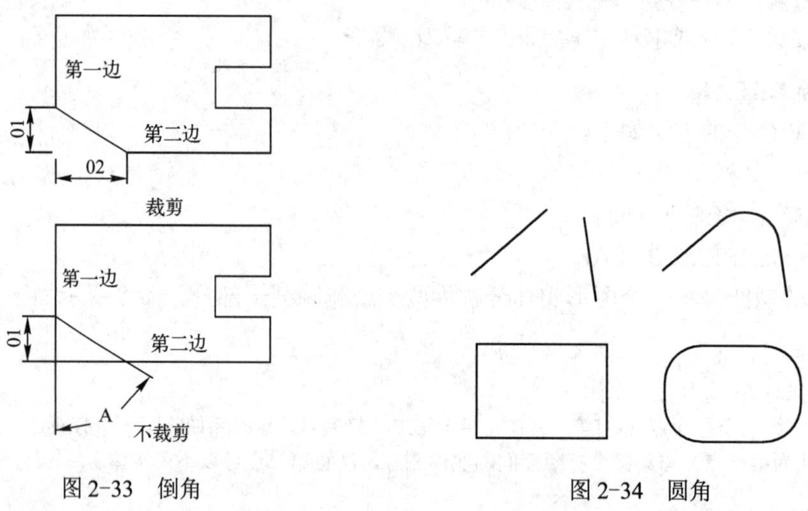

图 2-33　倒角　　　　图 2-34　圆角

2.2.3　任务分析

① 打开图层特性管理器，设置粗实线、细实线及点画线，设定“粗实线”为当前图层。

② 打开正交模式，对象捕捉选定端点、中点和交点。

③ 用直线命令绘制外框及轴线。将图层设置为“点画线”，绘制中心线如图 2-35 所示。

```
命令: _line 指定第一点:
指定下一点或 [放弃(U)]: <正交 开> 100
指定下一点或 [放弃(U)]: 80
指定下一点或 [闭合(C)/放弃(U)]: 100
指定下一点或 [闭合(C)/放弃(U)]:
指定下一点或 [闭合(C)/放弃(U)]:
```

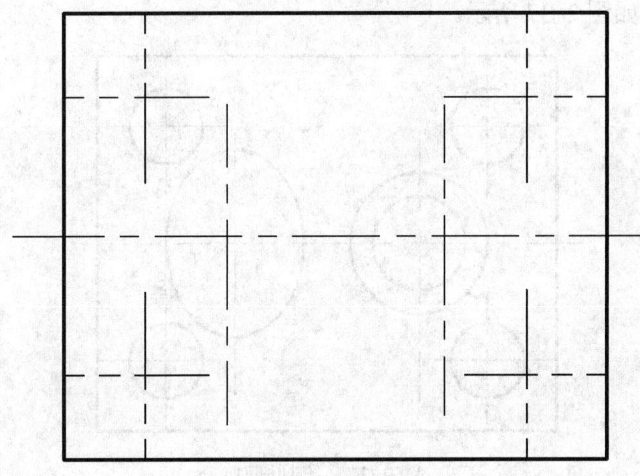

图 2-35　绘制外框及轴线

④ 绘制圆，如图 2-36 所示。

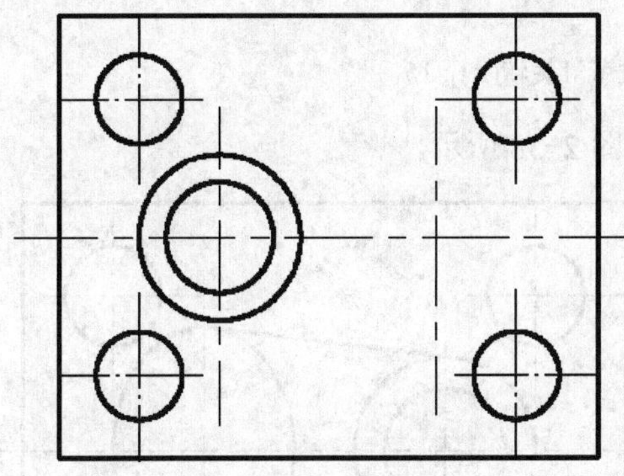

图 2-36　绘制圆

将图层设置为“粗实线”。

命令: _circle
指定圆的圆心或 [三点(3P)/两点(2P)/切点、切点、半径(T)]:
指定圆的半径或 [直径(D)] <8.0000>: 15
命令: _circle 指定圆的圆心或 [三点(3P)/两点(2P)/切点、切点、半径(T)]:
指定圆的半径或 [直径(D)] <15.0000>: 10
命令: _circle 指定圆的圆心或 [三点(3P)/两点(2P)/切点、切点、半径(T)]:
指定圆的半径或 [直径(D)] <10.0000>: 8
命令: _circle
指定圆的圆心或 [三点(3P)/两点(2P)/切点、切点、半径(T)]:
指定圆的半径或 [直径(D)] <8.0000>: 8
命令: _circle 指定圆的圆心或 [三点(3P)/两点(2P)/切点、切点、半径(T)]:
指定圆的半径或 [直径(D)] <8.0000>: 8
命令: _circle 指定圆的圆心或 [三点(3P)/两点(2P)/切点、切点、半径(T)]:
指定圆的半径或 [直径(D)] <8.0000>: 8

⑤ 绘制椭圆，如图 2-37 所示。

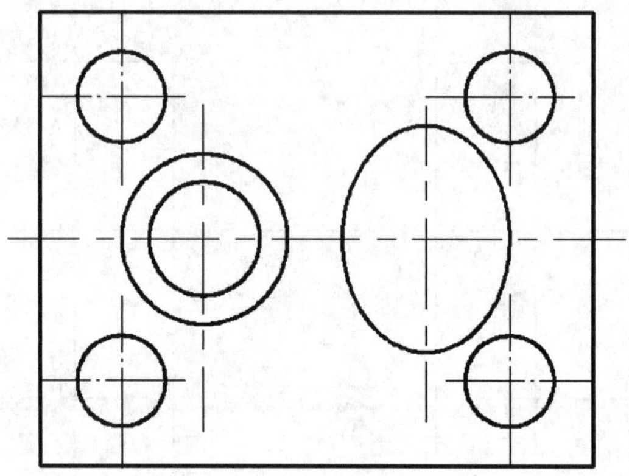

图 2-37　绘制椭圆

命令: _ellipse
指定椭圆的轴端点或 [圆弧(A)/中心点(C)]: C
指定椭圆的中心点:
指定轴的端点: 20
指定另一条半轴长度或 [旋转(R)]: 15

⑥ 绘制相切直线，如图 2-38 所示。

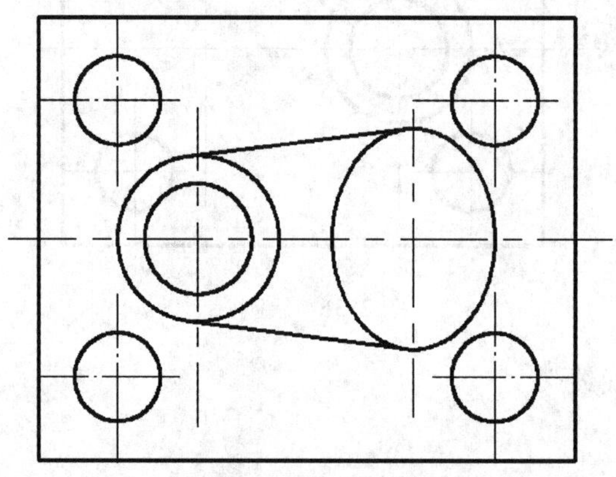

图 2-38　绘制相切直线

将对象捕捉选定切点。

命令: _line 指定第一点:
指定下一点或 [放弃(U)]:
指定下一点或 [放弃(U)]:

⑦ 倒角，如图 2-39 所示。

命令: _chamfer
(“修剪”模式) 当前倒角距离 1 = 0.0000，距离 2 = 0.0000
选择第一条直线或 [放弃(U)/多段线(P)/距离(D)/角度(A)/修剪(T)/方式(E)/多个(M)]: D

指定 第一个 倒角距离 <0.0000>: 10
指定 第二个 倒角距离 <10.0000>: 10
选择第一条直线或 [放弃(U)/多段线(P)/距离(D)/角度(A)/修剪(T)/方式(E)/多个(M)]: T
输入修剪模式选项 [修剪(T)/不修剪(N)] <修剪>: T
选择第一条直线或 [放弃(U)/多段线(P)/距离(D)/角度(A)/修剪(T)/方式(E)/多个(M)]:
选择第二条直线，或按住〈Shift〉键选择直线以应用角点或 [距离(D)/角度(A)/方法(M)]:

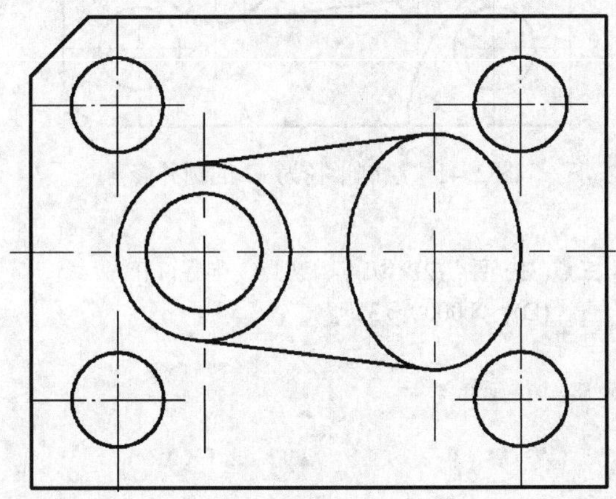

图 2-39 倒角

⑧ 倒圆角，如图 2-40 所示。

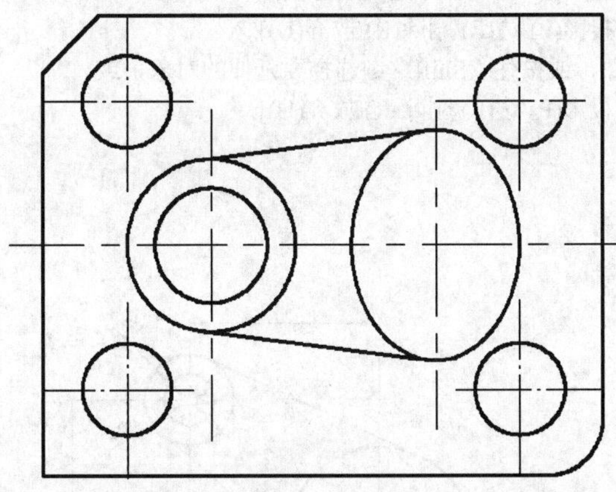

图 2-40 倒圆角

命令: _fillet
当前设置: 模式 = 修剪，半径 = 0.0000
选择第一个对象或 [放弃(U)/多段线(P)/半径(R)/修剪(T)/多个(M)]: R
指定圆角半径 <0.0000>: 10
选择第一个对象或 [放弃(U)/多段线(P)/半径(R)/修剪(T)/多个(M)]:
选择第二个对象，或按住〈Shift〉键选择对象以应用角点或 [半径(R)]:

⑨ 绘制半径为 32 的圆并修剪，如图 2-41 所示。

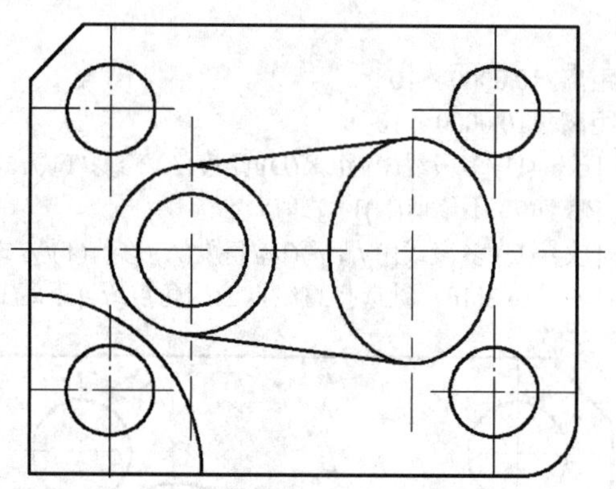

图 2-41　绘制半径为 32 的圆并修剪

命令: _circle
指定圆的圆心或 [三点(3P)/两点(2P)/切点、切点、半径(T)]:
指定圆的半径或 [直径(D)] <8.0000>: 32
命令: _trim
当前设置:投影=UCS，边=延伸
选择剪切边...
选择对象或 <全部选择>: 找到 1 个
选择对象: 找到 1 个，总计 2 个
选择对象: 找到 1 个，总计 3 个
选择对象:
选择要修剪的对象，或按住〈Shift〉键选择要延伸的对象，或
[栏选(F)/窗交(C)/投影(P)/边(E)/删除(R)/放弃(U)]:
选择要修剪的对象，或按住〈Shift〉键选择要延伸的对象，或
[栏选(F)/窗交(C)/投影(P)/边(E)/删除(R)/放弃(U)]:

2.2.4 典型例题

绘制图 2-42。

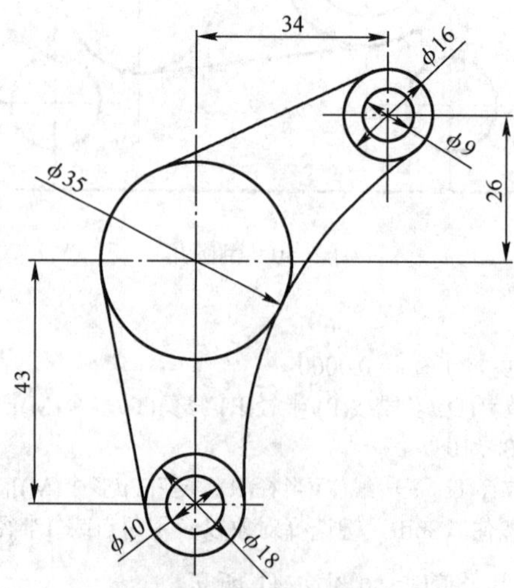

图 2-42　平面图形

解题思路：

① 绘制$\phi 35$、$\phi 18$、$\phi 16$ 三个定位圆。

② 绘制相切直线。

③ 绘制相切圆弧。

2.2.5 实战训练

绘制图 2-43～图 2-52。

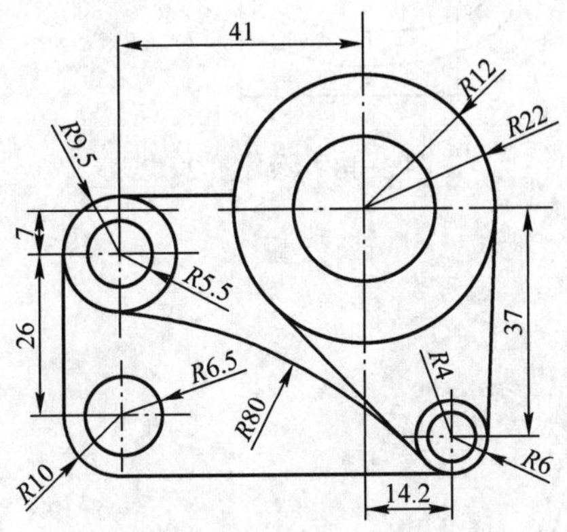

图 2-43 练习图 2-7

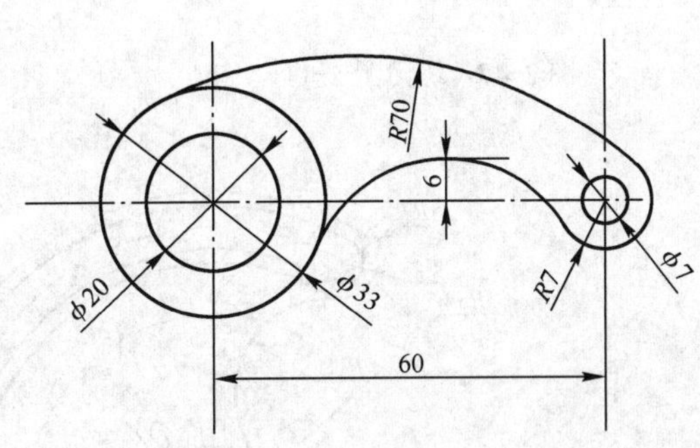

图 2-44 练习图 2-8

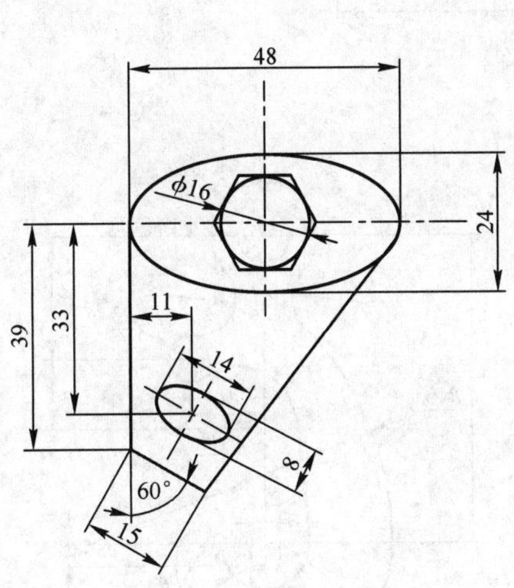

图 2-45 练习图 2-9

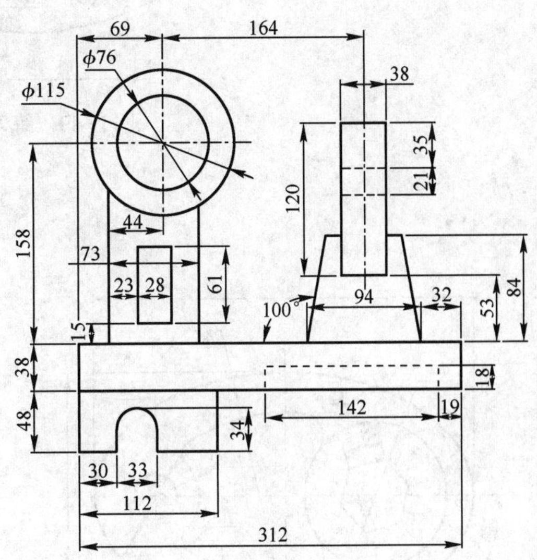

图 2-46 练习图 2-10

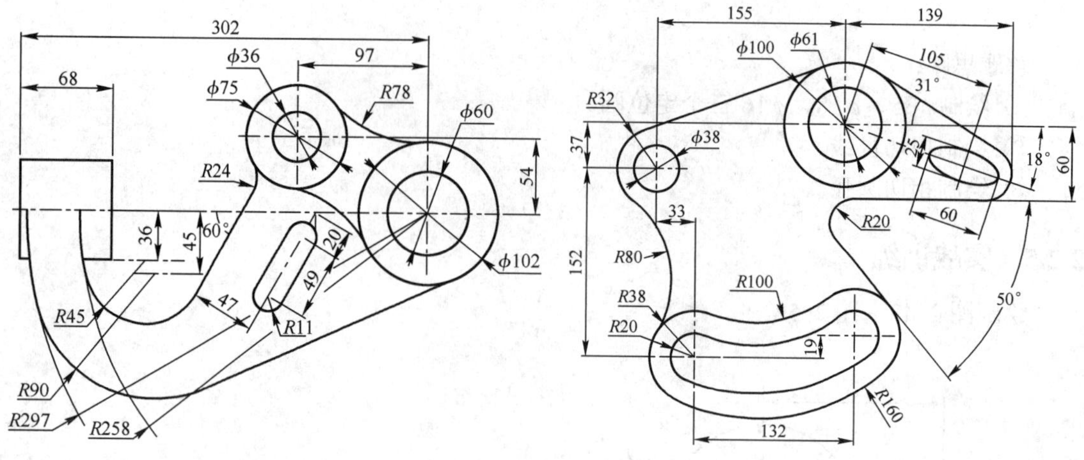

图 2-47　练习图 2-11

图 2-48　练习图 2-12

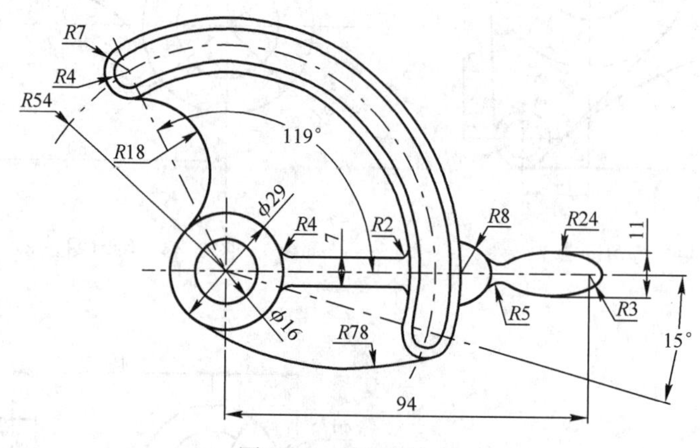

图 2-49　练习图 2-13

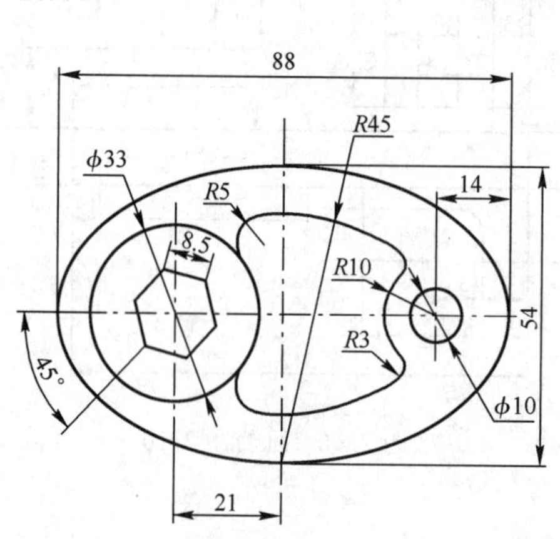

图 2-50　练习图 2-14

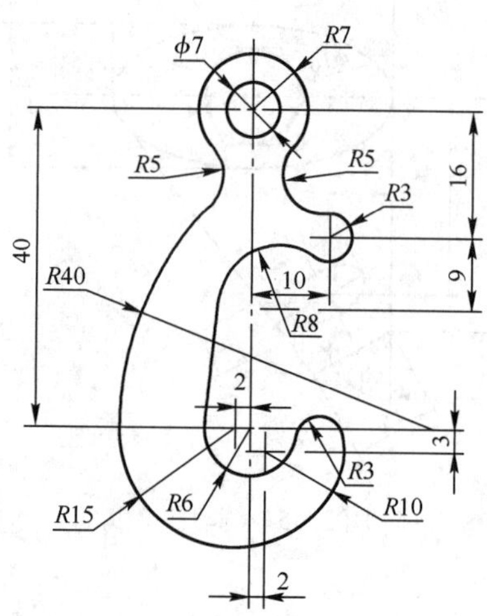

图 2-51　练习图 2-15

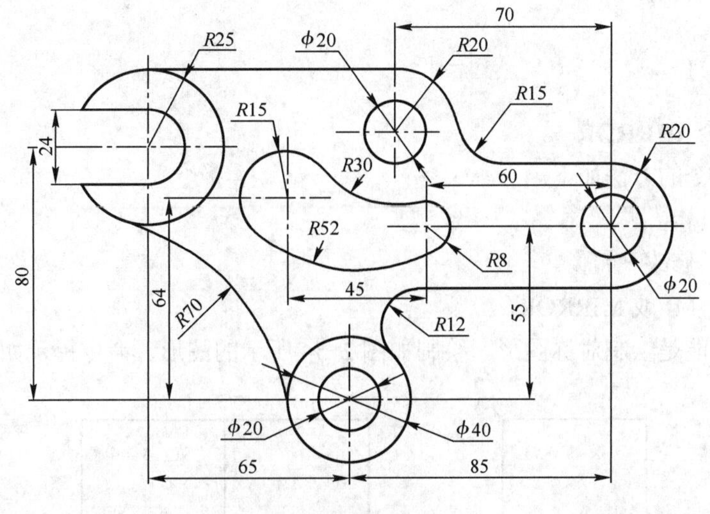

图 2-52　练习图 2-16

任务 2.3　绘制对称及带有倾斜方向的图形

通过本任务的学习，读者能够掌握镜像、旋转命令的使用技巧与方法，并能够利用镜像、旋转命令编辑图形。如果图形形状相对于某条直线对称，则可用镜像命令绘制，在画倾斜方向的图形时，可以先在水平位置画出图形，然后利用旋转命令将图形定位到倾斜方向。

2.3.1　任务引领

本任务绘制图 2-53 所示的平面图形，在完成任务的同时，掌握镜像、旋转命令的使用技巧与方法。

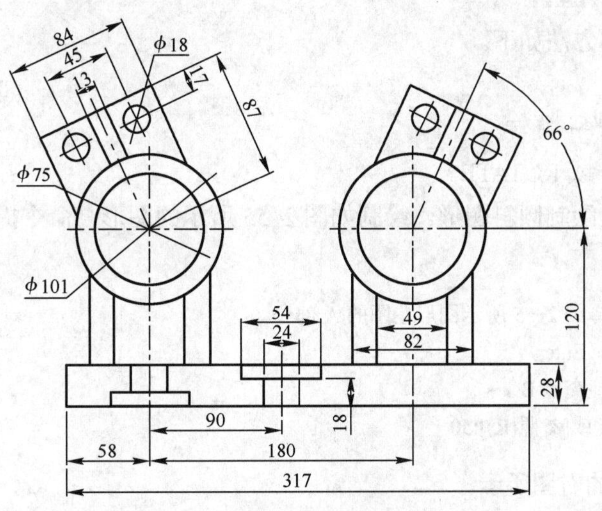

图 2-53　平面图形

2.3.2　命令学习

1．镜像命令 MIRROR

调用镜像命令的方法如下。

① 修改工具栏：。

② 菜单栏：修改→镜像。

③ 命令行：MI 或 MIRROR。

该命令的功能是绘制对称图形。绘制如图 2-54 所示的图形，命令提示如下。

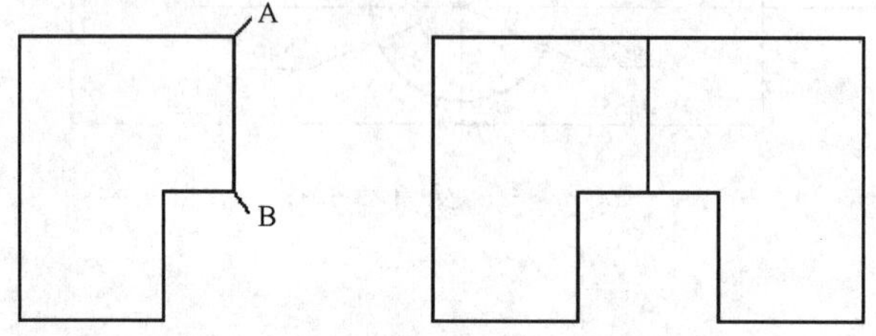

图 2-54　平面图形

命令: _mirror
选择对象:选择图 2-54 所示图形的左图
选择对象:按〈Enter〉键
指定镜像线的第一点:捕捉 A 点
指定镜像线的第二点:捕捉 B 点
是否删除源对象？[是(Y)/否(N)]<N>：按〈Enter〉键不删除源对象

结果如图 2-54 的右图所示。

2．旋转命令 ROTATE

调用旋转命令的方法如下。

① 修改工具栏：。

② 菜单栏：修改→旋转。

③ 命令行：RO 或 ROTATE。

该命令的功能是绘制倾斜图形。绘制如图 2-55 所示的图形，命令提示如下。

命令: _rotate
选择对象:选择图 2-55 所示图形左图的 A 部分
选择对象:按〈Enter〉键
指定基点:捕捉交点 B
指定旋转角度或[参照(R)]:50

结果如图 2-55 的右图所示。

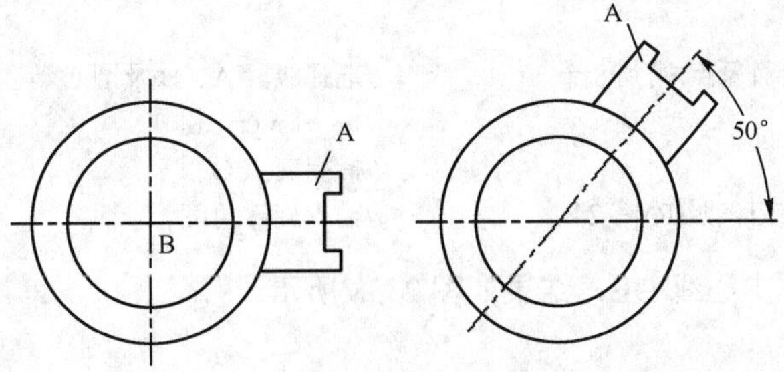

图 2-55　平面图形

2.3.3　任务分析

① 打开极轴追踪、对象捕捉及自动追踪功能，设定对象捕捉方式为端点、交点。

② 运用所学绘图命令和编辑命令，根据图 2-53 所示的平面图形尺寸绘制如图 2-56 所示的平面图形。

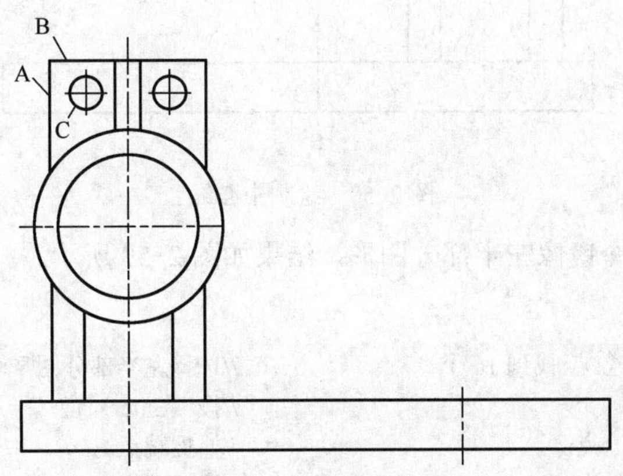

图 2-56　修剪绘制结果

③ 用 ROTATE 命令把线段 A、B 及圆 C 等旋转 24°，结果如图 2-57 所示。

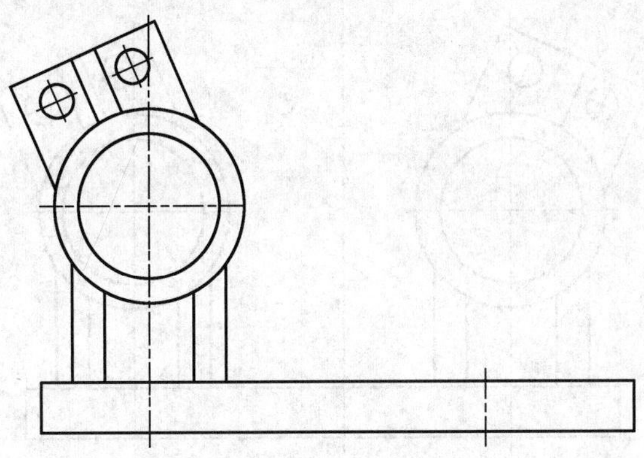
图 2-57　旋转结果

```
命令:_rotate
选择对象:指定对象点:找到 8 个                    //选择线段 A、B 及圆 C 等
选择对象:                                        //按〈Enter〉键
指定基点:                                        //捕捉交点 O
指定旋转角度或[参照(R)]：24                       //输入旋转角度
```

④ 绘制一条对称中心线 DE，结果如图 2-58 所示。

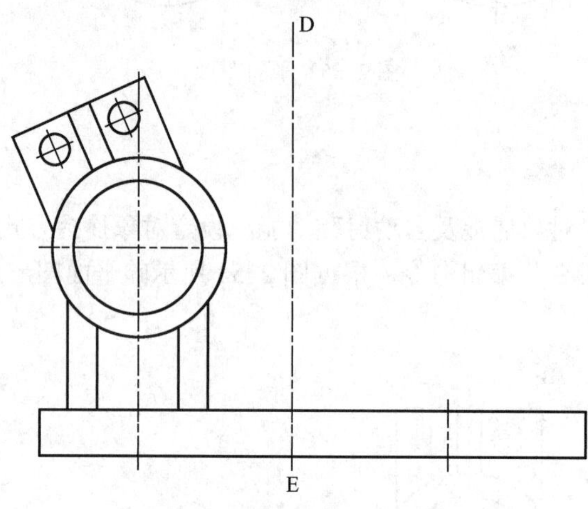

图 2-58　绘制中心线

⑤ 用 MIRROR 命令镜像左半部分图形，结果如图 2-59 所示。

```
命令:_mirror
选择对象:指定对象点:找到 16 个                    //选择左半部分图形
选择对象:                                        //按〈Enter〉键
指定镜像线的第一点:                              //捕捉端点 E
指定镜像线的第二点:                              //捕捉端点 F
是否删除源对象?[是(Y)/否(N)]<N>:N                //输入“N”不删除源对象
```

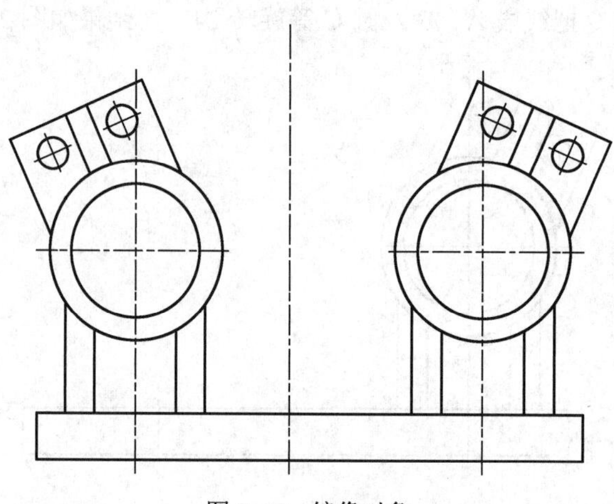

图 2-59　镜像对象

⑥ 利用直线命令绘制图 2-53 所示平面图形中的其余部分图线，即可得本任务的平

面图形。

2.3.4 典型例题

绘制图 2-60。

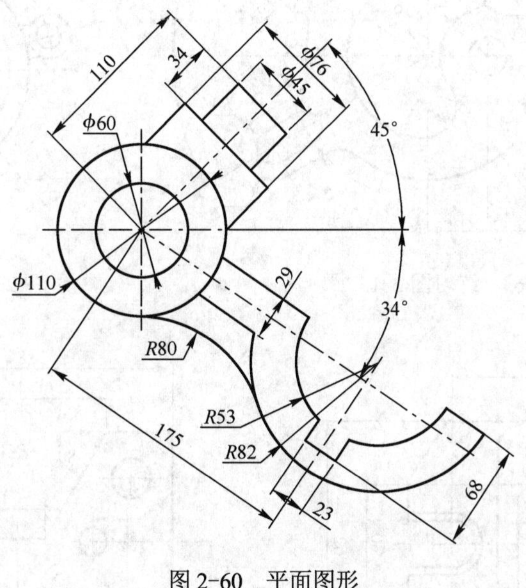

图 2-60 平面图形

解题思路：

① 画圆ϕ110、ϕ60、R82、R53 及其定位线。

② 在水平方向上用 OFFSET 和 TRIM 命令绘制其余部分图形。

③ 用 ROTATE 命令旋转形成倾斜方向的图形。

2.3.5 实战训练

绘制图 2-61～图 2-67。

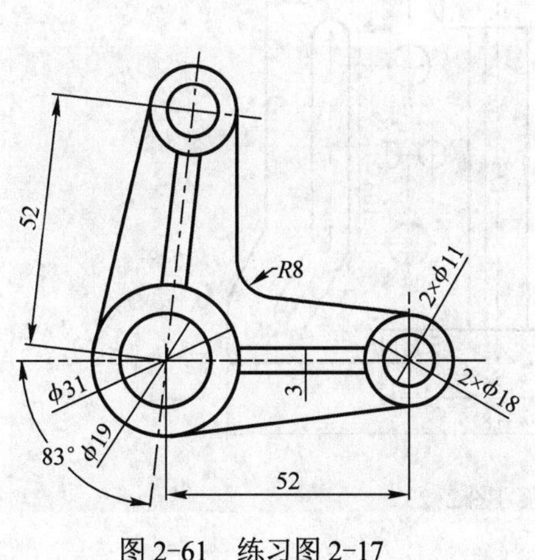

图 2-61 练习图 2-17

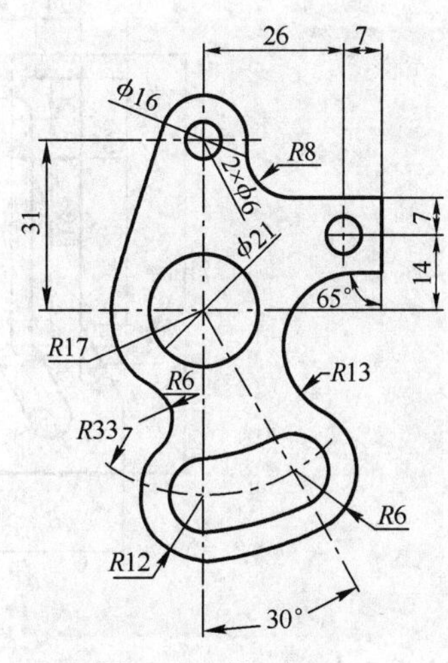

图 2-62 练习图 2-18

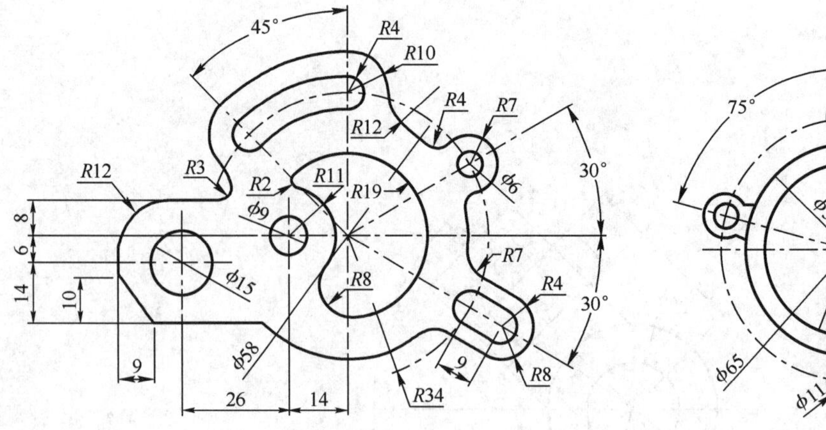

图 2-63　练习图 2-19

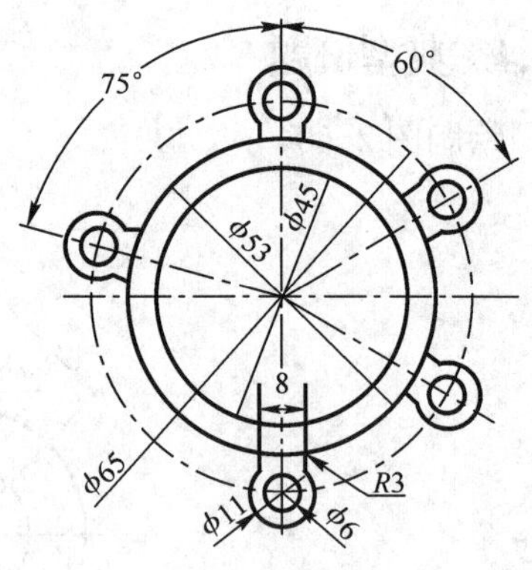

图 2-64　练习图 2-20

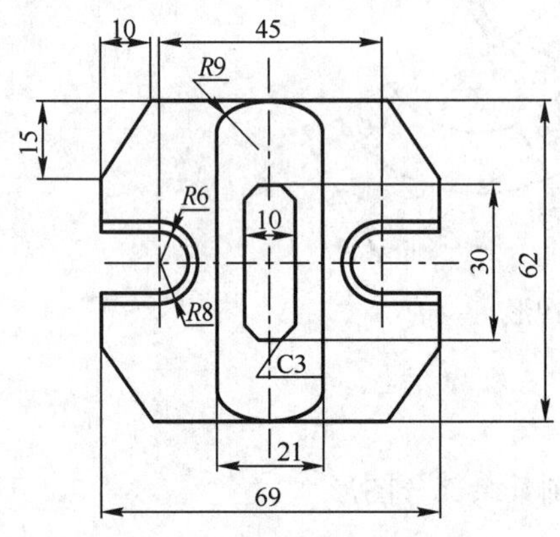

图 2-65　练习图 2-21

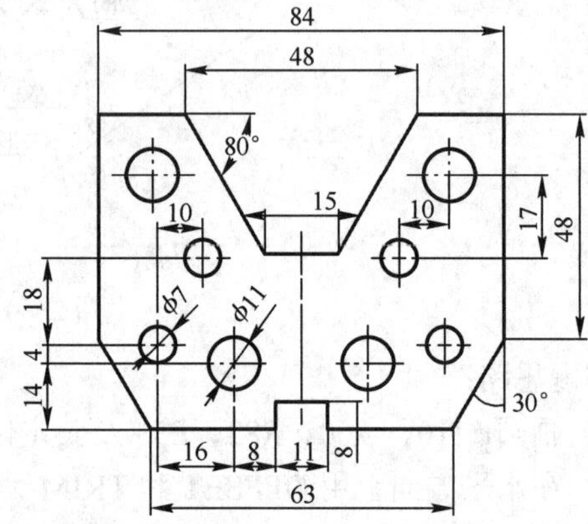

图 2-66　练习图 2-22

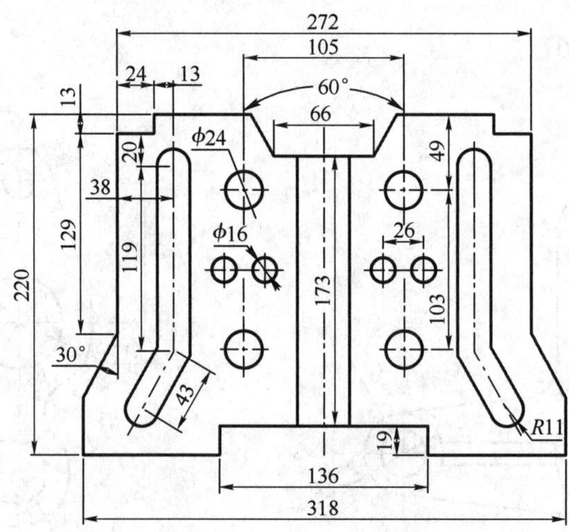

图 2-67　练习图 2-23

任务 2.4　绘制具有均匀分布特征的图形

通过本任务的学习，读者能够掌握阵列命令的使用技巧与方法，并能够利用阵列命令编辑具有均匀分布特征的图形。

2.4.1　任务引领

绘制图 2-68 所示图形。

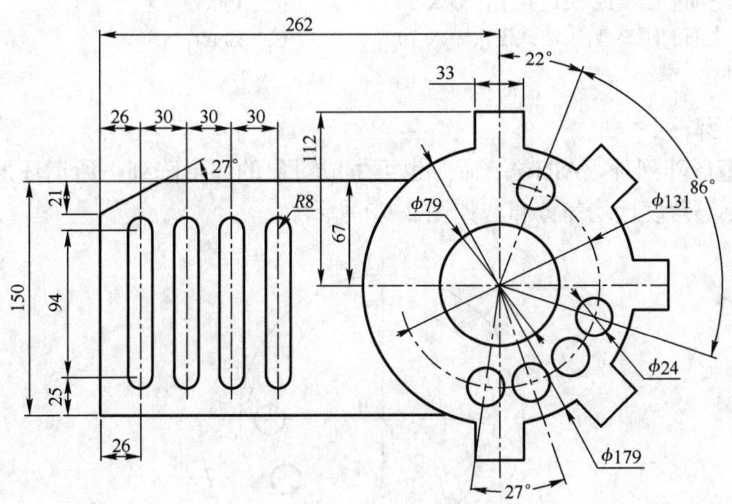

图 2-68　平面图形

2.4.2　命令学习

1. 创建矩形阵列

用 ARRAY 命令创建矩形阵列，所谓矩形阵列指对象按行、列关系均匀分布，如图 2-69 所示。矩形阵列中的“行”与当前坐标系的 X 轴平行，“列”则与坐标系的 Y 轴平行。在创建矩形阵列时要指定行数、列数、行间距、列间距。“行”及“列”的间距可正、可负。若输入正值，则对象沿坐标轴的正方向分布；否则，沿坐标轴的负方向分布。

下面用 ARRAY 命令绘制如图 2-69 所示的矩形阵列。

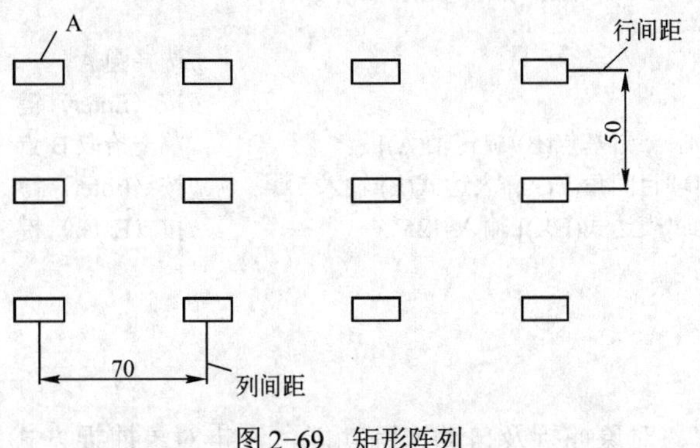

图 2-69　矩形阵列

单击修改工具栏中的按钮，然后完成以下操作。

选择对象: //选择 A 部分图形
选择对象: //按〈Enter〉键
为项目数指定对角点或[基点(B)/角度(A)/计数(C)]<计数>:
//按〈Enter〉键
输入行数或[表达式(E)]:输入 3 //按〈Enter〉键
输入列数或[表达式(E)]:输入 4 //按〈Enter〉键
指定对角点以间隔项目或[间距(S)]<间距>: //按〈Enter〉键
指定行之间的距离或[表达式(E)]:输入-50 //按〈Enter〉键
指定列之间的距离或[表达式(E)]:输入 70 //按〈Enter〉键
按〈Enter〉键

2．创建环形阵列

除可创建矩形阵列外，ARRAY 命令也可生成对象的环形阵列，所谓环形阵列是指对象绕阵列的中心点等角度地均匀分布，如图 2-70 所示。

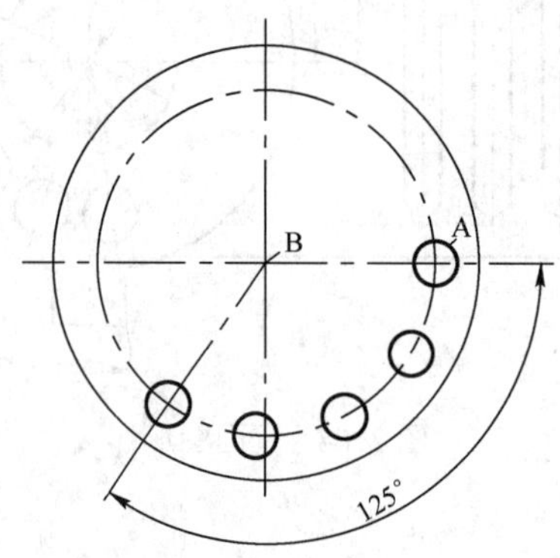

图 2-70 环形阵列

在用 ARRAY 命令创建环形阵列时，可用多种方法设定阵列参数，要输入阵列对象的总数和总角度值，也要输入阵列对象的总数及每个对象间的夹角。输入的阵列角度可正、可负，若阵列角度为正值，则 AutoCAD 将对象沿逆时针方向阵列；否则，沿顺时针方向阵列。

下面用 ARRAY 命令绘制图 2-70 所示的环形阵列。

单击修改工具栏中的按钮，然后完成以下操作。

选择对象: //选择圆 A
选择对象: //按〈Enter〉键
指定阵列的中心点或[基点(B)/旋转轴(A)]: //单击拾取 B 点
输入项目数或[项目间角度(A)]/表达式(E):输入 5 //按〈Enter〉键
指定填充角度或[表达式(EX)]:输入-125° //按〈Enter〉键
按〈Enter〉键

2.4.3 任务分析

① 打开极轴追踪、对象捕捉及自动追踪功能，设定对象捕捉方式为端点、交点。

② 画两条相互垂直的作图基准线 A、B，再绘制两个圆，圆的直径分别为 79、179，如图 2-71 所示。

③ 用 OFFSET、TRIM 和 CHAMFER 命令画线框 C，如图 2-72 所示。

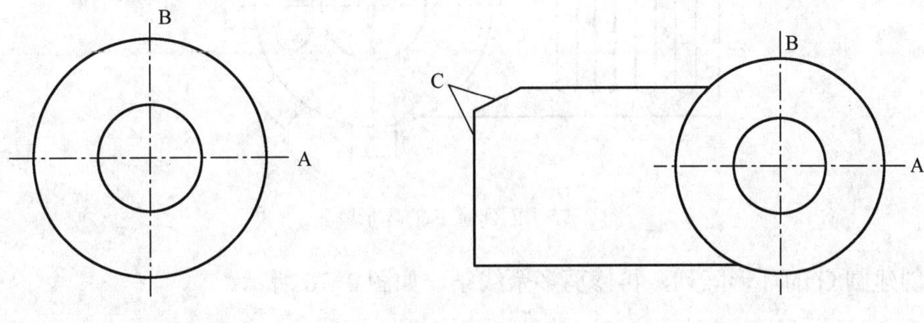

图 2-71　画基准线及圆　　图 2-72　画线框 C

④ 画线框 D，并创建矩形阵列，如图 2-73 所示。

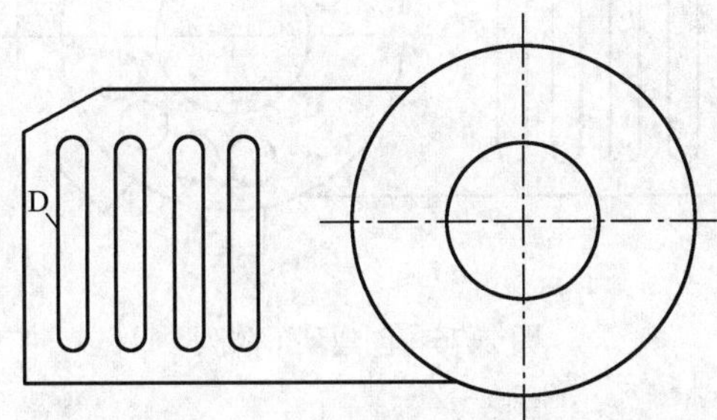

图 2-73　创建矩形阵列

⑤ 用 OFFSET 和 TRIM 命令画线框 E，然后创建环形阵列，如图 2-74 所示。

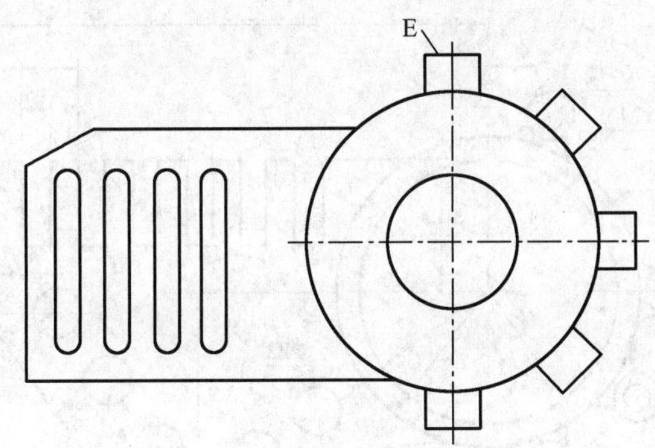

图 2-74　创建环形阵列

⑥ 画圆 F，并创建环形阵列，如图 2-75 所示。

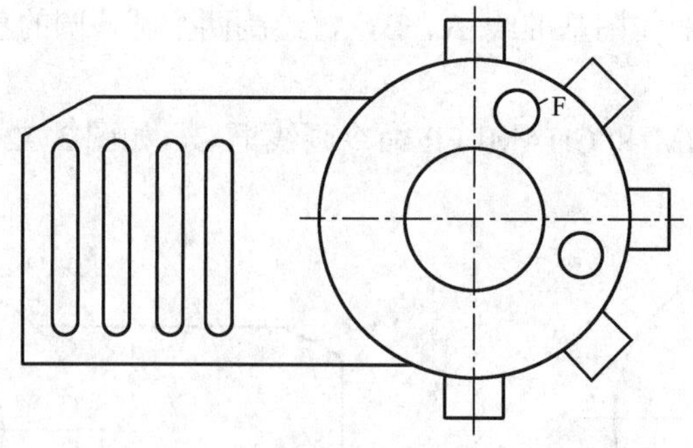

图 2-75　创建圆 F 的环形阵列

⑦ 创建圆 G 的环形阵列，再修剪多余线条，如图 2-76 所示。

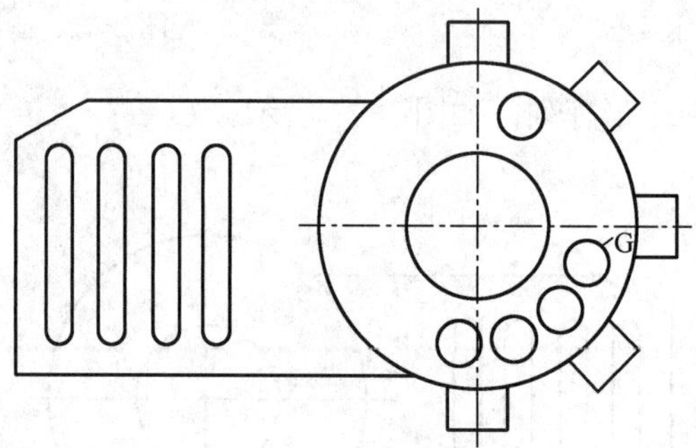

图 2-76　创建环形阵列

2.4.4　典型例题

绘制图 2-77。

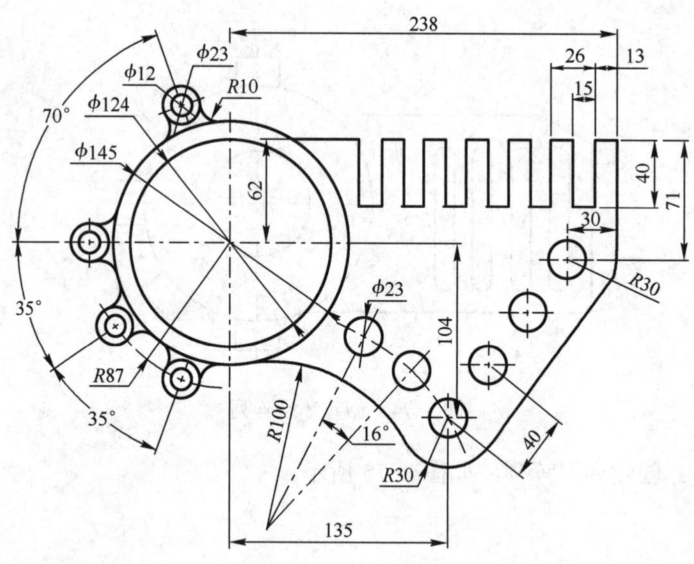

图 2-77　平面图形

解题思路：

① 画圆ϕ124、ϕ145 及其定位线。

② 以定位线为作图基准线，用 XLINE、CIRCLE 和 TRIM 命令画出图形的完整外轮廓线。

③ 用 ARRAY 命令创建环形及矩形阵列。

2.4.5 实战训练

绘制图 2-78～图 2-85。

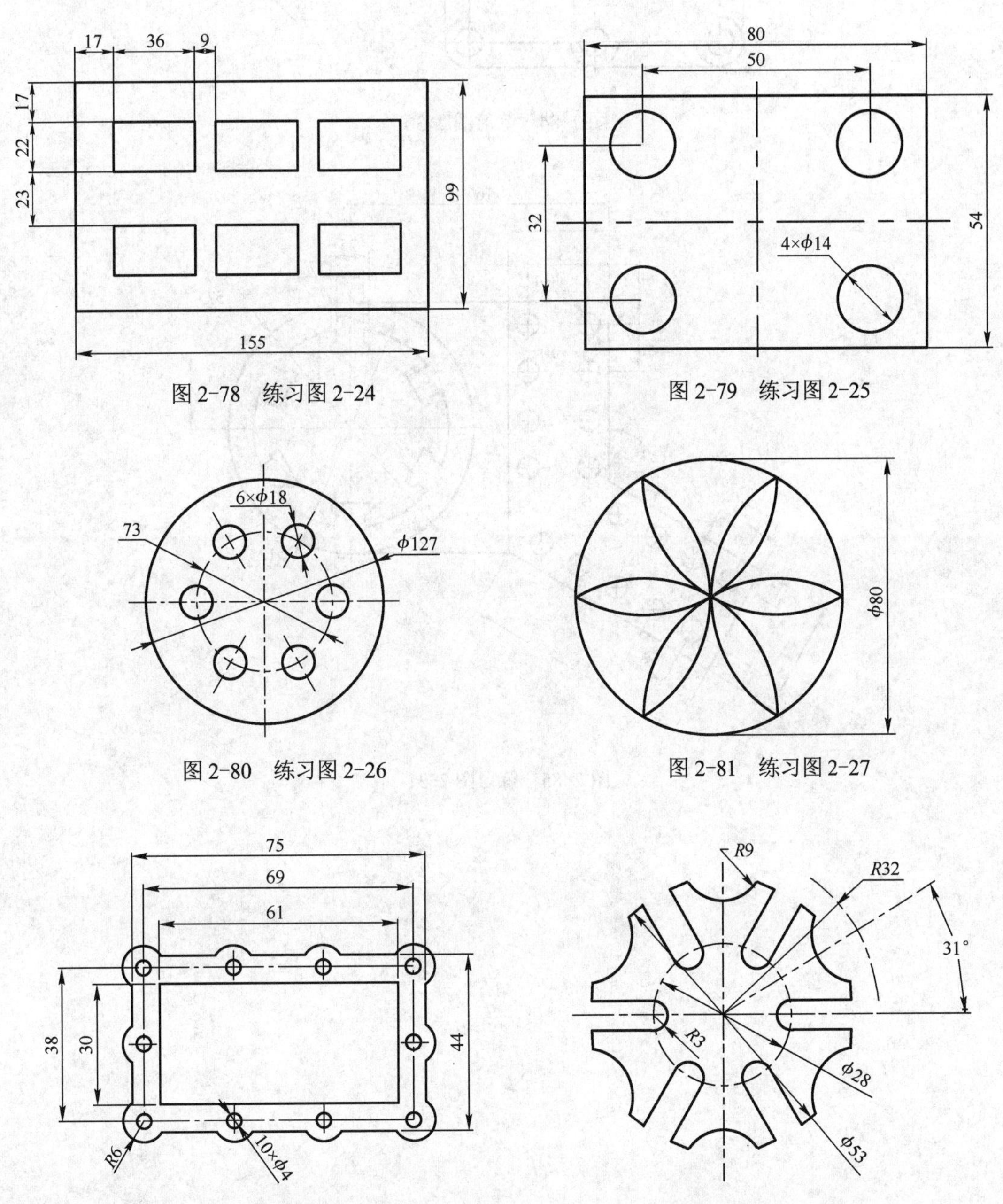

图 2-78　练习图 2-24

图 2-79　练习图 2-25

图 2-80　练习图 2-26

图 2-81　练习图 2-27

图 2-82　练习图 2-28

图 2-83　练习图 2-29

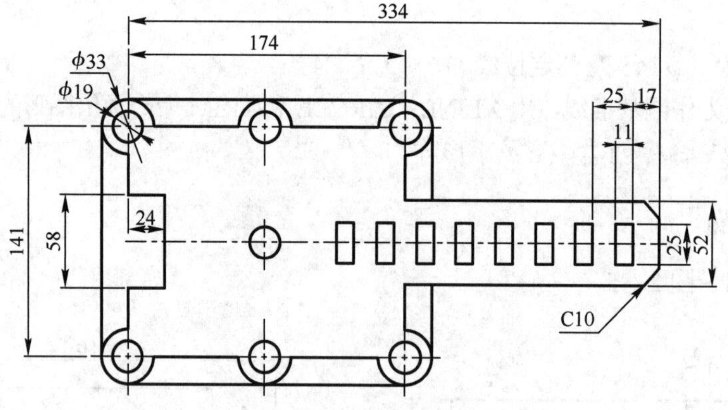

图 2-84　练习图 2-30

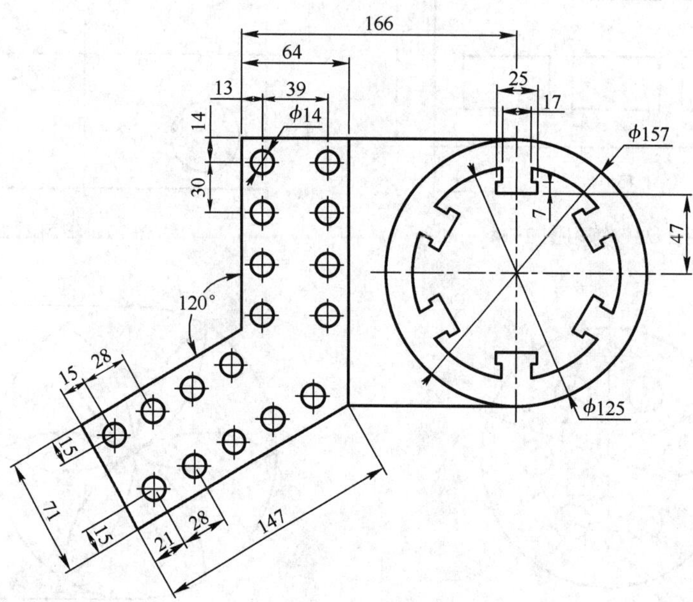

图 2-85　练习图 2-31

项目 3　绘制零件图

零件图是机械行业最基本的技术图形文件，熟练地使用 AutoCAD 绘制零件是机械类、近机械类专业学生和从业人员必备的技能。本项目主要介绍各类典型零件相应零件图的绘制方法及所用的各种命令。

任务 3.1　绘制轴类零件图

轴类零件相对来讲较为简单，主要由一系列同轴回转体构成，其上常有孔、槽等结构。它的视图表达方案是将轴线水平放置的位置作为主视图的位置，一般情况下仅主视图就能表达清楚其主要结构形状，对于局部细节则可利用局部视图、局部放大图或断面图来表达。

3.1.1　任务引领

本任务是绘制图 3-1 所示的轴类零件图，在完成任务的同时掌握轴类零件图的绘图方法。

3.1.2　命令学习

一个完整的零件图中除了视图外，还应该包括文字、表格、尺寸标注、表面粗糙度及其他一些标注内容。在本任务中，首先要学习一些新的命令才能完成一个完整零件图的绘制，下面逐一介绍这些命令。

1．书写文字

文字在工程图中主要起说明的作用，可以将不便使用几何图线表达的信息用简明的注释表述出来。

（1）文字样式

在为图形添加文字对象之前，应先设置好当前的文字样式。通过“文字样式”对话框（如图 3-2 所示），用户可以自己定制文字样式，打开“文字样式”对话框的方法有以下几种。

① 功能区：单击“常用”选项卡→“注释”面板→“文字样式”按钮。

② 功能区：单击“注释”选项卡→“文字”面板→“文字样式”按钮。

③ 运行命令：STYLE。

如图 3-2 所示，“文字样式”对话框的“样式”列表框中列出了所有的文字样式，包括系统默认的 Standard 样式以及用户自定义的样式。在“样式”列表框下方是文字样式预览区，用于对所选择的样式进行预览。

Ra6.3 (√)
Ra3.2
Ra1.6
0.02 A
Ra3.2
Ra3 2
0.02
0.02 A
Ra1.6
2×M10-6h
8
A
B
ϕ68(+0.021 +0.002)
ϕ50(+0.021 +0.002)
ϕ60(+0.021 +0.002)
ϕ55
ϕ50
26
ϕ42(+0.021 +0.063)
20
7
40
33
68
37
5
46
67
280
A-A
B-B
16(0 -4.00)
62
36
16(0 -0.03)
技术要求：
1、调质处理
2、未注圆角半径为R2mm
3、未注侧角为2mm
标记
坐标
分区
更改文件号
设计
标准化
审稿
工艺
批量
阶段标记
重量
比例
1：1
共 张
第 张

图3-1 轴零件图

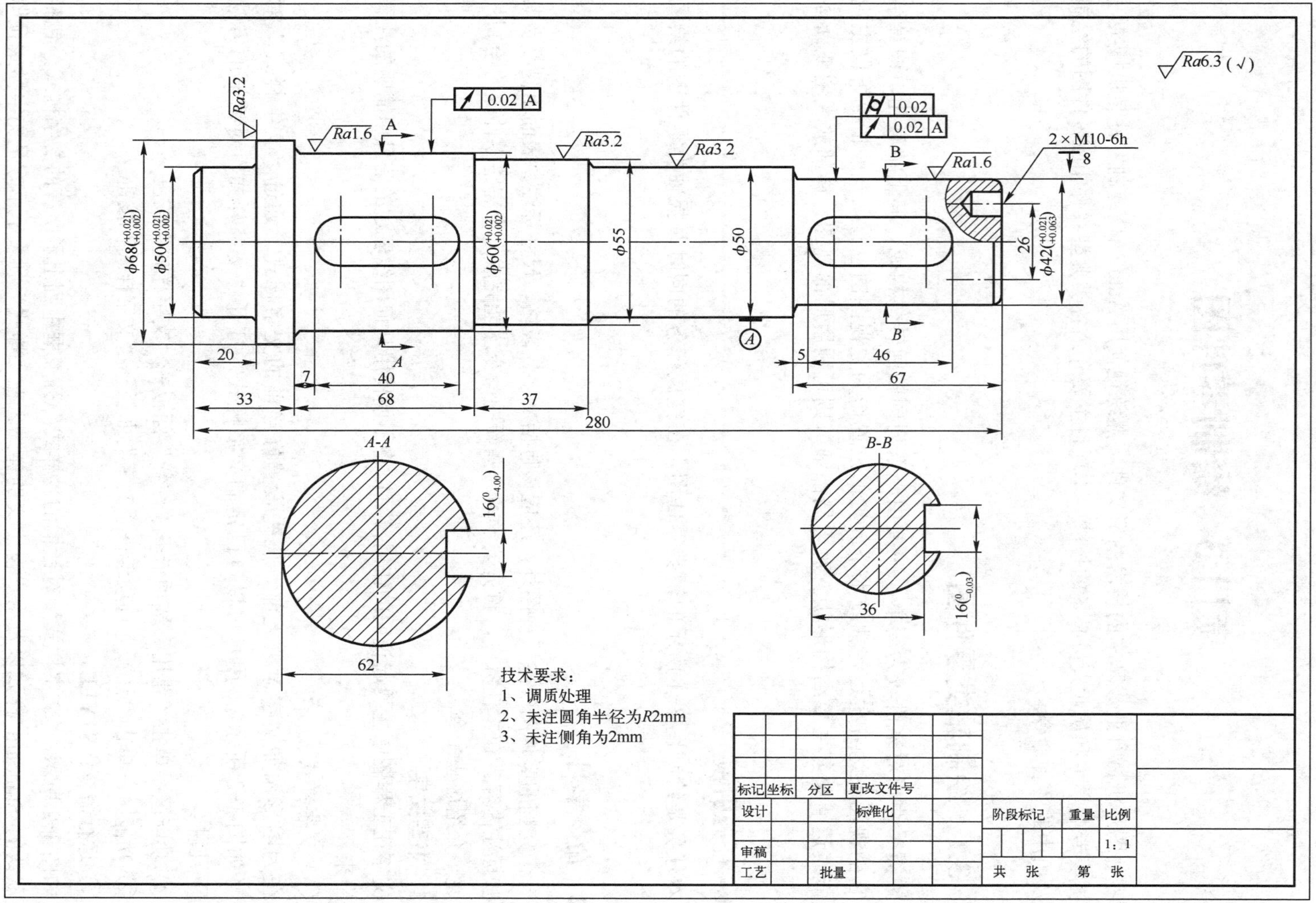

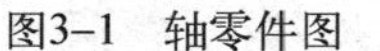

“文字样式”对话框主要包括“字体”、“大小”和“效果”3 个选项区，分别用于设置文字的字体、大小和显示效果。单击“置为当前(C)”按钮，可将所选择的文字样式置为当前；单击“新建(N)”按钮，可以新建文字样式，新建的文字样式将显示在“样式”列表框中；“删除(D)”按钮将用于删除文字样式，但不能删除 Standard 文字样式、当前文字样式以及已经使用的文字样式。

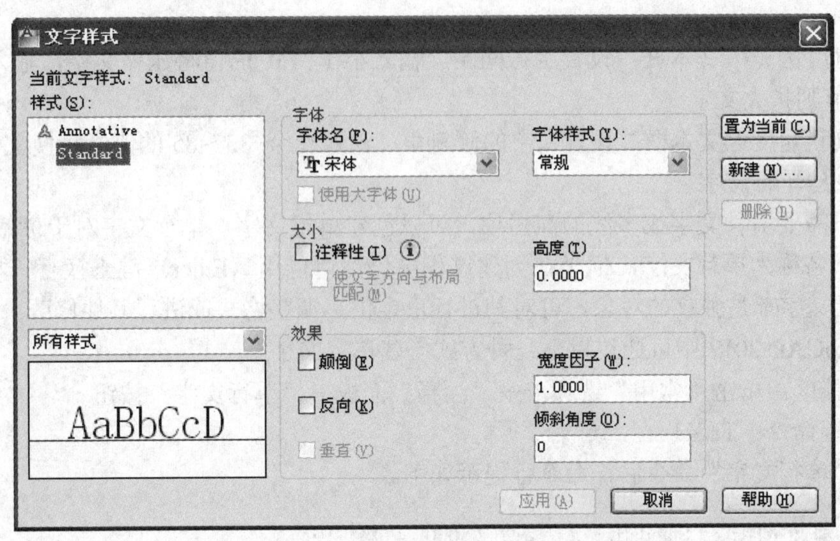

图 3-2 “文字样式”对话框

如果要创建新的文字样式，可单击“新建(N)”按钮，在弹出的“新建文字样式”对话框的“样式名”文本框中输入样式名称（如图 3-3 所示），单击“确定” 按钮后，新建的文字样式将显示在“样式”列表框中，并自动置为当前。

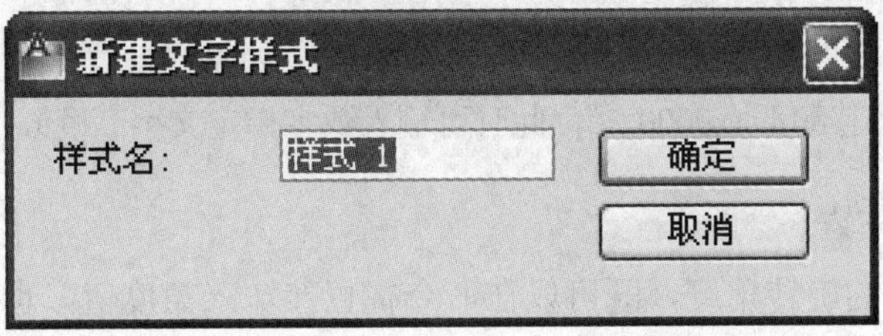

图 3-3 “新建文字样式”对话框

在“字体”选项区域中，可设置文字样式的字体。通过“字体名”下拉列表框可选择文字样式的字体。如果选中“使用大字体”复选按钮，那么可通过“SHX 字体”和“大字体”下拉列表框选择 SHX 文件作为文字样式的字体，选择后可在预览区中预览显示效果。

AutoCAD 2012 的大字体是指专门为亚洲语言设计的特殊类型。“大字体”下拉列表框中的 gbcbig.shx 为简单中文字体，chineset.shx 为繁体中文字体。

在“大小”选项区域中可设置文字的大小。文字大小通过“高度”文本框设置，默认为 0.0000，如果设置“高度”为 0.0000，则每次使用该样式输入文字时文字高度的默认值均为 0.2；如果输入大于 0.0000 的高度值，则为该样式设置固定的文字高度。

在“效果”选项区域中可设置文字的显示效果，其中共有下面 5 个选项。

- “颠倒”复选按钮：颠倒显示字符，相当于沿纵向的对称轴镜像处理。
- “反向”复选按钮：反向显示字符，相当于沿横向的对称轴镜像处理。
- “垂直”复选按钮：显示垂直对齐的字符，这里的“垂直”指的是单个文字的方向垂直于整个文字的排列方向。注意，只有在选定字体支持双向时“垂直”复选按钮才可用。
- “宽度因子”文本框：设置字符间距。输入小于 1.0 的值将压缩文字，输入大于 1.0 的值则扩大文字。
- “倾斜角度”文本框：设置文字的倾斜角。输入一个-85～85 的值，将使文字倾斜。

（2）创建单行文字

对于不需要多种文字或多线的简短项，可以创建单行文字。单行文字对于标签而言非常方便。虽然名称为单行文字，但是在创建过程中仍然可以用〈Enter〉键来换行，“单行”的含义是每行文字都是独立的对象，可对其进行重定位、调整格式或进行其他修改。

在 AutoCAD 2012 中可通过以下几种方式创建单行文字。

① 功能区：单击“常用”选项卡→“注释”面板→“单行文字”按钮 A|。

② 运行命令：TEXT。

执行“单行文字”命令后，命令行提示如下。

```
当前文字样式:“Standard”文字高度:2.5000  注释性:否
指定文字的起点或[对正(J)/样式(S)]:
```

此提示信息的第一行显示当前的文字样式，根据第二行提示，可以指定单行文字对象的起点或者选择括号内的选项。

- “对正(J)”选项：用于控制文字的对齐方式。
- “样式(S)”选项：用于指定文字样式。

在指定了单行文字的起点之后，命令行继续提示（如果当前文字样式中的文字高度设置为0，那么将提示“指定高度<0.0000>:”，此时可输入数字指定文字高度），命令行提示如下：

```
指定文字的旋转角度<0>:
```

此时可设置文字的旋转角度，既可以在命令行直接输入角度值，也可以将鼠标置于绘图区，将显示光标到文字起点的橡皮筋线，在相应的角度位置单击后可指定角度。注意，此时设置的是文字的旋转角度，即文字对象相对于 0° 方向的角度，与设置文字样式时所设置的文字倾斜角度不同，如图 3-4 所示。

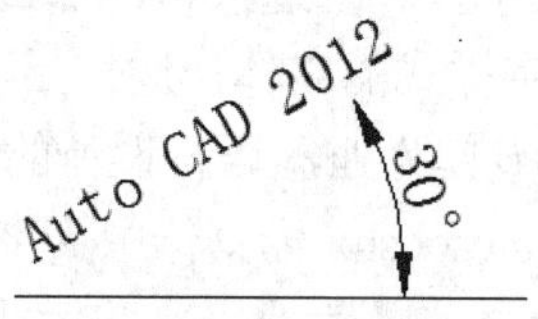

图 3-4　文字旋转角度

在指定文字的起点、旋转角度之后，进入单行文字编辑器，光标变为 I 形，如图 3-5a

所示；此时可按〈Enter〉键换行，如图 3-5b 所示；完成文字输入后，每一行都是一个单独的对象，如图 3-5c 所示；按〈Esc〉键可退出单行文字编辑器。

Auto

Auto CAD
按<ENTER>键换行

Auto CAD
按<ENTER>键换行

a) b) c)

图 3-5 单行文字的编辑

a) 单行文字编辑器 b) 按〈Enter〉键换行 c) 单行文本

（3）创建多行文字

对于较长、较复杂的内容，可以创建多行文字。多行文字是由任意数目的文字行或段落组成的，布满指定的宽度，还可以沿垂直方向无限延伸。与单行文字不同的是，无论行数是多少，一个编辑任务中创建的每个段落集都是单个对象，用户可对其进行移动、旋转、删除、复制、镜像或缩放操作。

另外，多行文字的编辑选项比单行文字多。例如，可以将对下画线、字体、颜色和文字高度的修改应用到段落中的单个字符、单词或短语。

在 AutoCAD 2012 中，可通过以下几种方式创建多行文字。

① 功能区：单击“常用”选项卡→“注释”面板→“多行文字”按钮 A。

② 运行命令：MTEXT。

执行“多行文字”命令后，命令行提示如下。

指定第一角点:

AutoCAD 2012 根据两个对角点确定多行文字对象。此时可指定多行文字的第一个角点，随后命令行继续提示：

指定对角点或[高度(H)/对正(J)/行距(L)/旋转(R)/样式(S)/宽度(W)/栏(C)]:

此时可指定第二个角点或者选择中括号内的选项设置多行文字。在指定对角点之后，将显示多行文字编辑器，如图 3-6 所示，可以看到多行文字编辑器比单行文字编辑器复杂，实现的功能也较多，包括给文字加上画线、下画线和设置行距等。“草图与注释”工作空间的多行文字编辑器已经集成在功能区，当执行 MTEXT 命令后，功能区最右侧会多出一个选项卡，即“文字编辑器”。

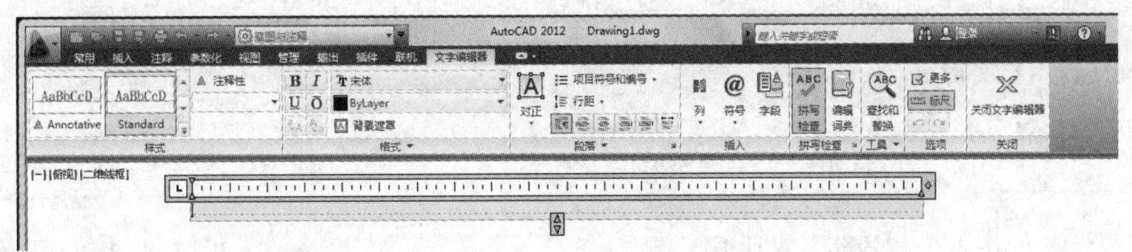

图 3-6 多行文字编辑器

“文字编辑器”选项卡用于设置多行文字的格式，主要包括“样式”、“格式”、“段落”、“插入”、“选项”和“关闭”6 个面板。各个面板上的控件既可以在输入文本之前设置新输入文本的格式，也可以设置所选择文本的格式。

1）“样式”面板。

- “样式”下拉列表框：用于向多行文字对象应用文字样式。该下拉列表框将列出所有的文字样式，包括系统默认的样式和用户自定义的样式。
- “选择或输入文字高度”下拉列表框：按图形单位设置多行文字的文字高度。用户可以从列表中选取，也可以直接输入数值指定高度。

2）“格式”面板。

- “字体”下拉列表框：设置多行文字的字体。
- “粗体”按钮 **B**、“斜体”按钮 ***I***、“下画线”按钮 **U** 、“上画线”按钮 $\overline{\mathbf{O}}$：分别用于开关多行文字的粗体、斜体、下画线和上画线格式。
- “颜色”下拉列表框：用于指定多行文字的颜色。
- “倾斜角度”调整框：确定文字是向前倾斜还是向后倾斜。倾斜角度表示的是相对于90° 方向的偏移角度。输入一个-85～85 的数值，使文字倾斜。当倾斜角度的值为正时，文字向右倾斜；当倾斜角度的值为负时，文字向左倾斜。
- “追踪”调整框：用于增大或减小选定字符之间的距离。1.0 是常规间距，设置大于1.0 可增大间距，设置小于 1.0 可减小间距。
- “宽度因子”调整框：扩展或收缩选定字符。设置 1.0 代表此字体中的字母是常规宽度，用户可以增大或减小该宽度。注意，该调整框调整的是字符的宽度，而“追踪”调整框调整的是字符间距的值。

3）“段落”面板。

单击“段落”面板按钮，显示“段落”对话框，在其中可设置段落格式，如图 3-7 所示。

- “对正”按钮：单击该按钮将显示多行文字的“对正”菜单，如图 3-8 所示，其中有 9 个对齐对象可用。

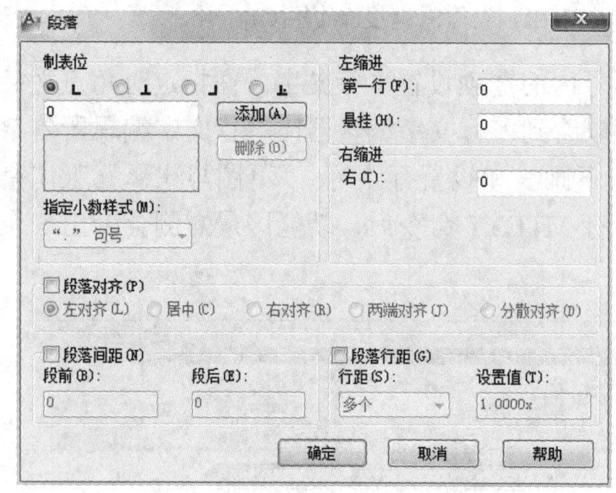

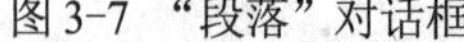
图 3-7 “段落”对话框

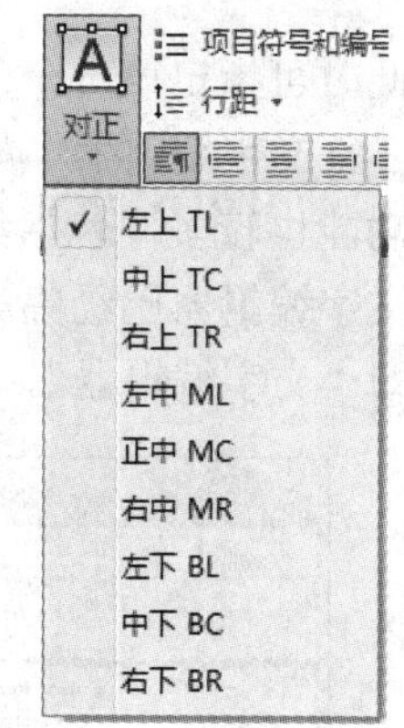

图 3-8 “对正”菜单

- “默认”按钮、“左对齐”按钮、“居中”按钮、“右对齐”按钮、“对正”按钮和“分散对齐”按钮：设定当前段落或选定段落的左、中或右文字边界的对正和对齐方式。在设置对齐方式时，包含一行末尾输入的空格，并且这些空格会影响行的对正。

- “行距”按钮：单击该按钮，将显示“行距”菜单，其中显示了建议的行距选项，如图 3-9 所示。例如 1.0x，表示 1.0 倍行距；如选择“更多”选项，则弹出“段落”对话框，可在当前段落或选定段落中设定行距。行距是多行段落中文字的上一行底部和下一行顶部之间的距离。
- “项目符号和编号”按钮：单击该按钮，将显示“项目符号和编号”菜单，如图 3-10 所示，用于创建项目符号或列表，在其中可以选择“以字母标记”、“以数字标记”和“以项目符号标记”3 个选项。

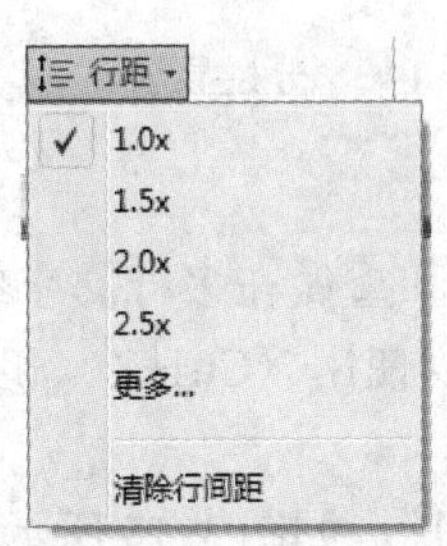

图 3-9 “行距”菜单

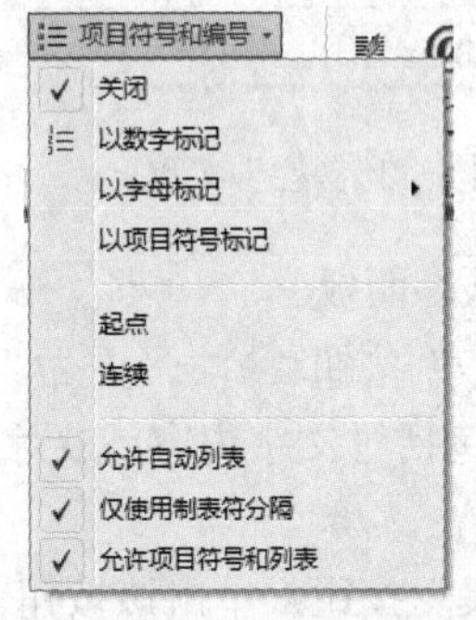

图 3-10 “项目符号和编号”菜单

- “符号”按钮：单击该按钮，将显示“符号”菜单，如图 3-11 所示，用于在光标位置插入符号或不间断空格。该菜单中列出了常用符号及其控制代码或 Unicode 字符串，例如度数符号、直径符号等。如果在“符号”菜单中没有要输入的符号，还可以选择菜单中的“其他”选项，用“字符映射表”来插入所有的 Unicode 字符。

4）“插入”面板。

“字段”按钮：单击该按钮，将弹出“字段”对话框，如图 3-12 所示，从中可以选择要插入文字中的特殊字段，例如创建日期、打印比例等。

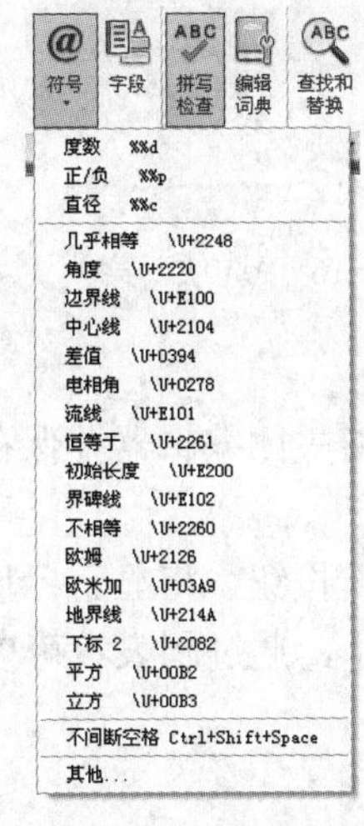

图 3-11 “符号”菜单

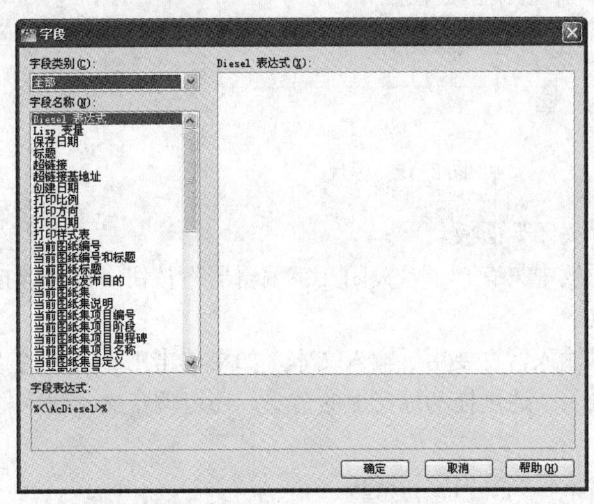

图 3-12 “字段”对话框

- “栏”按钮：单击该按钮，将显示“栏”菜单，如图 3-13 所示。该菜单中提供了 3 个栏选项，即“不分栏”、“静态栏”和“动态栏”。图 3-14 所示为一个语句分为两个静态栏显示。

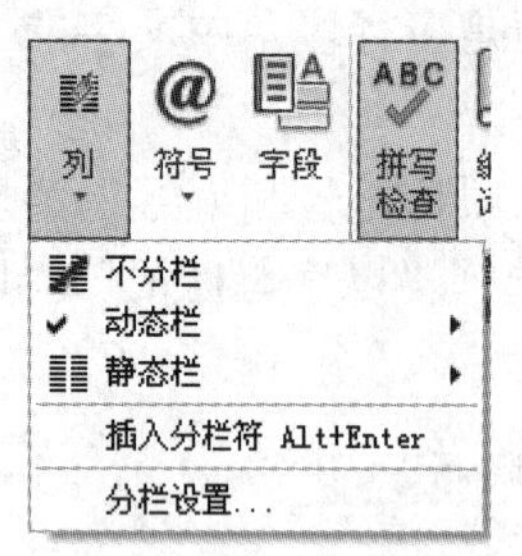

图 3-13 “栏”菜单

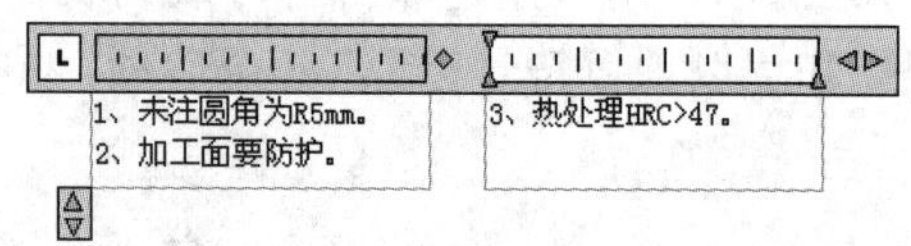

图 3-14 分栏显示

5）“选项”面板。

- “放弃”按钮与“重做”按钮：分别用于放弃和重做在多行文字编辑器中的操作，包括对文字内容或文字格式所做的修改，也可以使用〈Ctrl+Z〉和〈Ctrl+Y〉组合键。
- “标尺”按钮：单击该按钮，可在编辑器顶部显示标尺，如图 3-15 所示。拖动标尺上的箭头可以改变文字输入框的大小，还可通过标尺上的制表位控制符设置制表位。
- “更多”按钮：用于显示其他文字选项列表。单击该按钮，将显示如图 3-16 所示的菜单，可进行插入符号、删除格式和编辑器设置等操作。

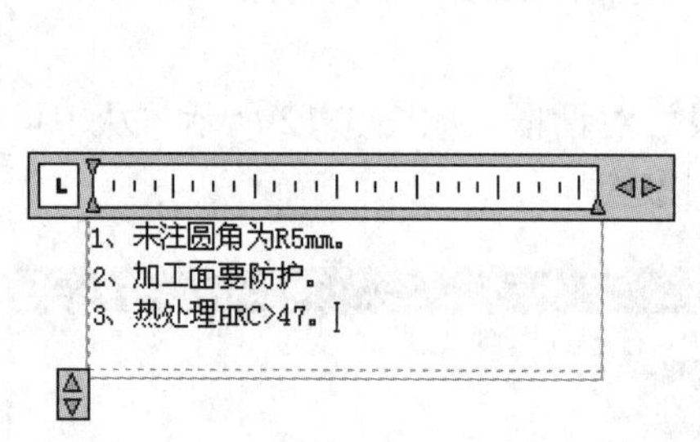

图 3-15 标尺

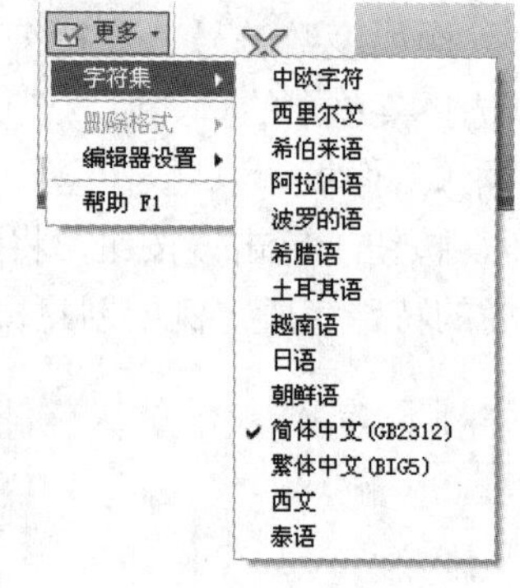

图 3-16 “选项”菜单

6）“关闭”面板。

该面板中只有一个“关闭文字编辑器”按钮，单击该按钮，将关闭编辑器并保存所做的所有更改。

文本输入区主要用于输入文本，如果单击工具栏中的“标尺”按钮，将显示标尺以辅助文本的输入。通过拖动标尺上的箭头，还可调整文本输入框的大小，通过制表符可以设置制表位。

（4）编辑文字内容和格式

如果要编辑已有文字对象的内容和格式，可通过以下几种方法实现。

① 双击要编辑的文字对象。

② 运行命令：DDEDIT。

执行“编辑”命令后，命令行提示：

选择注释对象或[放弃(U)]:

此时只能选择文字对象、表格或其他注释性对象，单击后即可弹出单行文字编辑器或多行文字编辑器。在编辑器中，既可编辑文字的内容，也可重新设置文字的格式。其操作与创建文字对象时基本相同，这里不再赘述。

（5）缩放文字对象

对于文字对象的缩放操作，除了可以使用“修改”菜单中的缩放功能以外，AutoCAD 2012 还针对文字对象提供了专门的缩放工具，用户可通过以下方式执行“缩放”命令。

① 功能区：单击“注释”选项卡→“文字”面板→“缩放”按钮。

② 运行命令：SCALETEXT。

执行“缩放”命令后，命令行提示：

选择对象:

此时选择要缩放的文字对象，然后按〈Enter〉键或右击。

输入缩放的基点选项[现有(E)/左(L)/中心(C)/中间(M)/右(R)/左上(TL)/中上(TC)/右上(TR)/左中(ML)/正中(MC)/右中(MR)/左下(BL)/中下(BC)/右下(BR)]<现有>:

该信息提示指定文字对象上的某一点作为缩放的基点，可以从中括号中选择选项。这些选项与文字对正时的选项一致，但是即使所选择的选项与对正选项不同，文字对象的对正也不受影响。指定基点后，命令行继续提示：

指定新模型高度或[图纸高度(P)/匹配对象(M)/缩放比例(S)]<2.5>:

这里的新模型高度即为文字高度，此时可输入新的文字高度。中括号内其他选项的含义如下。

- “图纸高度(P)”选项：根据注释特性缩放文字高度。
- “匹配对象(M)”选项：选择该选项，可以使两个文字对象的大小匹配。
- “缩放比例(S)”选项：可指定比例因子或参照缩放所选文字对象。

（6）编辑文字对象的对正方式

AutoCAD 2012 还提供了专门的编辑文字对象对正方式的工具，可通过此工具编辑文字的对正。

① 功能区：单击“注释”选项卡→“文字”面板→“对正”按钮。

② 运行命令：JUSTIFYTEXT。

执行“对正”命令后，命令行提示：

选择对象:

此时选择要缩放的文字对象，然后按〈Enter〉键或右击，命令行继续提示：

输入对正选项[左(L)/对齐(A)/调整(F)/中心(C)/中间(M)/右(R)/左上(TL)/中上(TC)/右上(TR)/左中

(ML)/正中(MC)/右中(MR)/左下(BL)/中下(BC)/右下(BR)]<左>:

此时可选择某个位置作为对正点。这些对正选项实际上是指定了文字对象上的某个点作为其对齐的基准点。对于文字“XxYyZz”，各选项对应的点如图 3-17 所示。

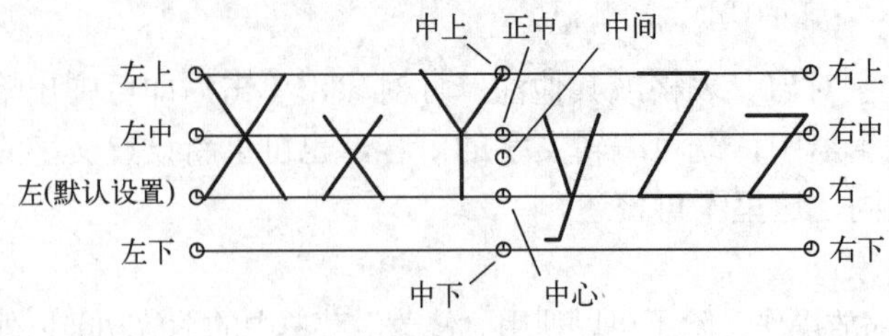

图 3-17　设置文字对正

（7）输入特殊符号

在 AutoCAD 2012 中，对于工程图的标注不仅仅需要数值，在标注文字说明时有时需要输入一些特殊字符，例如上画线、下画线、度数、±、*Φ* 等，用户可以通过 AutoCAD 提供的控制符输入。

1）利用单行文字命令输入特殊符号　在 AutoCAD 中标注文字说明时，如需要输入“下画线”、“*ϕ*”和“°”等特殊符号，用户可以使用相应的控制码进行输入，对控制码的输入和说明如表 3-1 所示。

表 3-1　AutoCAD 特殊符号代码及其含义

控 制 码	符 号 含 义
%% o	上画线
%% u	下画线
%% d	度数“°”
%% p	公差符号“±”
%% c	圆直径“*ϕ*”
%%%	单个百分比符号“%”

2）利用多行文字命令输入特殊符号　利用多行文字命令输入特殊符号比利用单行文字命令具有更大的灵活性，因为它本身就具有一些格式化选项，如利用“文字编辑器”选项卡的“插入”面板中的“符号”选项。用户也可以利用编辑文字快捷菜单直接输入“*Φ*”、“°”等。

2. 创建表格样式和表格

在 AutoCAD 2012 中，可以使用表格创建命令创建数据表格或标题块，还可以从 Microsoft Excel 中直接复制表格，并将其作为 AutoCAD 表格对象粘贴到图形中，也可以从外部直接导入表格对象。此外，还可以输入 AutoCAD 的表格数据，以便用户在 Microsoft Excel 或其他应用程序中使用。

如果要创建表格，首先应设置表格样式，然后基于表格样式创建表格。在创建表格后，用户不仅可以向表中添加文字、块、字段和公式，还可以对表格进行其他编辑，例如插入或者删除行或列、合并表单元等。

（1）新建表格样式

表格样式命令用于创建、修改或指定表格样式，表格样式可以确定所用新表格的外观，包括背景颜色、页边距、边界、文字和其他表格特征的设置。

表格样式命令的调用方法有以下几种。

① 功能区：单击“注释”选项卡→“表格”面板→“表格样式”按钮。

② 命令行：TABLESTYLE。

执行该命令，弹出“表格样式”对话框，如图 3-18 所示。单击“新建”按钮，弹出“创建新的表格样式”对话框，如图 3-19 所示。

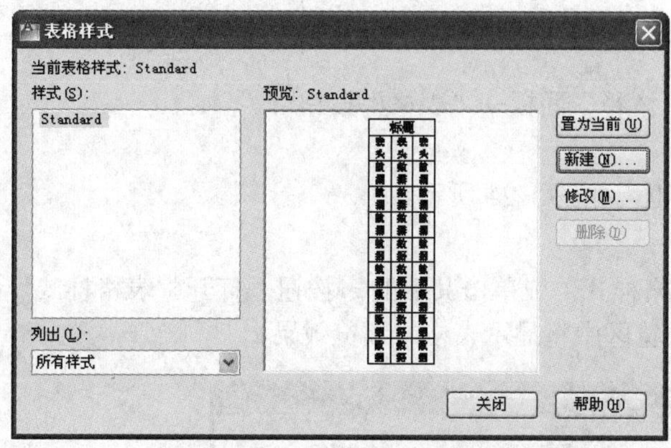

图 3-18 “表格样式”对话框

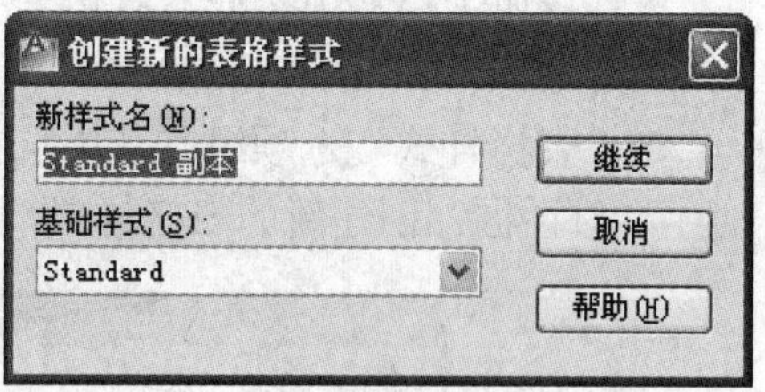

图 3-19 “创建新的表格样式”对话框

其中选项的功能如下。

- 新样式名：输入新建表格样式名称。
- 基础样式：系统提供的表格基础样式。选择基础样式，新建表格样式将在其基础上修改各功能选项。

单击“继续”按钮，弹出“新建表格样式”对话框，如图 3-20 所示。

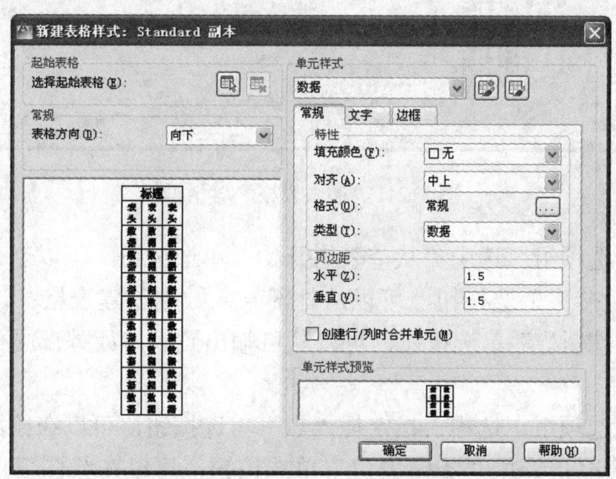

图 3-20 “新建表格样式”对话框

（2）设置表格的数据、标题和表头样式

在“新建表格样式”对话框中，可以在“单元样式”选项组的下拉列表框中选择“数据”、“标题”和“表头”选项分别设置表格的数据、标题和表头的对应样式。

“新建表格样式”对话框中的 3 个选项卡的内容基本相似，可以分别指定单元基本特性、文字特性和边界特性。

- “常规”选项卡：设置表格的填充颜色、对齐方向、格式、类型及页边距等特性。
- “文字”选项卡：设置表格单元中的文字样式、高度、颜色和角度等特性。
- “边框”选项卡：可以设置表格的边框是否存在。当表格具有边框时，还可以设置边框的线宽、线型、颜色和间距等特性。

（3）创建表格

表格命令的调用方法有以下几种。

① 功能区：单击“常用”选项卡→“注释”面板→“表格”按钮。

② 运行命令：TABLE。

执行该命令，弹出“插入表格”对话框，如图 3-21 所示。

该对话框中各选项的功能如下。

- “表格样式”选项组：从中选择表格样式，或单击其后的按钮，打开“表格样式”对话框，创建新的表格样式，在预览区中将显示表格的预览效果。

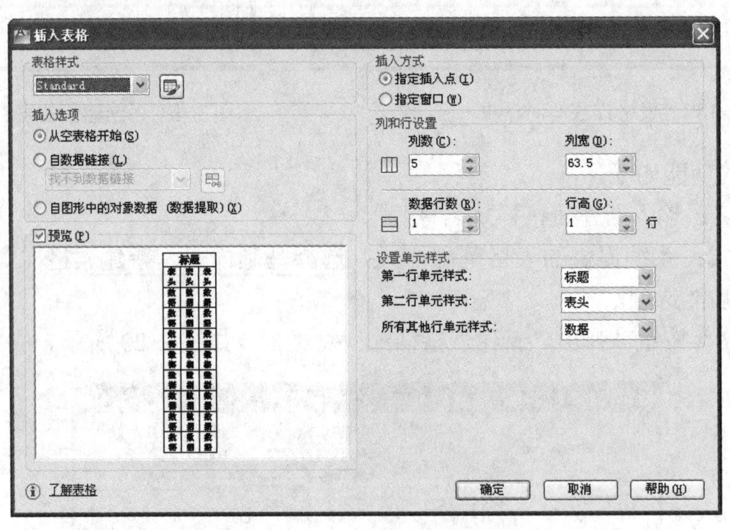

图 3-21 “插入表格”对话框

- “插入选项”选项组：选中“从空表格开始”单选按钮，可以创建一个空的表格；选中“自数据链接”单选按钮，可以从外部导入数据创建表格；选中“自图形中的对象数据（数据提取）”单选按钮，可以从可输出到表格或外部文件的图形中提取数据创建表格。
- “插入方式”选项组：选中“指定插入点”单选按钮，可以在绘图窗口中的某点插入固定大小的表格；选中“指定窗口”单选按钮，可以在绘图窗口中通过拖动表格边框创建任意大小的表格。

● “列和行设置”选项组：可以通过改变“列数”、“列宽”、“数据行数”和“行高”文本框中的数值来调整表格的外观大小。

注意：在“列和行设置”选项组中设置的是“数据行数”。如绘制的表格带有标题行和表头行，则此表格最少有 3 行。

● “设置单元样式”选项组：其中包含下面 3 个下拉列表框。

✧ “第一行单元样式”下拉列表框：该下拉列表框用于设置表格中第一行的单元样式。在默认情况下，使用标题单元样式。

✧ “第二行单元样式”下拉列表框：该下拉列表框用于设置表格中第二行的单元样式。在默认情况下，使用表头单元样式。

✧ “所有其他行单元样式”下拉列表框：该下拉列表框用于设置表格中其他所有行的单元样式。在默认情况下，使用数据单元样式。

（4）编辑表格和表格单元

在 AutoCAD 2012 中文版中，用户可以使用表格的“特性”选项板、夹点和表格的快捷菜单来编辑表格和表格单元。

1）编辑表格　利用表格的“特性”选项板编辑表格：单击表格，系统在选中表格的同时弹出表格的“特性”选项板，并在表格的相应位置显示夹点，用户可以在该选项板中选择表格相应的特性进行修改和编辑。

利用表格夹点编辑表格：当选中整个表格后，表的四周、标题行上将显示夹点，用户可以通过夹点进行编辑，如图 3-22 所示。

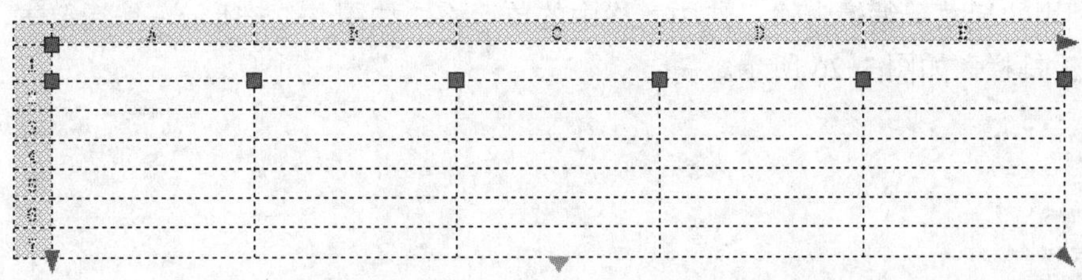

图 3-22　表格的夹点显示

夹点的形状不同，表达的含义也不同，将光标指向夹点并停留一两秒钟，在光标的下面会显示出该夹点的提示信息，用户可以按照提示信息进行操作，如图 3-23 所示。

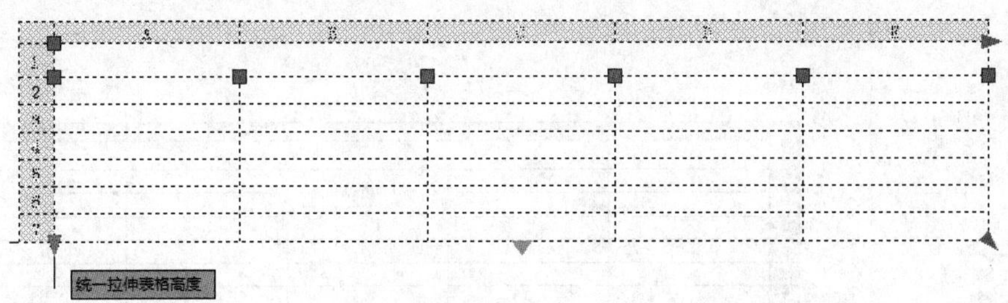

图 3-23　编辑表格夹点的提示信息

激活“表格打断”夹点会将表格打断为多个片段。在拖动已激活的夹点时，将确定主要表格片段和次要表格片段的高度。

如果打断的表格在“特性”选项板中被设置为“手动位置”，则可以将表格片段放在图形中的任何位置。在“特性”选项板中设置为“手动高度”的表格片段可以具有不同的高度。

利用快捷菜单编辑表格：表格的快捷菜单如图 3-24 所示，对其中主要选项的功能说明如下。

- 对齐：在该命令子菜单中可以选择表单元的对齐方式，例如左上、左中、左下等。
- 边框：选择该命令，将弹出“单元边框特性”对话框，在其中可以设置单元格边框的线宽、颜色等特性。
- 匹配单元：用当前选中的表格单元格式（源对象）匹配其他表格单元（目标对象），此时鼠标指针变为刷子形状，单击目标对象即可进行匹配。
- 插入点：可以从中选择插入到表格中的块、字段和公式。例如选择“块”命令，将弹出“在表格单元中插入块”对话框，用户可以从中选择插入到表中的块，并设置块在表格单元中的对齐方式、比例和旋转角度等特性。
- 合并：在选中多个连续的单元格后，使用该子菜单中的命令，可以全部、按列或按行合并表格单元。

从表格的快捷菜单能够看到，用户除了可以对表格进行剪切、复制、移动、缩放等简单的操作外，还可以均匀地调整表格的行、列大小，删除所有特性替代等。若执行“输出”命令，可以打开“输出数据”对话框，以*.csv 格式输出表格中的数据。

2）编辑表格单元。

① 利用快捷菜单编辑表格：选中表格中的单元格，如图 3-25 所示，然后单击，将打开表格单元工具栏，如图 3-26 所示。

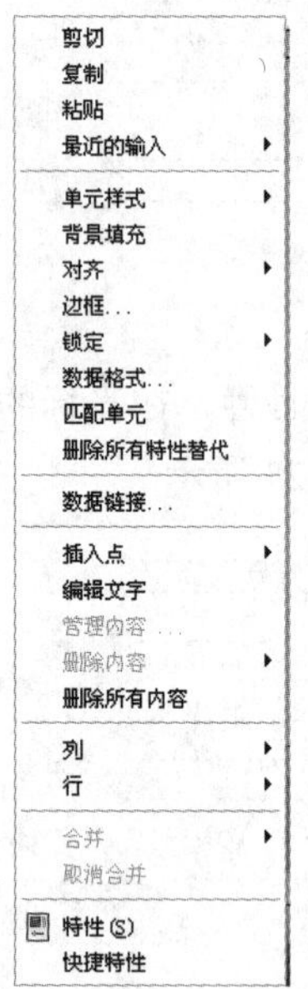

图 3-24　表格的快捷菜单

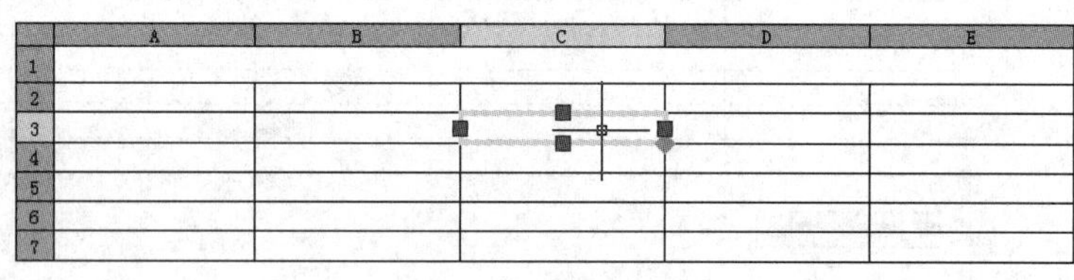

图 3-25　选中单元格

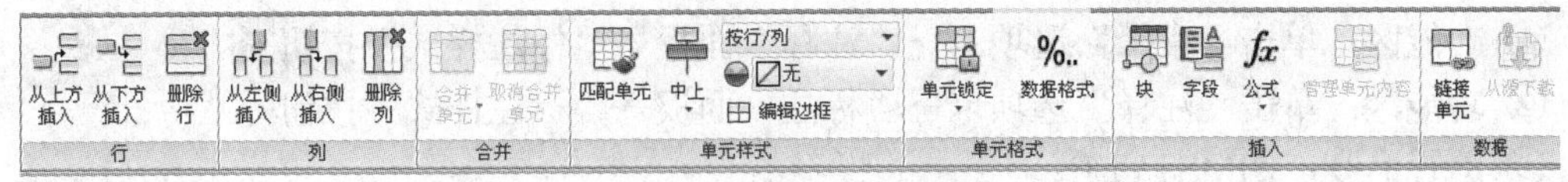

图 3-26　表格单元工具栏

② 利用夹点编辑表格单元：用户还可以使用表格单元夹点编辑表格单元，表格单元夹点如图 3-27 所示。

如果要选择多个单元，可以单击并在多个单元上拖动，也可以按住〈Shift〉键并在另一个单元内单击，同时选中这两个单元以及它们之间的所有单元。

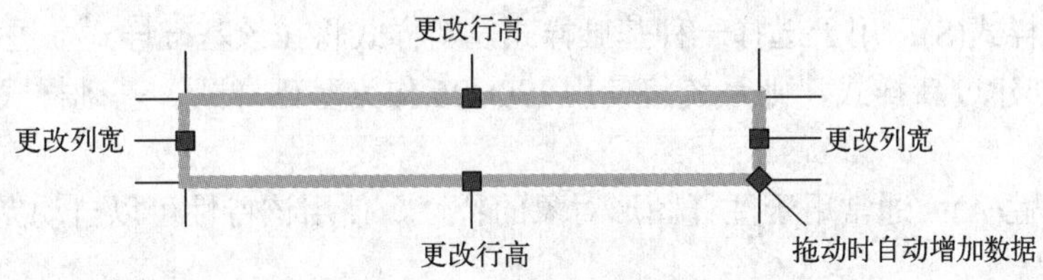

图 3-27　利用夹点编辑表格单元

3. 尺寸标注

（1）尺寸样式

使用标注样式可以控制尺寸标注的格式和外观，建立和强制执行图形的绘图标准，这样有利于对标注格式及用途进行修改。在 AutoCAD 中，系统总是使用当前的标注样式创建标注。如果以公制为样板创建新的图形，则默认的当前样式是国际标准化组织的 ISO-25 样式，用户也可以创建其他样式并将其设置为当前样式。

1）新建标注样式　在 AutoCAD 2012 中利用“标注样式管理器”对话框设置标注样式，如图 3-28 所示。用户可以用以下几种方式打开“标注样式管理器”对话框。

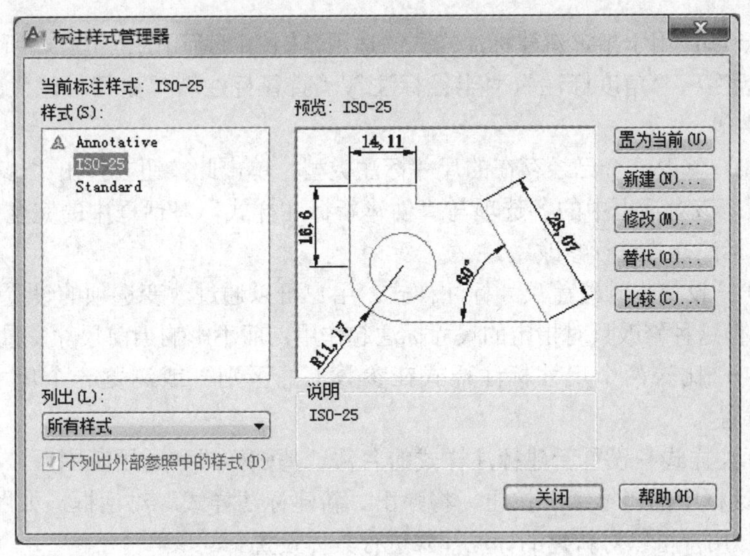

图 3-28　“标注样式管理器”对话框

① 功能区：单击“常用”选项卡→“注释”面板→“标注样式”按钮。

② 功能区：单击“注释”选项卡→“标注”面板→“标注样式”按钮。

③ 运行命令：DIMSTYLE。

对“标注样式管理器”对话框中各选项的说明如下。

- 置为当前(U)：将“样式”列表框中选中的样式设置为当前样式。
- 新建(N)：创建一个新的尺寸标注样式。单击“标注样式管理器”对话框中的“新建(N)”按钮，会弹出“创建新标注样式”对话框，利用该对话框即可新建标注样式，如图 3-29 所示。其中各项的功能说明如下：

  ✧ 新样式名(N)：用于输入新标注样式的名称。

  ✧ 基础样式(S)：用于选择一种基础样式，新样式将在该基础样式上进行修改。

如果没有创建过新样式，则系统将使用 ISO-25 作为基础样式。基础样式和新样式之间没有联系。

  ✧ 注释性(A)：通常用于注释图形对象的特性，使用该特性可以自动完成缩放注释的过程。

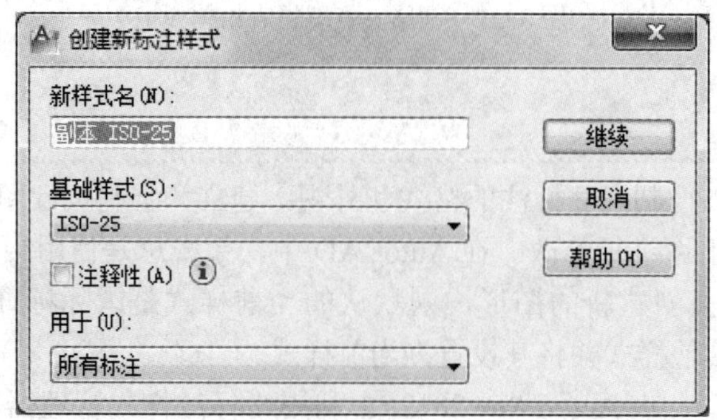

图 3-29 “创建新标注样式”对话框

  ✧ 用于(U)：用于指定新建标注样式的适用范围，可适用的范围有“所有标注”、“线性标注”、“角度标注”、“半径标注”、“直径标注”、“坐标标注”及“引线与公差”等。

- 修改(M)：修改一个已经存在的尺寸标注类型。单击此按钮会弹出“修改标注样式”对话框。该对话框中的各选项与“创建新标注样式”对话框中的完全一致，可以对已有的标注样式进行修改。
- 替代(O)：设置临时覆盖尺寸标注样式。用户可以通过改变选项的设置来覆盖最初的设置，但这种修改只对指定的尺寸标注起作用，而不影响当前尺寸变量的设置。
- 比较(C)：比较两个尺寸标注样式在参数上的区别，或浏览一个尺寸标注样式的参数设置。

2）设置标注样式　设置新建标注样式的名称、基础样式和适用范围后，单击“创建新标注样式”对话框中的“继续”按钮，将弹出“新建标注样式”对话框，如图 3-30 所示。利用该对话框，用户可以对新建的标注样式进行具体设置。

该对话框中包括“线”、“符号和箭头”、“文字”等选项卡。

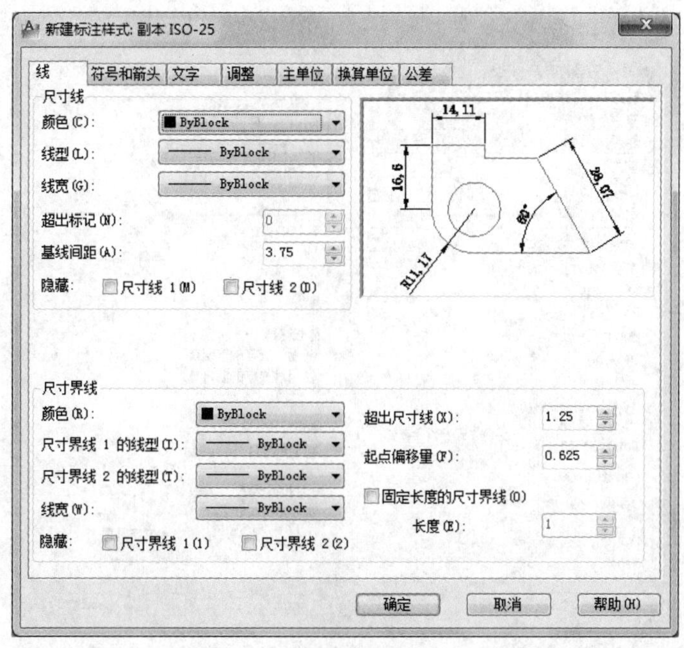

图 3-30 “新建标注样式”对话框

① “线”选项卡：在“线”选项卡中可以设置尺寸标注的尺寸线和尺寸界线两个选项。

“尺寸线”选项组用于设置尺寸线的特性。其中各选项的含义如下。

- “颜色”、“线型”、“线宽”下拉列表框：分别用于设置尺寸线的颜色、线型和线宽。
- “超出标记”调整框：当尺寸线的箭头采用“倾斜”、“建筑标记”、“小点”、“积分”或“无”等样式时，使用该文本框可以设定尺寸线超出尺寸界线的长度。
- “基线间距”调整框：进行基线尺寸标注，也就是设置各尺寸线之间的距离。
- “隐藏”复选按钮：通过选中“尺寸线 1”或“尺寸线 2”，可以隐藏第 1 段或第 2 段尺寸线及其相应的箭头。

“尺寸界线”选项组用于确定尺寸界线的样式，其中各选项含义如下。

- “颜色”下拉列表框：用于设置尺寸界线的颜色。
- “线宽”下拉列表框：用于设置尺寸界线的宽度。
- “超出尺寸线”调整框：确定尺寸界线超出尺寸线的距离。
- “起点偏移量”调整框：确定尺寸界线的实际起始点相对于指定的尺寸界线的起始点的偏移量。
- “隐藏”复选按钮：确定是否隐藏尺寸界线。
- “固定长度的尺寸界线”复选按钮：选中该复选按钮，系统以固定长度的尺寸界线标注尺寸，可以在后面的“长度”调整框中输入长度值。

“尺寸样式”显示框以样例的形式显示用户设置的尺寸样式。

② “符号和箭头”选项卡：在“符号和箭头”选项卡中可以设置“箭头”、“圆心标记”、“弧长符号”和“半径折弯标注”的格式与位置，如图 3-31 所示。

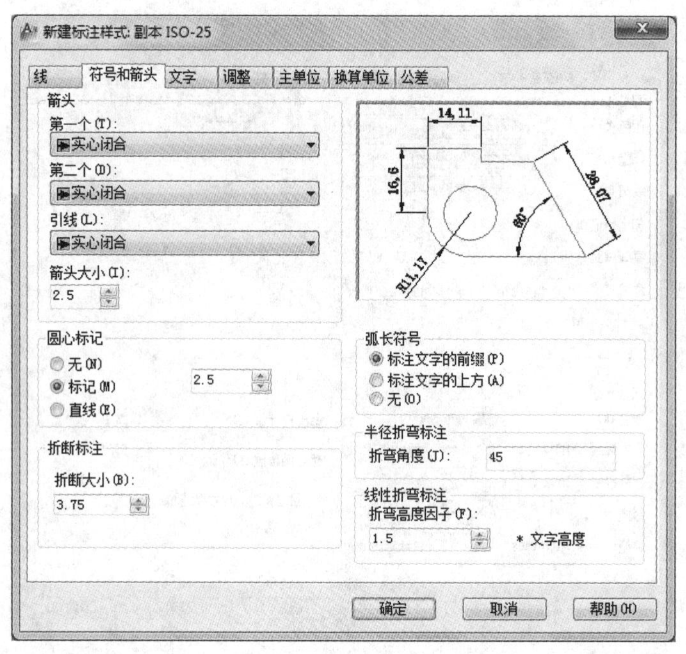

图 3-31 “符号和箭头”选项卡

“箭头”选项组用于设置尺寸箭头的形式，AutoCAD 提供了多种箭头形式。另外，用户还可以自定义箭头形状。两个尺寸箭头可以采用相同的形式，也可以采用不同的形式。通常情况下尺寸线的两个箭头应一致。其中各选项含义如下。

- “第一个”下拉列表框：用于设置第一个尺寸箭头的形式。一旦确定第一个箭头的类型，第二个箭头就会自动与其匹配，若想让第二个箭头选取不同的形状，可以在“第二个”下拉列表框中设定。
- “第二个”下拉列表框：用于确定第二个尺寸箭头的形式，可以与第一个箭头不同。
- “引线”下拉列表框：用于确定引线箭头的形式，与“第一个”下拉列表框的设置类似。
- “箭头大小”调整框：用于设置箭头的大小。

“圆心标记”选项组用于设置半径标注、直径标注和中心标注中的中心线的形式。其中各选项含义如下。

- “无”单选按钮：既不产生中心标记，也不产生中心线。
- “标记”单选按钮：中心标记为一个记号。
- “直线”单选按钮：中心标记采用中心线的形式。

“折断大小”调整框用于设置中心标记和中心线的大小及粗细。

“弧长符号”选项组用于控制弧长标注中圆弧符号的显示。其中各选项含义如下：

- “标注文字的前缀”单选按钮：将弧长符号放在标注文字的前面，如图 3-32a 所示。
- “标注文字的上方”单选按钮：将弧长符号放在标注文字的上方，如图 3-32b 所示。
- “无”单选按钮：不显示弧长符号，如图 3-32c 所示。

“半径折弯标注”选项组用于控制折弯（Z 字形）半径标注的显示。半径折弯标注一般在中心点位于页面外部时创建。

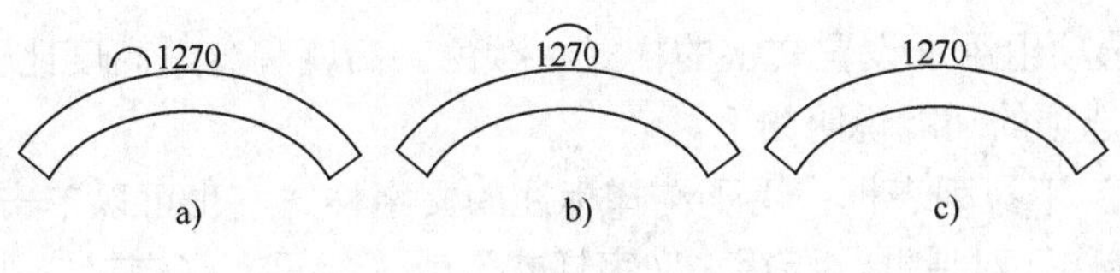

图 3-32　弧长符号

“折弯角度”文本框用于输入连接半径标注的尺寸界线和尺寸线的横向直线角度，如图 3-33 所示。

“线性折弯标注”选项组用于设置线性标注折弯的显示。

在“折弯高度因子”文本框中，通过形成折弯角度的两个顶点之间的距离确定折弯高度，如图 3-34 所示。

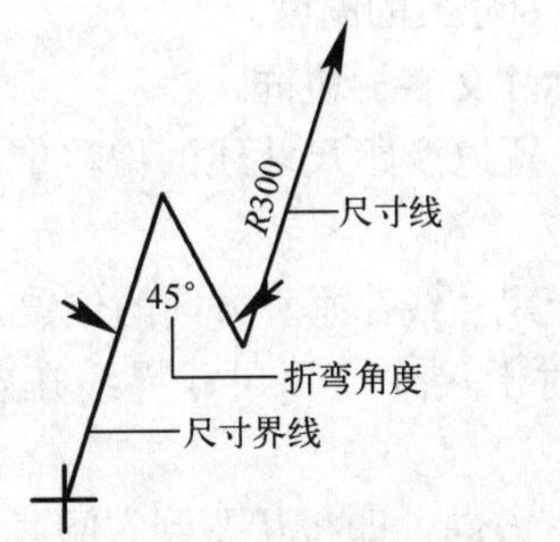

图 3-33　折弯角度

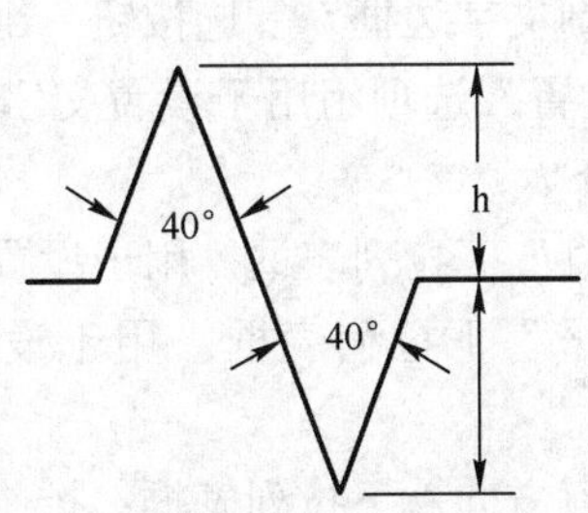

图 3-34　折弯高度因子

③ “文字”选项卡：在“文字”选项卡中可以设置标注文字的外观、位置和对齐方式，如图 3-35 所示。

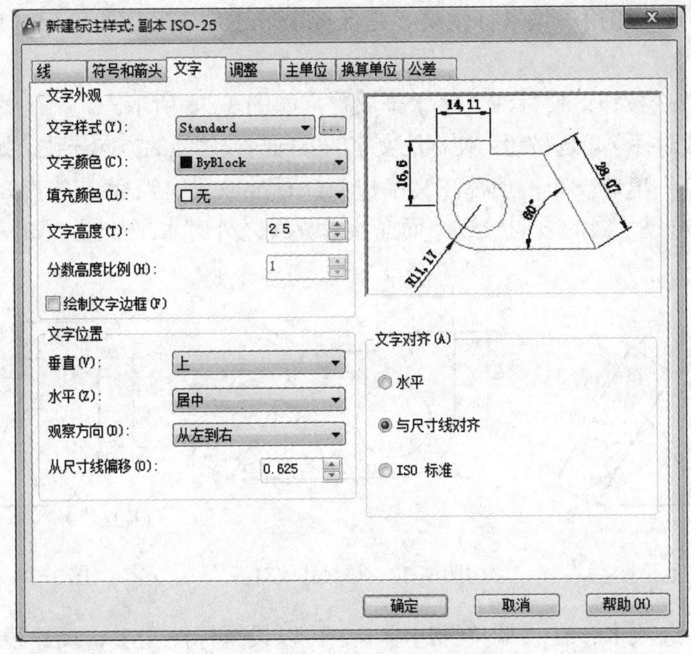

图 3-35　“文字”选项卡

“文字外观”选项组用于设置文字的样式、颜色、高度和分数高度比例，以及设置是否绘制文字边框。各选项的功能说明如下。

- “文字样式”下拉列表框：用于选择标注的文字样式，也可以单击其后的[...]按钮打开“文字样式”对话框，选择“文字样式”或“新建文字样式”。此外，还可以利用变量 DIMTXSTY 进行设置。
- “文字颜色”下拉列表框：用于设置标注文字的颜色，也可以利用变量 DIMCLRT 进行设置。
- “文字高度”文本框：用于设置标注文字的高度，也可以利用变量 DIMTXT 进行设置。
- “分数高度比例”文本框：用于设置标注文字中的分数相对于其他标注文字的比例。AutoCAD 会将该比例与标注文字高度的乘积作为分数的高度。
- “绘制文字边框”复选按钮：用于设置是否给标注文字加边框。

“文字位置”选项组用于设置文字的垂直、水平位置以及距尺寸线的偏移量。各选项的功能说明如下。

- “垂直”下拉列表框：用于设置标注文字相对于尺寸线在垂直方向的位置。
- “水平”下拉列表框：用于设置标注文字相对于尺寸线和尺寸界线在水平方向的位置。
- “观察方向”下拉列表框：控制标注文字的观察方向，即按从左到右阅读的方式放置文字，还是按从右到左的方式放置文字。
- “从尺寸线偏移”调整框：用于设置标注文字与尺寸线之间的距离。如果标注文字位于尺寸线的中间，则表示尺寸线断开处的端点与尺寸文字的间距；若标注文字带有边框，则可控制文字边框与其中文字的距离。

“文字对齐”选项组用于设置标注文字是保持水平还是与尺寸线平行。其中 3 个选项的含义如下。

- “水平”单选按钮：使标注文字水平放置，如图 3-36 所示。
- “与尺寸线对齐”单选按钮：使标注文字的方向与尺寸线的方向一致，如图 3-37 所示。
- “ISO 标准”单选按钮：使标注文字按 ISO 标准放置。当标注文字在尺寸界线之内时它的方向与尺寸线的方向一致，而在尺寸界线之外时水平放置，如图 3-38 所示。

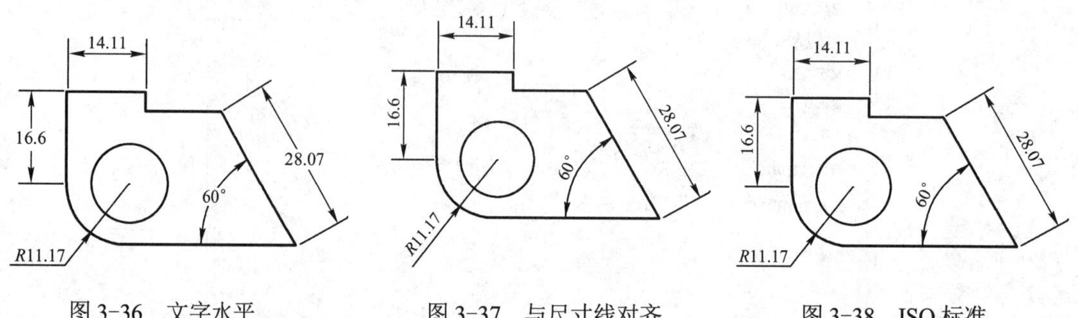

图 3-36　文字水平　　图 3-37　与尺寸线对齐　　图 3-38　ISO 标准

④ “调整”选项卡：在“调整”选项卡中可以设置标注文字、尺寸线和尺寸箭头的位置，如图 3-39 所示。

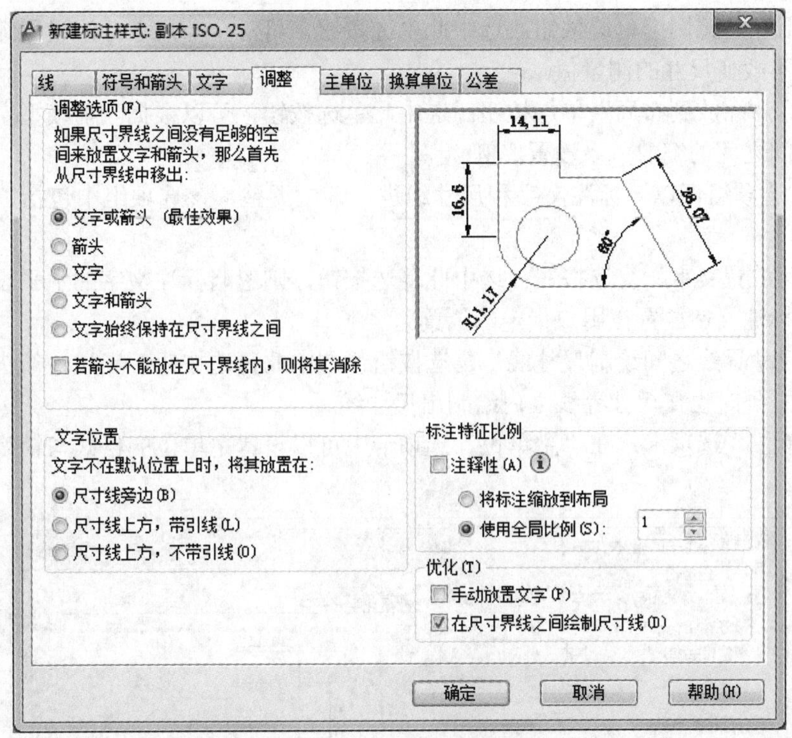

图 3-39 “调整”选项卡

“调整选项”选项组可以确定当尺寸界线之间没有足够的空间同时放置标注文字和箭头时，应首先从尺寸界线之间移出对象。该选项区域中各选项的含义如下。

- “文字或箭头（最佳效果）”单选按钮：选中此单选按钮，由 AutoCAD 按最佳效果自动移出文字或箭头。
- “箭头”单选按钮：选中此单选按钮，首先将箭头移出。
- “文字”单选按钮：选中此单选按钮，首先将文字移出。
- “文字和箭头”单选按钮：选中此单选按钮，将文字和箭头都移出。
- “文字始终保持在尺寸界线之间”单选按钮：选中此单选按钮，可将文字始终保持在尺寸界线之内。
- “若箭头不能放在尺寸界线内，则将其消除”复选按钮：选中此复选按钮可以抑制箭头显示。

“文字位置”选项组可以设置当文字不在默认位置时的位置。其中各选项的含义如下。

- “尺寸线旁边”单选按钮：选中此单选按钮，可将文字放在尺寸线旁边。
- “尺寸线上方，带引线”单选按钮：选中此单选按钮，可将文字放在尺寸线的上方，并加上引线。
- “尺寸线上方，不带引线”单选按钮：选中此单选按钮，可将文字放在尺寸线的上方，但不加引线。

“标注特征比例”选项组可以设置标注尺寸的特征比例，以便通过设置全局比例因子来增加或减少各标注的大小。其中各选项的含义如下。

- “使用全局比例”单选按钮：选中此单选按钮，可对全部尺寸标注设置缩放比例，该比例不改变尺寸的测量值。
- “将标注缩放到布局”单选按钮：选中此单选按钮，可以根据当前模型空间视口与图纸空间之间的缩放关系设置比例。

“优化”选项组可以对标注文字和尺寸线进行细微调整，该选项组中包括以下两个复选按钮。

- “手动放置文字”复选按钮：选中此复选按钮，则忽略标注文字的水平设置，在标注时将标注文字放置在用户指定的位置。
- “在尺寸界线之间绘制尺寸线”复选按钮：选中此复选按钮，当尺寸箭头放置在尺寸界线之外时也在尺寸界线之内绘制出尺寸线。

⑤“主单位”选项卡：在“主单位”选项卡中可以设置主单位的格式与精度等属性，如图 3-40 所示。

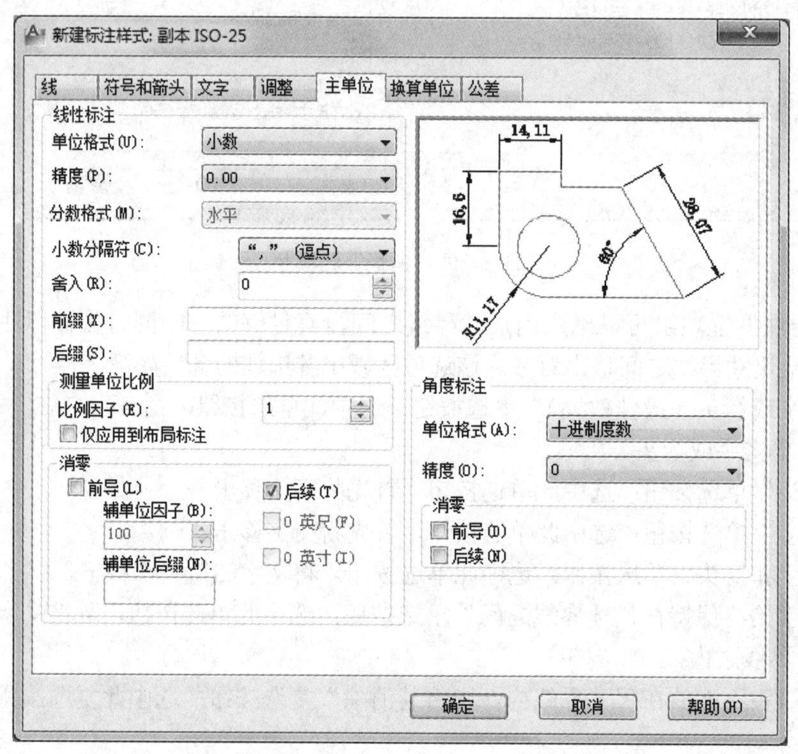

图 3-40 “主单位”选项卡

“线性标注”选项组可以设置线性标注的单位格式与精度。主要选项功能如下。

- “单位格式”下拉列表框：设置除角度标注之外的其余各标注类型的尺寸单位，包括“科学”、“小数”、“工程”、“建筑”、“分数”等选项。
- “精度”下拉列表框：用于设置除角度标注之外的其他标注的尺寸精度。
- “分数格式”下拉列表框：当单位格式为分数时，可以设置分数的格式，包括“水平”、“对角”和“非堆叠”3 种方式。
- “小数分隔符”下拉列表框：用于设置小数的分隔符，包括“逗点”、“句点”和“空格”3 种方式。

- “舍入”调整框：用于设置除角度标注外的尺寸测量值的舍入值。
- “前缀”和“后缀”文本框：用于设置标注文字的前缀和后缀，在相应的文本框中输入字符即可。

在“测量单位比例”选项组中，使用“比例因子”调整框可以设置测量尺寸的缩放比例，AutoCAD 的实际标注值为测量值与该比例的积；选中“仅应用到布局标注”复选按钮，可以设置该比例关系是否适用于布局。

“消零”选项组用于设置是否显示尺寸标注中的“前导”零和“后续”零。

在“角度标注”选项组中，用户可以通过选择“单位格式”下拉列表框中的选项来设置标注角度时的单位。使用“精度”下拉列表框可以设置标注角度的尺寸精度，使用“消零”选项组可以设置是否消除角度尺寸的“前导”零和“后续”零。

⑥ “换算单位”选项卡：在“换算单位”选项卡中可以设置换算单位的格式，如图 3-41 所示。

在 AutoCAD 中，通过换算标注单位可以转换不同测量单位制的标注，通常以显示英制标注的等效公制标注，或以公制标注的等效英制标注。在标注文字中，换算标注单位显示在主单位旁边的方括号“[　]”中，如图 3-42 所示。

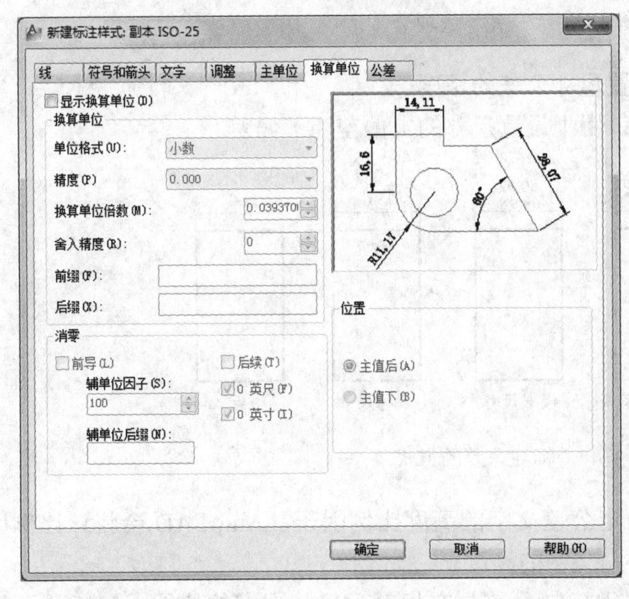

图 3-41 “换算单位”选项卡

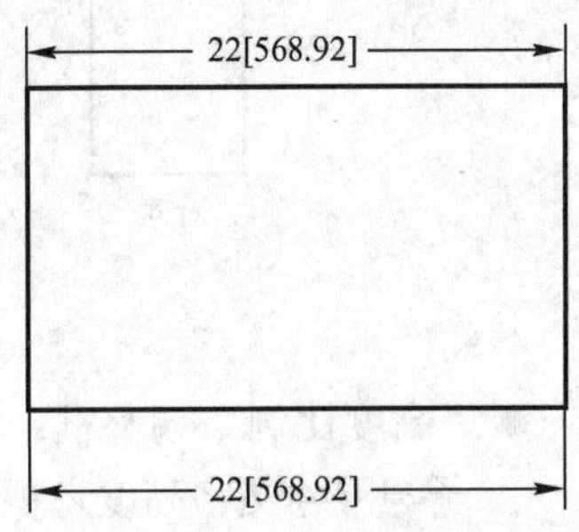

图 3-42 使用换算单位

“位置”选项组用于设置换算单位的位置，包括“主值后”和“主值下”两种方式。

⑦“公差”选项卡：在“公差”选项卡中可以设置是否在尺寸标注中标注公差，以及以何种方式进行标注，如图 3-43 所示。

“公差格式”选项组用于设置公差标注的标注格式，部分选项的功能如下。

- “方式”下拉列表框：用于确定以何种方式标注公差，包括“无”、“对称”、“极限偏差”、“极限尺寸”和“公称尺寸（基本尺寸）”等选项，如图 3-44 所示。

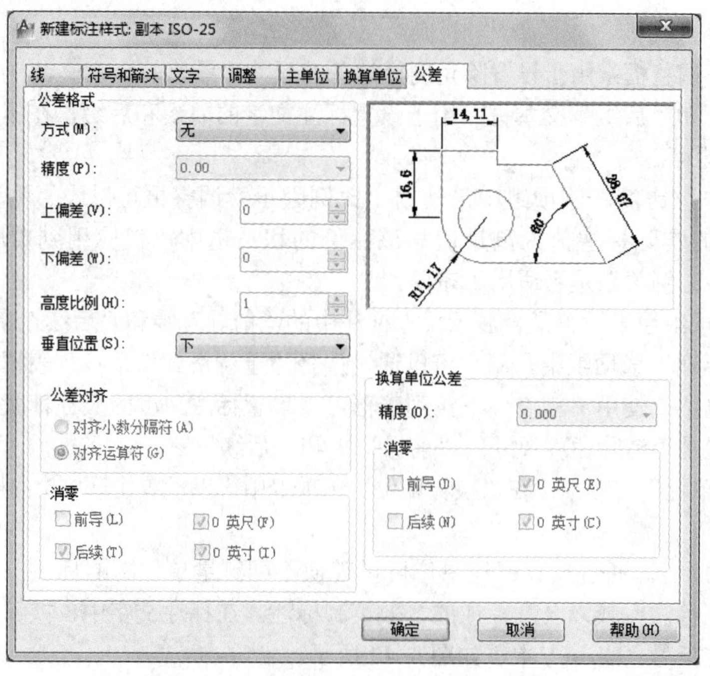

图 3-43 “公差”选项卡

● “精度”下拉列表框：用于设置尺寸公差的精度。

● “上偏差”、“下偏差”调整框：用于设置尺寸的上偏差和下偏差。

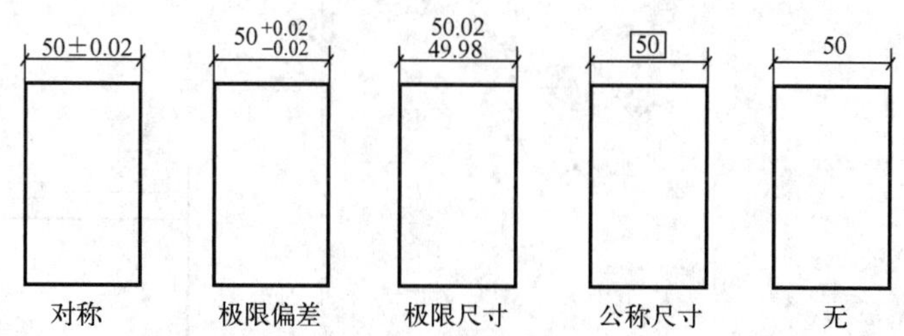

图 3-44 标注公差的方式

● “高度比例”调整框：用于确定公差文字的高度比例因子，AutoCAD 会将该比例因子与尺寸文字高度之积作为公差文字的高度。

● “垂直位置”下拉列表框：用于控制公差文字相对于尺寸文字的位置，包括“下”、“中”和“上”3 种方式。

“消零”选项组用于设置是否消除公差值的“前导”零或“后续”零。

对于“换算单位公差”选项组，在标注换算单位时可以设置换算单位的精度和选择是否消零。

（2）尺寸标注

1）线性标注 线性标注指标注图形对象在水平方向、垂直方向或指定方向的尺寸，其又分为水平标注、垂直标注和旋转标注 3 种类型。水平标注用于标注对象在水平方向的尺寸，即尺寸线沿水平方向放置；垂直标注用于标注对象在垂直方向的尺寸，即尺寸线沿垂直方向放置；旋转标注则标注对象沿指定方向的尺寸。

在 AutoCAD 2012 中可以通过以下几种方式执行线性标注。

① 功能区：单击“常用”选项卡→“注释”面板→“线性”标注按钮。

② 功能区：单击“注释”选项卡→“标注”面板→“线性”标注按钮。

③ 运行命令：DIMLINEAR。

执行上述任意一种方式后，命令行提示如下信息：

```
指定第一条尺寸界线原点或 <选择对象>:
```

在此提示下用户有两种选择，即确定一点作为第一条尺寸界线的起始点或直接按〈Enter〉键选择对象。

```
指定第一条尺寸界线原点:
```

如果在“指定第一条尺寸界线原点或<选择对象>:”提示下指定第一条尺寸界线的起始点，命令行提示如下：

```
指定第二条尺寸界线原点:确定另一条尺寸界线的起始点位置
指定尺寸线位置或[多行文字(M)/文字(T)/角度(A)/水平(H)/垂直(V)/旋转(R)]:
```

- “指定尺寸线位置”选项：用于确定尺寸线的位置。通过拖动鼠标的方式确定尺寸线的位置后单击拾取键，AutoCAD 将根据自动测量出的两尺寸界线起始点间的对应距离值标注出尺寸。
- 多行文字(M)：用于根据文字编辑器输入尺寸文字。
- 文字(T)：用于输入尺寸文字。
- 角度(A)：用于确定尺寸文字的旋转角度。
- 水平(H)：用于标注水平尺寸，即沿水平方向的尺寸。
- 垂直(V)：用于标注垂直尺寸，即沿垂直方向的尺寸。
- 旋转(R)：用于旋转标注角度值，即标注沿指定方向的尺寸。

如果在“指定第一条尺寸界线原点或<选择对象>:”提示下直接按〈Enter〉键，即执行“<选择对象>”选项，命令行提示如下：

```
选择标注对象:
指定尺寸线位置或[多行文字(M)/文字(T)/角度(A)/水平(H)/垂直(V)/旋转(R)]:
```

对此提示的操作与前面介绍的操作相同，这里不再赘述。

2）对齐标注　对齐标注指标注的尺寸线与所标注的轮廓线平行，标注的是起始点到终点之间的距离尺寸。

在 AutoCAD 2012 中可以通过以下几种方式执行对齐标注。

① 功能区：单击“常用”选项卡→“注释”面板→“对齐”标注按钮。

② 功能区：单击“注释”选项卡→“标注”面板→“对齐”标注按钮。

③ 运行命令：DIMALIGNED。

执行上述任意一种方式后，命令行提示如下信息：

指定第一条尺寸界线原点或 <选择对象>:

在此提示下的操作与标注线性尺寸类似，这里不再介绍。

3）角度标注　角度标注命令用于在圆、弧、任意两条不平行直线的夹角或两个对象之间创建角度标注。

在 AutoCAD 2012 中，可以通过以下几种方式执行角度标注。

① 功能区：单击“常用”选项卡→“注释”面板→“角度”标注按钮△。

② 功能区：单击“注释”选项卡→“标注”面板→“角度”标注按钮△。

③ 运行命令：DIMANGULAR。

执行上述任意一种方式后，命令行提示如下信息：

选择圆弧、圆、直线或 <指定顶点>:

此时可用鼠标单击选择多种对象标注角度，分别为以下几种情况（如图 3-45 所示）：

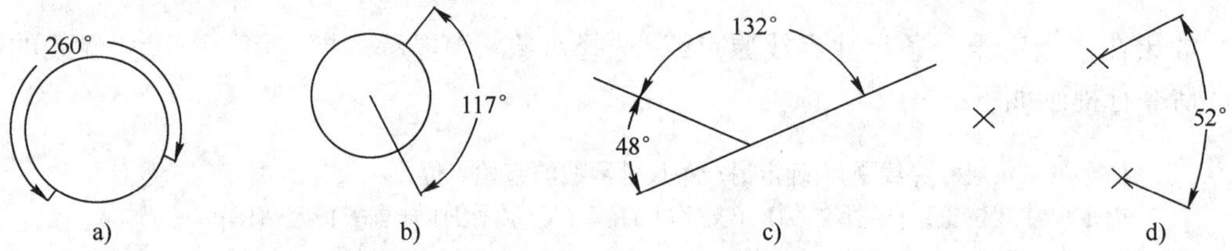

图 3-45　角度标注

a) 标注圆弧　b) 标注圆　c) 标注直线　d) 标注三点确定的角度

● 选择圆弧：标注圆弧的包含角尺寸。命令行提示如下：

指定标注弧线位置或[多行文字(M)/文字(T)/角度(A)/象限点(Q)]:

如果在该提示下直接确定标注弧线的位置，AutoCAD 会按实际测量值标注出角度。另外，用户还可以通过“多行文字(M)”、“文字(T)”及“角度(A)”等选项确定尺寸文字及其旋转角度。

● 选择圆：标注圆上某段圆弧的包含角。命令行提示如下：

指定角的第二个端点:

用鼠标单击任意一点作为角的第二个端点，这一点可在圆上也可不在圆上。完成后命令行提示如下：

指定标注弧线位置或[多行文字(M)/文字(T)/角度(A)/象限点(Q)]:

如果在此提示下直接确定标注弧线的位置，AutoCAD 会标注出角度值，以该角度的顶点为圆心，尺寸界线（或延伸线）通过选择圆的拾取点和指定的第二个端点。

● 选择直线：标注两条直线之间的夹角。命令行提示如下：

选择第二条直线:

选择另一条直线后，命令行提示：

指定标注弧线位置或[多行文字(M)/文字(T)/角度(A)/象限点(Q)]:

如果在此提示下直接确定标注的位置，则标注出这两条直线的夹角。

- 指定顶点：按〈Enter〉键，根据给定的三点标注出角度。命令行提示如下：

指定角的顶点:
指定角的第一个端点:
指定角的第二个端点:
指定标注弧线位置或[多行文字(M)/文字(T)/角度(A)/象限点(Q)]:

如果在此提示下直接确定标注弧线的位置，AutoCAD 会根据给定的 3 个点标注出角度。

4）直径标注　直径标注用于为圆或圆弧标注直径尺寸。

在 AutoCAD 2012 中，可以通过以下几种方式执行直径标注。

① 功能区：单击“常用”选项卡→“注释”面板→“直径”标注按钮。

② 功能区：单击“注释”选项卡→“标注”面板→“直径”标注按钮。

③ 运行命令：DIMDIAMETER。

执行上述任意一种方式后，命令行提示如下信息：

选择圆弧或圆:

用鼠标单击要标注的圆或者圆弧之后，系统会自动测出圆或圆弧的直径。命令行提示：

指定尺寸线位置或 [多行文字(M)/文字(T)/角度(A)]:

如果在该提示下直接确定尺寸线的位置，AutoCAD 会按实际测量值标注出圆或圆弧的直径。用户也可以通过“多行文字(M)”、“文字(T)”以及“角度(A)”选项确定尺寸文字和尺寸文字的旋转角度。

5）半径标注　半径标注用于为圆或圆弧标注半径尺寸。

在 AutoCAD 2012 中，可以通过以下几种方式执行半径标注。

① 功能区：单击“常用”选项卡→“注释”面板→“半径”标注按钮。

② 功能区：单击“注释”选项卡→“标注”面板→“半径”标注按钮。

③ 运行命令：DIMRADIUS。

执行半径标注命令后，命令行提示与操作和直径标注大部分相同，这里不再赘述。

6）弧长标注　弧长标注用于为圆弧标注长度尺寸。

在 AutoCAD 2012 中，可以通过以下几种方式执行弧长标注。

① 功能区：单击“常用”选项卡→“注释”面板→“弧长”标注按钮。

② 功能区：单击“注释”选项卡→“标注”面板→“弧长”标注按钮。

③ 运行命令：DIMARC。

执行上述任意一种方式后，命令行提示如下信息：

选择弧线段或多段线弧线段:

用鼠标单击要标注的圆弧（“弧长标注”只能对“弧”进行标注，不能对“圆”进行标

注），命令行显示如下：

指定弧长标注位置或 [多行文字(M)/文字(T)/角度(A)/部分(P)/引线(L)]:

7）折弯标注　折弯标注命令用于为圆或圆弧创建折弯标注。

在 AutoCAD 2012 中，可以通过以下几种方式执行折弯标注：

① 功能区：单击“常用”选项卡→“注释”面板→“折弯”标注按钮。

② 功能区：单击“注释”选项卡→“标注”面板→“折弯”标注按钮。

③ 运行命令：DIMJOGGED。

执行上述任意一种方式后，命令行提示如下信息：

选择圆弧或圆:

用鼠标单击要标注尺寸的圆弧或圆后，命令行提示：

指定图示中心位置:

“中心位置”即折弯标注的尺寸线起点，用鼠标选择中心线位置后，命令行提示：

指定尺寸线位置或 [多行文字(M)/文字(T)/角度(A)]:

利用鼠标指定尺寸线的位置或者选择括号里的选项配置标注文字，完成后命令行提示：

指定折弯位置:

利用鼠标指定折弯位置，完成标注。

8）连续标注　连续标注指在标注出的尺寸中，相邻两尺寸线共用同一条尺寸界线。

在 AutoCAD 2012 中，可以通过以下几种方式执行连续标注。

① 功能区：单击“注释”选项卡→“标注”面板→“连续”标注按钮。

② 运行命令：DIMCONTINUE。

执行上述任意一种方式后，命令行提示如下信息：

指定第二条尺寸界线原点或 [放弃(U)/选择(S)]<选择>:

此时可确定下一个尺寸的第二条尺寸界线的起点位置。当用此方式标注出全部尺寸后，在上述同样的提示下按〈Enter〉键或〈Esc〉键，结束命令的执行。

9）基线标注　基线标注指各尺寸线从同一条尺寸界线处引出。

在 AutoCAD 2012 中，可以通过以下几种方式执行基线标注。

① 功能区：单击“注释”选项卡→“标注”面板→“基线”标注按钮。

② 运行命令：DIMBASELINE。

执行上述任意一种方式后，命令行提示如下信息：

指定第二条尺寸界线原点或 [放弃(U)/选择(S)]<选择>:

“指定第二条尺寸界线原点”为确定下一个尺寸的第二条尺寸界线的起始点。确定后 AutoCAD 按基线标注方式标注出尺寸，然后继续提示：

指定第二条尺寸界线原点或 [放弃(U)/选择(S)]<选择>:

此时可确定下一个尺寸的第二条尺寸界线的起点位置。用此方式标注出全部尺寸后，在同样的提示下按〈Enter〉键或〈Esc〉键，结束命令的执行。

“选择(S)”选项用于指定基线标注时作为基线的尺寸界线。执行该选项，AutoCAD 提示：

选择基准标注:

在该提示下选择尺寸界线后，AutoCAD 继续提示：

指定第二条尺寸界线原点或 [放弃(U)/选择(S)]<选择>:

在该提示下标注出的各尺寸均从指定的基线引出。在执行基线尺寸标注时，有时需要先执行“选择(S)”选项来指定引出基线尺寸的尺寸界线。

10）圆心标记　圆心标记用于为圆或圆弧绘制圆心标记或中心线，如图 3-46 所示。

图 3-46　圆心标记与中心线

在 AutoCAD 2012 中，可以通过以下几种方式进行圆心标记。

① 功能区：单击“注释”选项卡→“标注”面板→“圆心标记”按钮。

② 运行命令：DIMCENTER。

执行上述任意一种方式后，命令行提示如下信息：

选择圆弧或圆:

在该提示下选择圆弧或圆即可。

11）多重引线标注　利用多重引线标注，用户可以标注（标记）注释、说明等。

在 AutoCAD 2012 中，可以通过以下几种方式设置多重引线标注。

① 功能区：单击“常用”选项卡→“注释”面板→“多重引线样式”按钮。

② 功能区：单击“注释”选项卡→“引线”面板→“多重引线样式”按钮。

③ 运行命令：MLEADERSTYLE。

执行上述任意一种方式后，将弹出“多重引线样式管理器”对话框，如图 3-47 所示。

“当前多重引线样式”用于显示当前多重引线样式的名称。

“样式”列表框用于列出已有的多重引线样式的名称。

“列出”下拉列表框用于确定要在“样式”列表框中列出哪些多重引线样式。

“预览”图像框用于预览在“样式”列表框中所选中的多重引线样式的标注效果。

“置为当前”按钮用于将指定的多重引线样式设为当前样式。

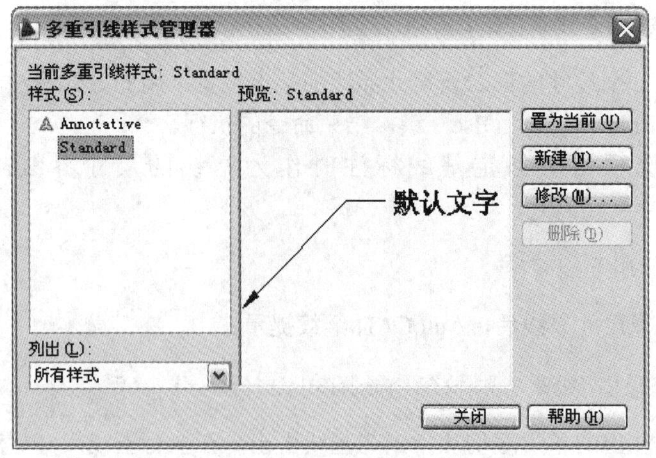

图 3-47 “多重引线样式管理器”对话框

“新建”按钮用于创建新多重引线样式。单击“新建”按钮，AutoCAD 将弹出如图 3-48 所示的“创建新多重引线样式”对话框。用户可以通过该对话框中的“新样式名”文本框指定新样式的名称；通过“基础样式”下拉列表框确定用于创建新样式的基础样式。在确定新样式的名称和相关设置后，单击“继续”按钮，AutoCAD 将弹出如图 3-49 所示的对话框。

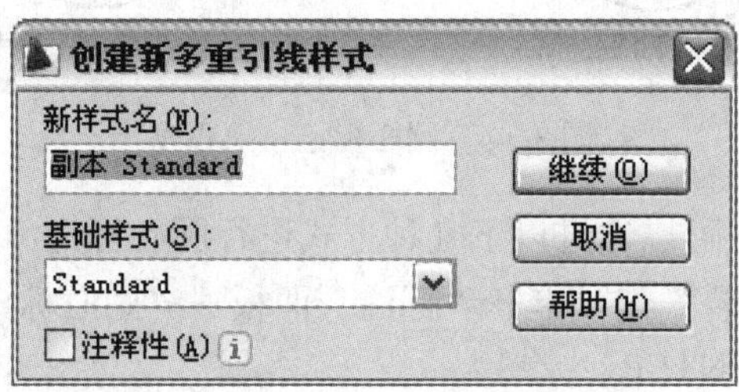

图 3-48 “创建新多重引线样式”对话框

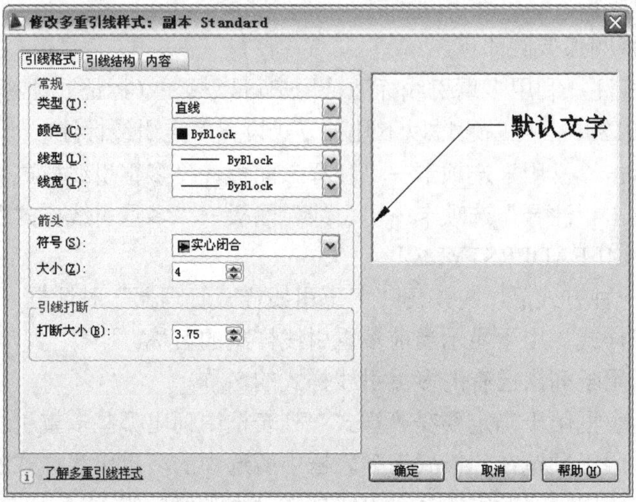

图 3-49 “修改多重引线样式”对话框

该对话框中有“引线格式”、“引线结构”和“内容”3 个选项卡，下面分别介绍这些选项卡。

- “引线格式”选项卡：用于设置引线的格式。
  - ✧ “常规”选项区：用于设置引线的外观。
  - ✧ “箭头”选项区：用于设置箭头的样式与大小。
  - ✧ “引线打断”选项区：用于设置引线打断时的距离值。
  - ✧ “预览框”选项区：用于预览对应的引线样式。
- “引线结构”选项卡：用于设置引线的结构，如图 3-50 所示。

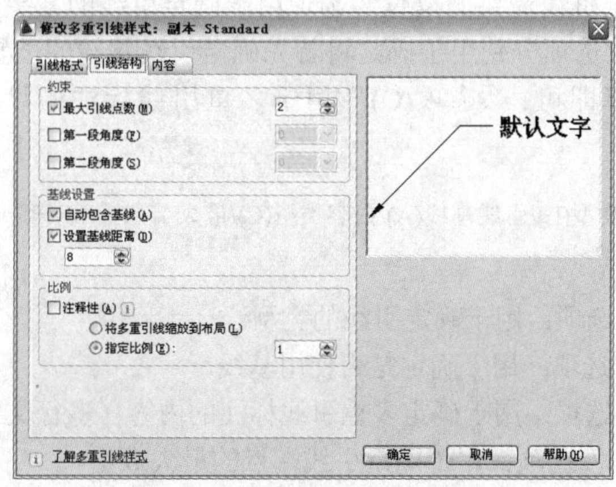

图 3-50 “引线结构”选项卡

  - ✧ “约束”选项组：用于控制多重引线的结构。
  - ✧ “基线设置”选项组：用于设置多重引线中的基线。
  - ✧ “比例”选项组：用于设置多重引线标注的缩放关系。
- “内容”选项卡：用于设置多重引线标注的内容，如图 3-51 所示。

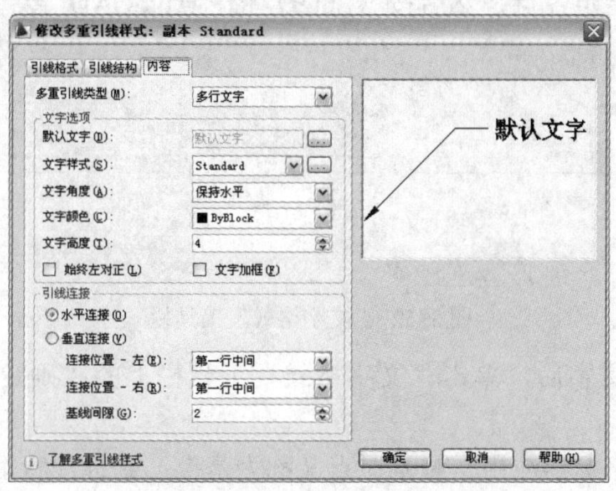

图 3-51 “内容”选项卡

  - ✧ “多重引线类型”下拉列表框：用于设置多重引线标注的类型。
  - ✧ “文字选项”选项组：用于设置多重引线标注的文字内容。

✧ “引线连接”选项组：用于设置标注出的对象沿垂直方向相对于引线基线的位置。

在 AutoCAD 中，可以通过以下几种方式执行“多重引线标注”命令。

① 功能区：单击“常用”选项卡→“注释”面板→“多重引线标注”按钮。

② 功能区：单击“注释”选项卡→“引线”面板→“多重引线标注”按钮。

③ 运行命令：MLEADER。

执行上述任意一种方式后，命令行提示：

指定引线箭头的位置或 [引线基线优先(L)/内容优先(C)/选项(O)] <选项>:

在该提示中，“指定引线箭头的位置”选项用于确定引线的箭头位置；“引线基线优先(L)”和“内容优先(C)”选项分别用于确定将首先确定引线基线的位置还是首先确定标注内容，用户根据需要选择即可；“选项(O)”用于多重引线标注的设置，执行该选项后，AutoCAD 提示：

输入选项 [引线类型(L)/引线基线(A)/内容类型(C)/最大节点数(M)/第一个角度(F)/第二个角度(S)/退出选项(X)] <内容类型>:

- “引线类型(L)”选项：用于确定引线的类型。
- “引线基线(A)”选项：用于确定是否使用基线。
- “内容类型(C)”选项：用于确定多重引线标注的内容（多行文字、块或无）。
- “最大节点数(M)”选项：用于确定引线端点的最大数量。
- “第一个角度(F)”和“第二个角度(S)”选项：用于确定前两段引线的方向角度。

执行 MLEADER 命令后，如果在“指定引线箭头的位置或 [引线基线优先(L)/内容优先(C)/选项(O)] <选项>:”提示下指定一点，即指定引线的箭头位置，此时 AutoCAD 提示：

指定下一点或 [端点(E)] <端点>:(指定点)
指定下一点或 [端点(E)] <端点>:

在该提示下依次指定各点，然后按〈Enter〉键，AutoCAD 会弹出“文字格式”工具栏，如图 3-52 所示。

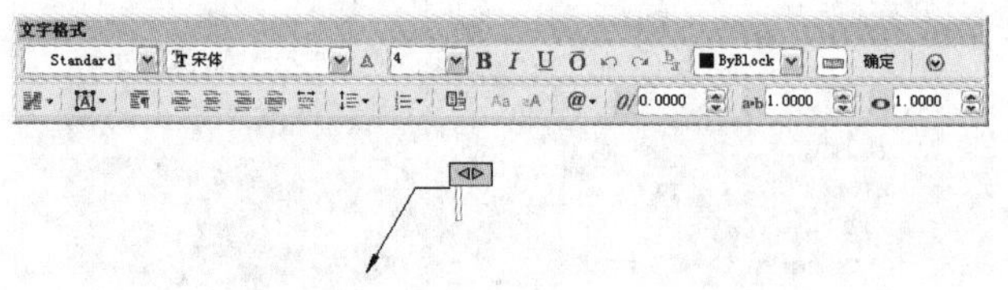

图 3-52 “文字格式”工具栏

输入对应的多行文字后，单击“文字格式”工具栏上的“确定”按钮，即可完成引线标注。

12）坐标标注　坐标标注用于测量原点（称为基准）到标注特征（例如部件上的一个孔）的垂直距离。这种标注保持特征点与基准点的精确偏移量，从而可避免增大误差。

在 AutoCAD 2012 中，可以通过以下几种方式执行坐标标注。

① 功能区：单击“常用”选项卡→“注释”面板→“坐标标注”按钮。

② 功能区：单击“注释”选项卡→“标注”面板→“坐标标注”按钮。

③ 运行命令：DIMORDINATE。

执行上述任意一种方式后，命令行提示如下信息：

指定点坐标:

“指定点坐标”即用鼠标选择要标注的点。选择后，命令行提示：

指定引线端点或 [X 基准(X)/Y 基准(Y)/多行文字(M)/文字(T)/角度(A)]:

确定点的位置后，AutoCAD 就会在该点标注出指定点的坐标。

对其他选项说明如下：

- X 基准(X)/Y 基准(Y)：分别用来标注指定点的 X、Y 坐标。
- 多行文字(M)：通过多行文字编辑器输入标注的内容。
- 文字(T)：直接要求用户输入标注的内容。
- 角度(A)：确定标注内容的旋转角度。

13）快速标注　快速标注可以快速创建成组的基线、连续、阶梯和坐标标注，以及快速标注多个圆、圆弧和编辑现有标注的布局。

在 AutoCAD 2012 中，可以通过以下几种方式执行快速标注。

① 功能区：单击“注释”选项卡→“标注”面板→“快速标注”按钮。

② 运行命令：QDIM。

执行上述任意一种方式后，命令行提示如下信息：

选择要标注的几何图形:

在提示下选择需要标注尺寸的各图形对象，按〈Enter〉键后，通过选择相应选项，可以进行“连续”、“基线”及“半径”等一系列标注。

14）形位公差（几何公差）标注　在 AutoCAD 2012 中，能标注带或不带引线的形位公差，可通过以下几种方式执行形位公差标注命令。

① 功能区：单击“注释”选项卡→“标注”面板→“公差标注”按钮。

② 运行命令：TOLERANCE。

执行上述任意一种方式后，将弹出“形位公差”对话框，如图 3-53 所示。

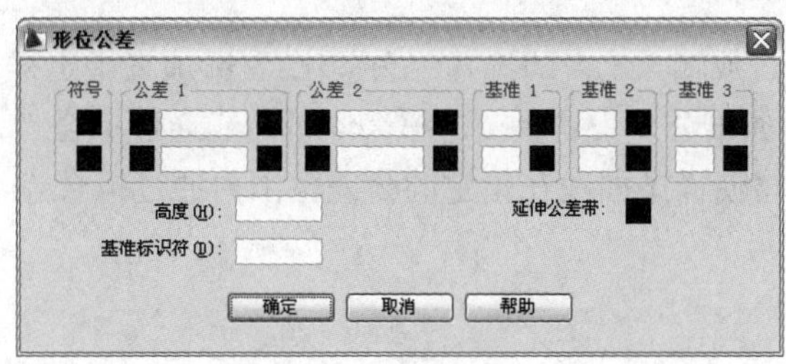

图 3-53 “形位公差”对话框

其中，“符号”选项组用于确定形位公差的符号。单击其中的小黑方框，AutoCAD 将弹出如图 3-54 所示的“特征符号”对话框，用户可通过该对话框确定所需要的符号。单击某一符号，AutoCAD 返回到“形位公差”对话框，并在对应位置显示出该符号。

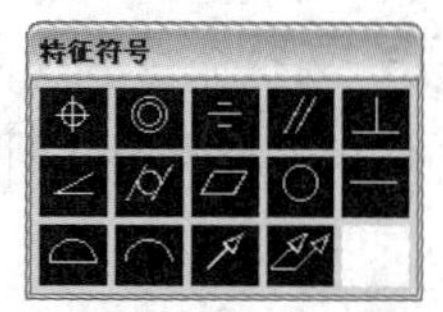

图 3-54 “特征符号”对话框

另外，“公差 1”、“公差 2”选项组用于确定公差，用户应在对应的文本框中输入公差值，还可通过单击位于文本框前面的小方框确定是否在该公差值前加直径符号；单击位于文本框后面的小方框，可从弹出的“包容条件”对话框中确定包容条件。“基准 1”、“基准 2”、“基准 3”选项组用于确定基准和对应的包容条件。

通过“形位公差”对话框确定要标注的内容后，单击对话框中的“确定”按钮，AutoCAD 切换到绘图屏幕，并提示：

输入公差位置:

在该提示下确定标注公差的位置即可。

4. 样条曲线

样条曲线是经过或接近一系列给定点的光滑曲线。在 AutoCAD 2012 中，通过指定一系列点来绘制样条曲线。指定的点不一定在绘制的样条曲线上，而是根据设定的拟合公差分布在样条曲线附近。样条曲线主要用于绘制波浪线等。

（1）绘制样条曲线

在 AutoCAD 2012 中，可通过以下两种方式执行绘制样条曲线的操作。

① 功能区：单击“常用”选项卡→“绘图”面板→“样条曲线拟合”按钮或者“样条曲线控制点”按钮。

② 运行命令：SPLINE。

执行绘制样条曲线操作后，命令行提示如下：

指定第一个点或[方式(M)/节点(K)/对象(O)]:

此时可用鼠标拾取或输入起点坐标来指定样条曲线的第一个点，“对象(O)”选项用于将多段线转换成等价的样条曲线。在指定第一点之后，与绘制直线操作一样，命令行将不断地提示指定下一点：

指定下一点:
指定下一点或[起点切向(T)/公差(L)]:

此时可指定下一点，或输入 L，即选择“公差(L)”选项来指定样条曲线的拟合公差。公差值必须为 0 或正值，如果公差设置为 0，那么样条曲线通过拟合点，如图 3-55a 所示。在输入大于 0 的公差时，将使样条曲线在指定的公差范围内通过拟合点，如图 3-55b 所示。

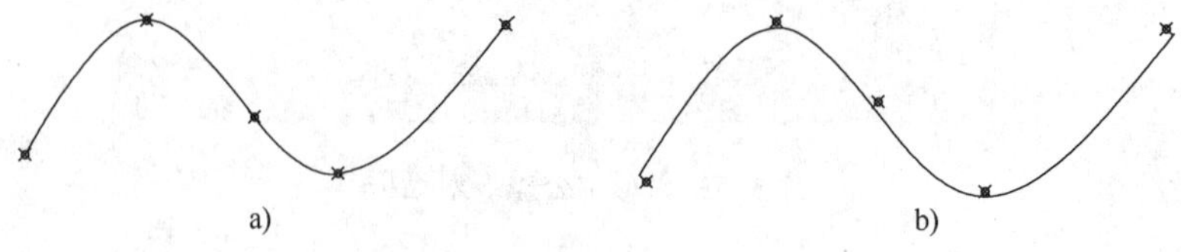

图 3-55　零公差与正公差

a) 公差为 0　b) 公差大于 0

在所用的点均指定完毕后，可按〈Enter〉键结束命令。

下面通过实例进行说明，即绘制如图 3-56 所示的样条曲线。

① 单击“常用”选项卡→“绘图”面板→“样条曲线拟合”按钮。

② 在命令行提示“指定的一个点或[方式(M)/节点(K)/对象(O)]:”时，依次指定图 3-56 中的 A、B、C、D、E 点。

③ 按〈Enter〉键结束命令。

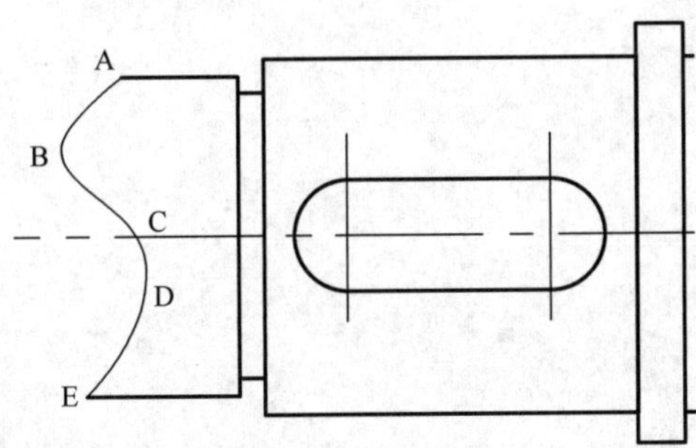

图 3-56　绘制样条曲线实例

（2）编辑样条曲线

与多线、多段线一样，AutoCAD 2012 也提供了专门的编辑样条曲线的工具，其执行方式有两种。

① 功能区：单击“常用”选项卡→“修改”面板→“编辑样条”按钮。

② 运行命令：SPLINEDIT。

执行编辑样条曲线操作后，命令行提示如下：

选择样条曲线:

选择要编辑的样条曲线，此时可选择样条曲线对象或样条曲线拟合多段线，选择后夹点将出现在控制点上。命令行继续提示：

输入选项[闭合(C)/合并(J)/拟合数据(F)/编辑顶点(E)/转换为多段线(P)/反转(R)/放弃(U)/退出(X)]:

此时可输入对应的字母来选择编辑工具，各选项的功能如下。

- 闭合(C)：用于闭合开放的样条曲线，如果选定的样条曲线为闭合，则“闭合”选项将由“打开”选项替换。
- 合并(J)：用于将样条曲线的首尾相连。
- 拟合数据(F)：用于编辑样条曲线的拟合数据。拟合数据包括所有的拟合点、拟合公差及绘制样条曲线时与之相关联的切线。选择该选项后，命令行将提示如下：

输入拟合数据选项
[添加(A)/闭合(C)/删除(D)/扭折(K)/移动(M)/清理(P)/相切(T)/公差(L)/退出(X)]
<退出>:

✧ 添加(A)：用于在样条曲线中增加拟合点。

✧ 闭合(C)：用于闭合开放的样条曲线，如果选定的样条曲线为闭合，则“闭合”选项将由“打开”选项替换。样条曲线的闭合编辑效果如图 3-57 所示。

✧ 删除(D)：用于从样条曲线中删除拟合点，并用其余点重新拟合样条曲线。

✧ 移动(M)：用于把指定拟合点移动到新位置。

✧ 清理(P)：从图形数据库中删除样条曲线的拟合数据。清理样条曲线的拟合数据，运行编辑样条曲线命令后，将不显示“拟合数据(F)”选项。

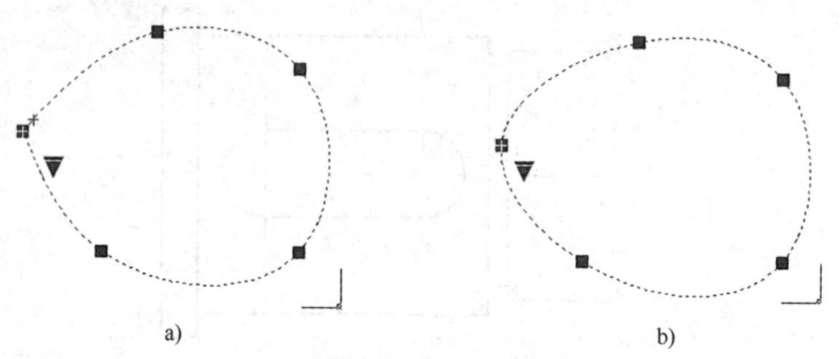

图 3-57　打开或闭合样条曲线

a) 打开的样条曲线　b) 闭合的样条曲线

✧ 相切(T)：编辑样条曲线的起点和端点切向。

✧ 公差(L)：为样条曲线指定新的公差值并重新拟合。

✧ 退出(X)：退出拟合数据编辑状态，返回到“输入选项[拟合数据(F)/闭合(C)/移动顶点(M)/精度(R)/反转(E)/放弃(U)]:”提示下。

- 编辑顶点(E)：用于精密调整样条曲线顶点。选择该选项后，命令行将提示如下：

  输入顶点编辑选项
  [添加(A)/删除(D)/提高阶数(E)/移动(M)/权值(W)/退出(X)]<退出>:

✧ 添加(A)：增加控制部分样条的控制点数。

✧ 删除(D)：增加样条曲线的控制点。

✧ 提高阶数(E)：增加样条曲线上控制点的数目。

✧ 移动(M)：对样条曲线的顶点进行移动。

✧ 权值(W)：修改不同样条曲线控制点的权值，权值较大会将样条曲线拉近其控制点。

- 转换为多段线(P)：用于将样条曲线转换为多段线。
- 反转(E)：反转样条曲线的方向。
- 放弃(U)：还原操作，每选择一次“放弃(U)”选项，将取消上一次的编辑操作，可一直返回到编辑任务开始时的状态。

5. 图案填充

图案填充是一种使用指定线条图案来充满指定区域的图案的图形对象，常用于表达剖面和不同类型物体对象的外观纹理等，被广泛应用于绘制机械图、建筑图、地质构造图等各类图形中。在机械图、建筑图上，要画出剖视图、断面图，就要在剖视图和断面图上填充剖面图案。AutoCAD 2012 提供了图案填充的功能，方便灵活，可快速地完成填充操作。

图案填充命令的调用方法如下。

① 功能区：单击“常用”选项卡→“绘图”面板→“图案填充”按钮。

② 命令行：HATCH。

执行该命令后系统在功能区中显示“图案填充创建”选项卡，如图 3-58 所示，并显示如下提示：

拾取内部点或[选择对象(S)/设置(T)]:

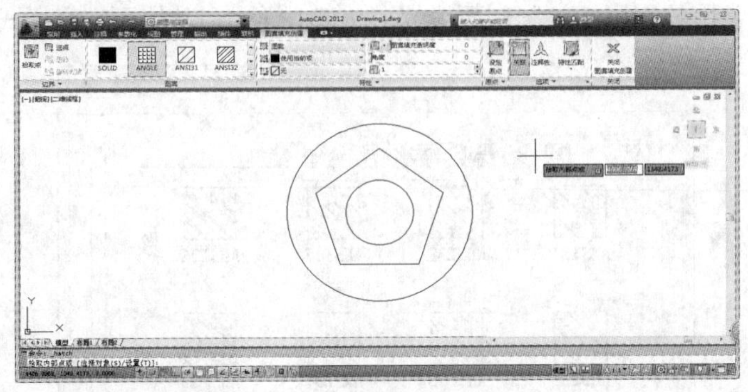

图 3-58 “图案填充创建”选项卡

用户可以利用“图案填充创建”选项卡中的“边界”、“图案”及“特性”等面板进行图案填充的设置；或选择“设置(T)”选项，打开“图案填充和渐变色”对话框，进行图案填充的设置，如图 3-59 所示。在“图案填充和渐变色”对话框中包含“图案填充”和“渐变色”两个选项卡。

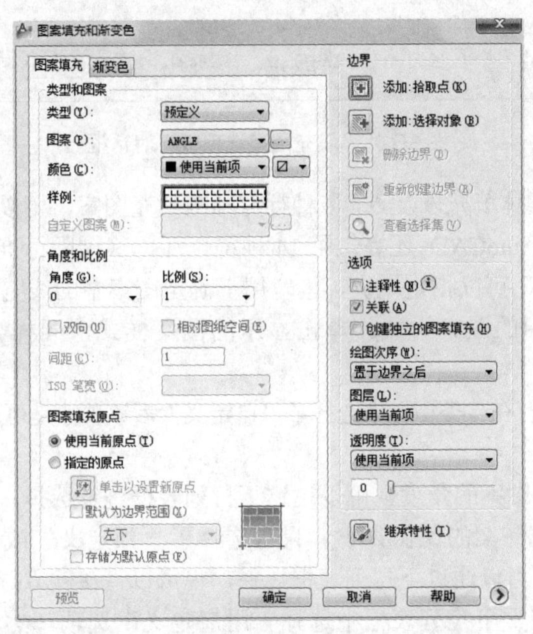

图 3-59 “图案填充和渐变色”对话框

（1）“图案填充”选项卡

1）类型和图案。

- 类型：设置填充的图案类型，在该下拉列表框中包含“预定义”、“用户定义”、“自定义”3 个选项。“预定义”选项提供了几种常用的填充图案；“用户定义”是使用当前线型定义的图案；“自定义”是定义在 AutoCAD 填充图案以外的其他文件中的图案。
- 图案：在该下拉列表框中列出了可用的预定义图案，只有选择了“预定义”类型，该项才能使用。单击按钮，弹出“填充图案选项板”对话框，其中有 ANSI、ISO、“其他预定义”、“自定义”4 个选项卡，如图 3-60 所示。在这些选项卡提供的图案中，比较常用的有用于绘制剖面线的 ANSI31 样式和其他预定义样式等。

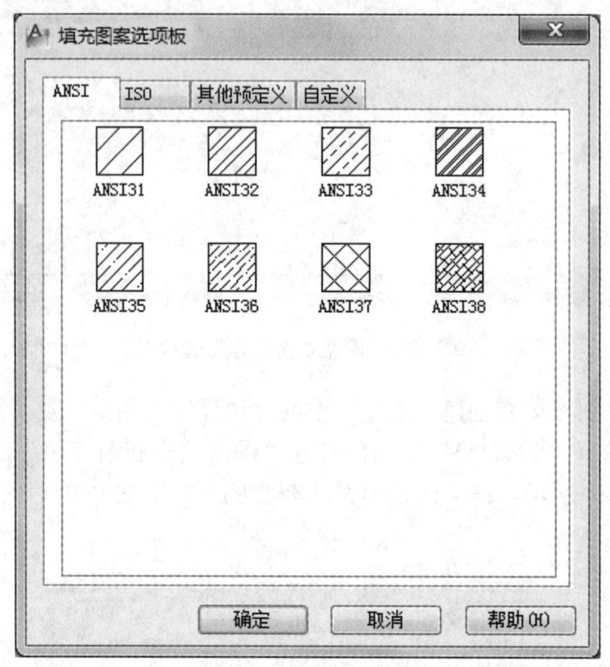

图 3-60 “填充图案选项板”对话框

AutoCAD 提供了实体填充以及 50 多种行业标准填充图案，可以使用它们区分对象的部件或表现对象的材质，AutoCAD 还提供了 14 种符合 ISO（国际标准化组织）标准的填充图案。当选择 ISO 图案时，可以指定笔宽，笔宽用于确定图案中的线宽。

- 样例：显示选中的图案样式。单击显示的图案样式，同样会打开“填充图案选项板”对话框。
- 自定义图案：只有在“类型”中选择了“自定义”后该项才是可选的，其他同预定义。

2）角度和比例。

- 角度：设置填充图案的角度，可以通过下拉列表框进行选择，也可以直接输入。
- 比例：设置填充图案的比例大小，只有选择了“预定义”或“自定义”类型，该项才能启用。用户可以通过下拉列表框选择，也可以直接输入。
- 双向：在“类型”下拉列表框中选择“用户定义”选项，然后选中该复选按钮，可以使用相互垂直的两组平行线填充图案，否则为一组平行线。

3）图案填充原点　用户需要设置图案填充原点的位置，因为许多图案填充需要对齐填充边界上的某一个点。

- 使用当前原点：可以使用当前 UCS 的原点（0,0）作为图案填充原点。
- 指定的原点：可以指定点作为图案填充原点。

其中，单击“单击以设置新原点”按钮，可以从绘图窗口中选择某一点作为图案填充原点；选中“默认为边界范围”复选按钮，可以以填充边界的左下角、右下角、右上角、左上角或圆心作为图案填充原点；选中“存储为默认原点”复选按钮，可以将指定的点存储为默认的图案填充原点。

4）边界。

- “添加:拾取点”按钮：通过拾取点的方式自动产生一个围绕该拾取点的边界。单击“添加:拾取点”按钮，对话框关闭。在绘图区中每一个需要填充的区域内单击，按〈Enter〉键，则需要填充的区域确定。
- “添加:选择对象”按钮：通过选择对象的方式产生一个封闭的填充边界。图案填充边界可以是形成封闭区域的任意对象的组合，例如直线、圆弧、圆和多段线。单击“添加:选择对象”按钮，对话框关闭。在绘图区中选择对象组成填充区域边界，按〈Enter〉键，则需要填充的区域确定。
- “删除边界”按钮：单击该按钮可以取消系统自动计算或用户指定的孤岛。
- “重新创建边界”按钮：重新创建图案填充边界。
- “查看选择集”按钮：查看已定义的填充边界。单击该按钮，切换到绘图窗口，已定义的填充边界将亮显。

需要注意的是，用“添加:拾取点”确定填充边界，要求其边界必须是封闭的，否则 AutoCAD 将提示出错信息，显示未找到有效的图案填充边界。通过选择边界的方法确定填充区域，不要求边界完全封闭。

5）选项。

- “关联”复选按钮：用于设置创建边界时是否随之更新图案和填充。
  - ✧ 关联：一旦区域填充边界被修改，该填充图案随之被更新。
  - ✧ 不关联：填充图案将独立于它的边界，不会随着边界的改变而更新，如图 3-61 所示。
- “创建独立的图案填充”复选按钮：用于创建独立的图案填充。

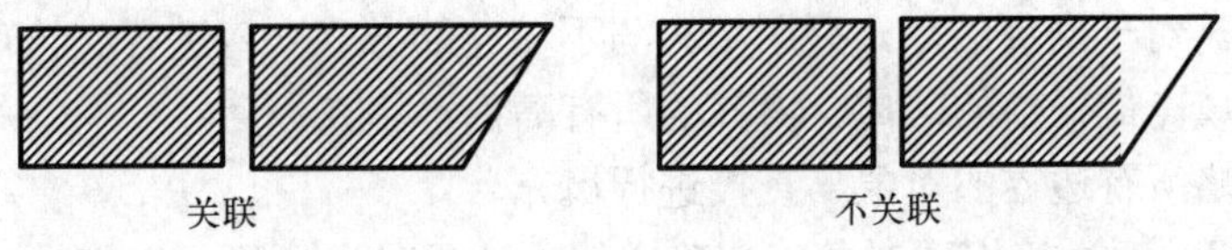

图 3-61　关联和不关联图案填充示例

（2）设置孤岛

单击“图案填充和渐变色”对话框右下角的按钮，将显示更多选项，如设置孤岛和边界保留等信息，如图 3-62 所示。

孤岛即位于选择范围之内的封闭区域。

选中“孤岛检测”复选按钮，有3种样式可以选择，填充效果如图3-63所示。

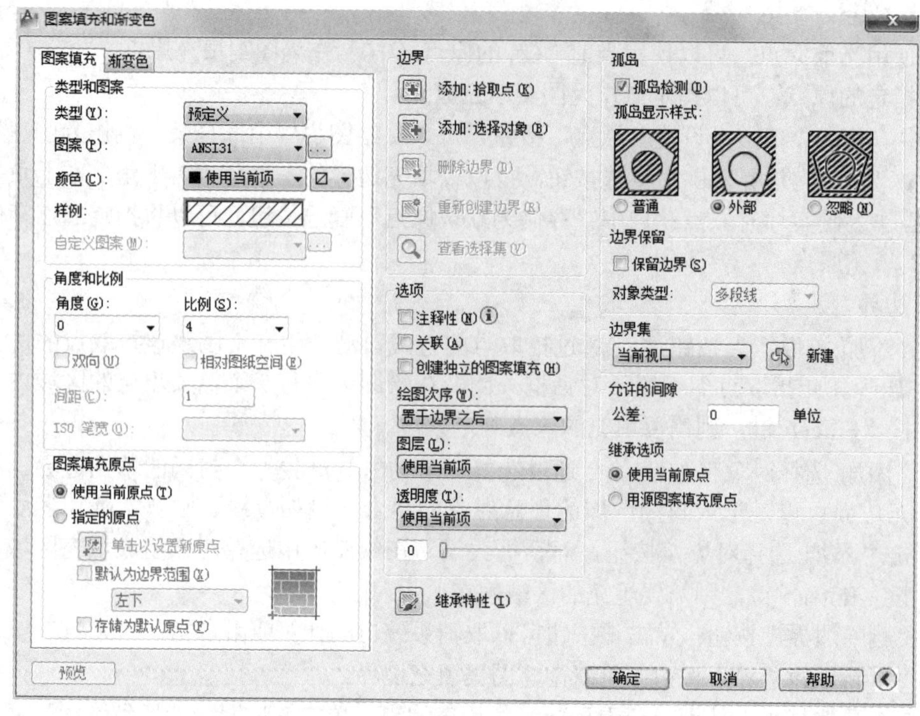

图3-62 展开的“图案填充和渐变色”对话框

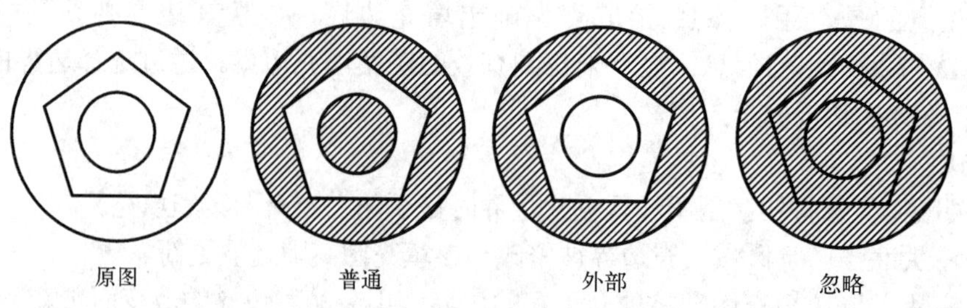

图3-63 孤岛检测样式实例

- 普通：由外部边界向内填充。如遇到岛边界，则断开填充直到碰到内部的另一个岛边界为止。对于嵌套的岛，采用填充与不填充的方式交替进行。该项为默认项。
- 外部：仅填充最外部的区域，内部的所有岛都不填充。
- 忽略：忽略所有边界的对象，直接进行填充。

对于文本、尺寸标注等特殊对象，在确定填充边界时也选择了它们，可以将它们作为填充边界的一部分。AutoCAD在填充时会把这些对象作为孤岛而断开，如图3-64所示。

- 保留边界：控制是否将图案填充时检测的边界保留。
- 对象类型：设置是否将边界保留为对象，以及保留的类型。该项只有在选中了“保留边界”复选按钮后才有效，类型包括多段线、面域。
- 边界集：用于定义填充边界的对象集。如果定义了边界集，可以加快填充。

- 允许的间隙：设置允许的间隙大小。在该参数范围内，可以将一个几乎封闭的区域看成一个闭合的填充边界。其默认值为 0，这时对象是完全封闭的区域。

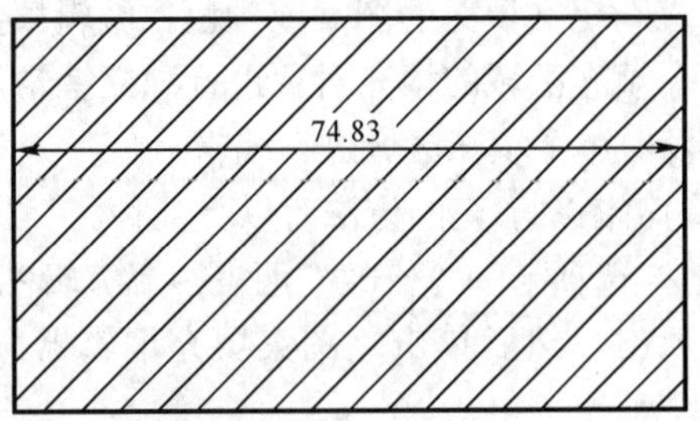

图 3-64　填充区域有尺寸标注的实例

(3)“渐变色”选项卡

使用“渐变色”选项卡可以设置渐变填充的外观，如图 3-65 所示。其中颜色分单色、双色两种填充模式。实体填充效果和渐变填充效果如图 3-66 所示。

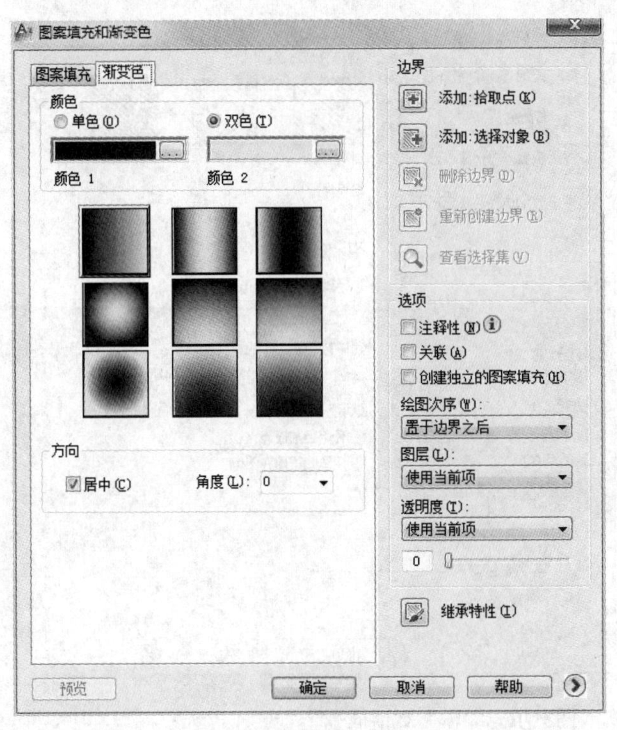

图 3-65　“渐变色”选项卡

图 3-66　渐变填充效果

(4)编辑图案填充和渐变色填充

AutoCAD 2012 中的图案填充是一种特殊的块，即它们是一个整体对象。与处理其他对象一样，图案填充边界可以被复制、移动、拉伸和修剪等，也可以使用夹点编辑模式拉伸、移动、旋转、缩放和镜像填充边界及与它们关联的填充图案。如果所做的编辑保持边界闭合，关联填充就会自动更新。如果编辑中生成了开放边界，图案填充将失去与任何边界的关联性，并保持不变。

利用“修改”菜单下的“分解”命令将它们分解后，图案填充对象将被分解为单个直线、圆弧等对象，这样就不能用图案填充的编辑工具进行编辑了。

对图案填充的编辑包括重新定义填充的图案或颜色、编辑填充边界，以及设置其他图案的填充属性等。如果要对多个填充区域的填充对象进行独立编辑，可以选中“创建独立的图案填充”复选按钮，这样可以对单个填充区域进行编辑。

在 AutoCAD 2012 中，编辑图案填充的方法有以下几种。

① 功能区：单击“常用”选项卡→“修改”面板→“编辑图案填充”按钮。

② 在图案填充对象上双击，然后单击“图案填充编辑器”选项卡→“选项”面板→“图案填充设置”按钮。

执行“编辑图案填充”命令后，命令行提示“选择图案填充对象:”（注意必须选择图案填充对象，否则命令无法执行），选择图案填充对象后弹出“图案填充编辑”对话框，如图 3-67 所示。

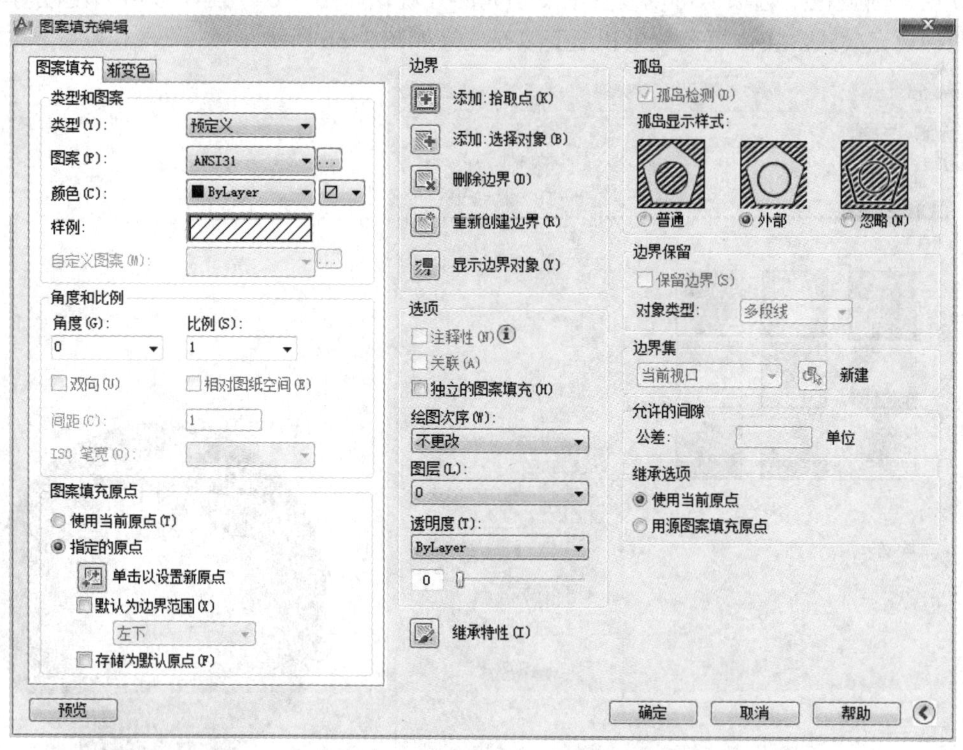

图 3-67 “图案填充编辑”对话框

“图案填充编辑”对话框与“图案填充和渐变色”对话框内容相同，但有的选项不可用，如“孤岛检测”复选按钮、“保留边界”复选按钮、“边界集”下拉列表框等，因此只能编辑“图案填充编辑”对话框中可用的选项，例如图案类型、角度、比例、关联性等，还可以通过“添加:拾取点”按钮和“删除边界”按钮等修改填充边界，其设置方法与创建图案填充相同，这里不再重复。

（5）创建与插入块

使用块可提高绘图效率，步骤是先将要重复绘制的对象集合创建为块，然后在需要的位置处插入所定义的块。

1）创建块　AutoCAD 2012 只能将已经绘制好的对象创建为块。每个块定义都包括块名、一个或多个对象、插入块的基点坐标值和所有相关的属性数据。在 AutoCAD 2012 中可通过以下几种方式定义或创建块。

① 功能区：单击“常用”选项卡→“块”面板→“创建”按钮。

② 功能区：单击“插入”选项卡→“块”面板→“创建块”按钮。

③ 运行命令：BLOCK。

执行“创建块”命令后，将弹出“块定义”对话框，如图 3-68 所示。

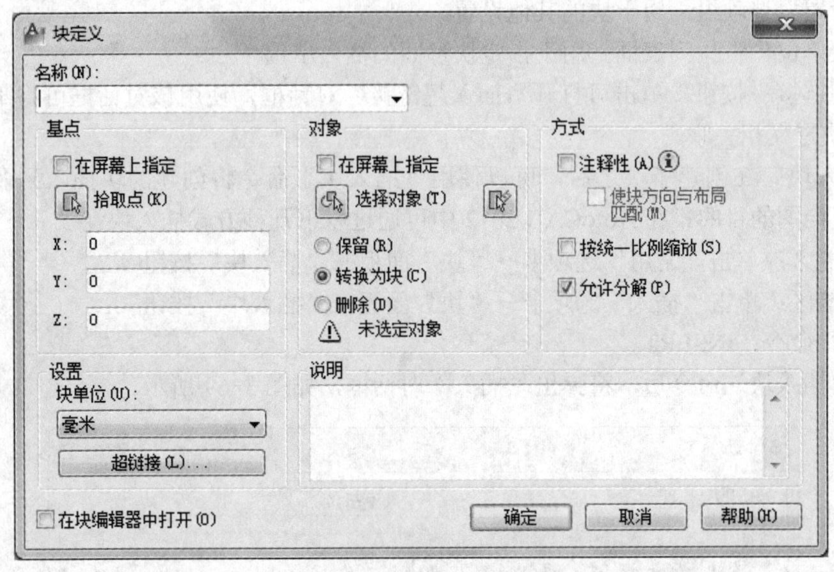

图 3-68 “块定义”对话框

在“块定义”对话框中定义了块名、基点，并指定组成块的对象后，就可以完成块的定义。“块定义”对话框中各部分的功能说明如下。

①“名称”下拉列表：用于指定块的名称。

②“基点”选项组：用于指定块的插入基点。基点的用途在于插入块时，将基点作为放置块的参照，此时块基点与指定的插入点对齐。基点的默认坐标为（0,0,0），可通过“拾取点”按钮指定基点，也可通过 X、Y 和 Z 文本框输入坐标值。

③ “对象”选项组，各选项含义如下。

- “在屏幕上指定”复选按钮：选中该复选按钮后关闭对话框，此时将提示用户指定对象。
- “选择对象”按钮：单击该按钮将返回到绘图区，此时可用选择对象的方法选择组成块的对象。完成选择对象后，按〈Enter〉键返回。
- “快速选择”按钮：单击该按钮将弹出“快速选择”对话框，可通过快速选择来定义选择集并指定对象。
- “保留”单选按钮：创建块以后，将选定对象保留在图形中作为区别对象。
- “转换为块”单选按钮：创建块以后，将选定对象转换成图形中的块。

- “删除”单选按钮：创建块以后，从图形中删除选定的对象。

④“方式”选项组：用于指定块的定义方式。

- “注释性”复选按钮：将块定义为注释性对象。
- “使块方向与布局匹配”复选按钮：选中该复选按钮表示在图纸空间视口中的块参照方向与布局的方向匹配。如果未选中“注释性”复选按钮，则该复选按钮不可用。
- “按统一比例缩放”复选按钮：用于指定是否阻止块参照不按统一比例缩放。
- “允许分解”复选按钮：用于指定块参照是否可以被分解。如果选中，则表示插入块后可用 EXPLODE 命令将块分解为组成块的单个对象。

⑤“设置”选项组：用于块的其他设置。

- “块单位”下拉列表框：用于指定块参照的插入单位。
- “超链接”按钮：单击可打开“插入超链接”对话框，使用该对话框可将某个超链接与块定义相关联。

2）插入块　在创建了块之后，可以使用“插入块”命令将创建的块插入到多个位置，以达到重复绘图的目的。在 AutoCAD 2012 中可通过以下几种方式插入块。

① 功能区：单击“常用”选项卡→“块”面板→“插入块”按钮。

② 功能区：单击“插入”选项卡→“块”面板→“插入块”按钮。

③ 运行命令：INSERT。

执行“插入块”命令后，将弹出“插入”对话框，如图 3-69 所示。

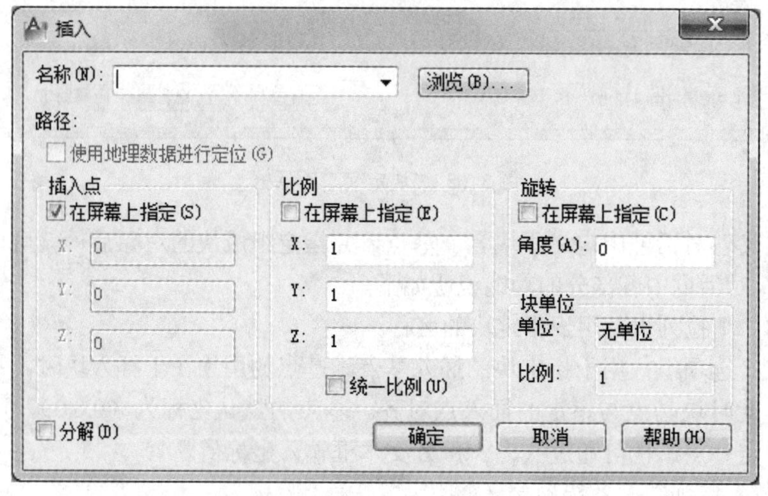

图 3-69 “插入”对话框

通过“插入”对话框，可以对插入块的位置、比例及旋转等特性进行设置。

①“名称”下拉列表框：在“块定义”对话框中创建块的名称将显示在该下拉列表框中。通过该下拉列表框可以指定要插入块的名称，或指定要作为块插入的文件的名称。单击浏览(B)...按钮还可以通过“选择图形文件”对话框将外部图形文件插入到图形中。

块的名称应该从下拉列表框中选取，如果下拉列表框为空，则说明该图形没有定义块。

②“插入点”选项组：分别指定插入块的位置等，该点的位置与创建块时所定义的基点对齐。

如果选中“在屏幕上指定”复选按钮，将在单击“确定”按钮关闭“插入”对话框后提示指定插入点，可用鼠标拾取或使用键盘输入插入点的坐标。如果没有选中“在屏幕上指定”复选按钮，那么X、Y和Z文本框将变为可用，可在其中输入插入点的坐标值。

③“比例”选项组：设置插入块时的缩放比例。同样，该选项组中也包含一个“在屏幕上指定”复选按钮，意义同前。

- X、Y和Z文本框：可分别指定3个坐标方向的缩放比例因子，图3-70a所示为创建的块，图3-70b为将*X*方向比例设置为1、将*Y*方向比例设置为2的显示效果，可见*Y*方向的长度放大了两倍，而*X*方向的长度不变。
- “统一比例”复选按钮：为*X*、*Y*和*Z*坐标指定同一比例值，图3-70c所示为插入统一比例为2的块。

如果指定负的*X*、*Y*和*Z*缩放比例因子，则插入块的镜像图像。

④“旋转”选项组：指定插入块的旋转角度。其中，“在屏幕上指定”复选按钮的意义同前。

“角度”文本框用于指定插入块的旋转角度，图3-70d所示为将旋转角度设置为45°时的显示效果。

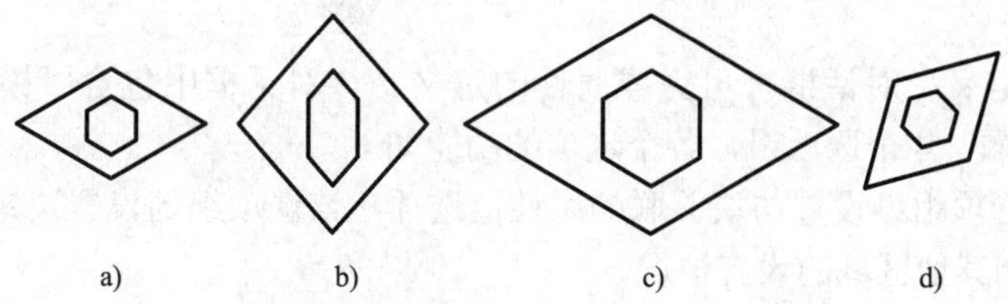

a)　b)　c)　d)

图3-70　设置插入比例和旋转角度实例

⑤“分解”复选按钮：选中该复选按钮后，块将分解为各个部分，且只可以指定统一比例因子。

3）块属性　块属性是指将数据附着到块上的标签或标记，被附着的数据包括零件编号、价格、注释和块的名称等。附着的属性可以提取出来用于电子表格或数据库、已生成零件列表或材质清单等。如果已将属性定义附着到块中，则插入块时将会用指定的文字串提示输入属性。该块后续的每个参照可以使用为该属性指定的不同的值。

创建块属性的一般步骤如下：

① 先定义属性。

② 创建块时，将属性定义选为对象（这样的块称为“块属性”）。

步骤①是对属性进行定义，步骤②是在定义块时引用该属性，即将属性附着到块。步骤②的操作与块定义基本上一样，只需在块定义时将属性定义选择为对象即可。因此，本节只介绍属性的定义。在AutoCAD 2012中，可通过以下几种方式来定义属性。

① 功能区：单击“常用”选项卡→“块”面板→“定义属性”按钮。

② 功能区：单击“插入”选项卡→“块定义”面板→“定义属性”按钮。

③ 运行命令：ATTDEFA。

执行“定义属性”命令后，将弹出“属性定义”对话框，如图3-71所示。

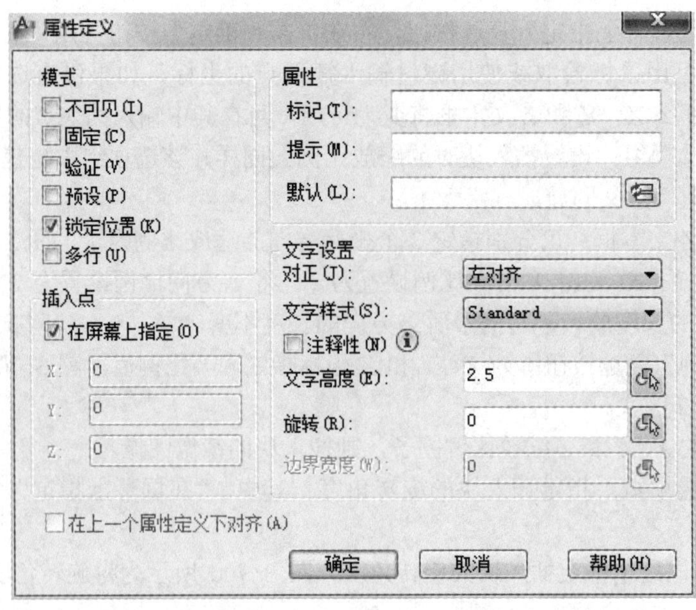

图 3-71 “属性定义”对话框

通过“属性定义”对话框，可完成属性的定义。该对话框中包含“模式”、“插入点”、“属性”、“文字设置”4 个选项组，各个选项的功能如下。

①“模式”选项组：设置与块关联的属性值选项。该选项组的设置决定了属性定义的基本特性，且将影响其他区域的设置情况。

- “不可见”复选按钮：指定插入块时不显示或不打印属性值。选中该复选按钮后，当插入该属性块时将不显示属性值，也不会打印属性值。
- “固定”复选按钮：在插入块时赋予属性固定值。选中该复选按钮并创建块定义后，当插入块时将不提示指定属性值，而是使用属性定义在“默认”文本框中输入的值，并且该值在定义后不能被编辑。
- “验证”复选按钮：插入块时提示验证属性值是否正确。
- “预设”复选按钮：插入包含预置属性值的块时，将属性设置为默认值。
- “锁定位置”复选按钮：用于锁定块参照中属性的相对位置。解锁后，属性可以相对于使用夹点编辑的块的其他部分移动，并且可以调整多行属性的大小。
- “多行”复选按钮：表示属性值可以包含多行文字。选中该复选按钮后，可以指定属性的边界宽度。

②“属性”选项组：设置属性数据。

- “标记”文本框：标识图形中每次出现的属性，可使用任何字符组合（空格除外）作为属性标记，小写字母会自动转换为大写字母。
- “提示”文本框：指定在插入包含该属性定义的块时显示的提示。如果不输入提示，属性标记将用于提示。如果在“模式”选项组中选中“固定”复选按钮，“提示”文本框将不可用。
- “默认”文本框：指定默认属性值。

● “插入字段”按钮：显示“字段”对话框，可以插入一个字段作为属性的全部或部分值。如果在“模式”选项组中选中“多行”复选按钮，那么该按钮将变为“多行编辑器”按钮，单击将显示“文字编辑器”选项卡。

③“插入点”选项组：指定属性的位置。

④“文字设置”选项组：设置属性文字的对正、样式、高度和旋转。

● “对正”下拉列表框：指定属性文字的对正。

● “文字样式”下拉列表框：指定属性文字的预定义样式，默认为当前加载的文字样式。

● “注释性”复选按钮：指定属性为注释性对象。

● “文字高度”文本框：指定属性文字的高度。

● “旋转”文本框：指定属性文字的旋转角度。

● “边界宽度”文本框：用于指定多行属性中文字行的最大长度。

文字高度、旋转角度和边界宽度也可以通过对应文本框后的拾取按钮在绘图区中拾取。

⑤“在上一个属性定义下对齐”复选按钮：将属性标记直接置于定义的上一个属性下面。如果之前没有创建属性定义，则该复选按钮不可用。

4）块编辑器　对于已经插入到图形中的块，因为块是一个独立的对象，如果要在不分解块的情况下修改组成块的某个对象，那么唯一的方法就是使用块编辑器。

在 AutoCAD 2012 中，激活块编辑器的方法有以下几种。

① 功能区：单击“常用”选项卡→“块”面板→“编辑”按钮。

② 功能区：单击“插入”选项卡→“块”面板→“块编辑器”按钮。

③ 快捷菜单：选择一个块参照，然后在绘图区右击，从弹出的快捷菜单中选择“块编辑器”命令。

④ 运行命令：BEDIT。

执行以上任何一种方法后，将弹出“编辑块定义”对话框，如图 3-72 所示，在该对话框的列表中列出了图形中定义的所有块，选择要编辑的块后单击“确定”按钮，将进入块编辑器，如图 3-73 所示。

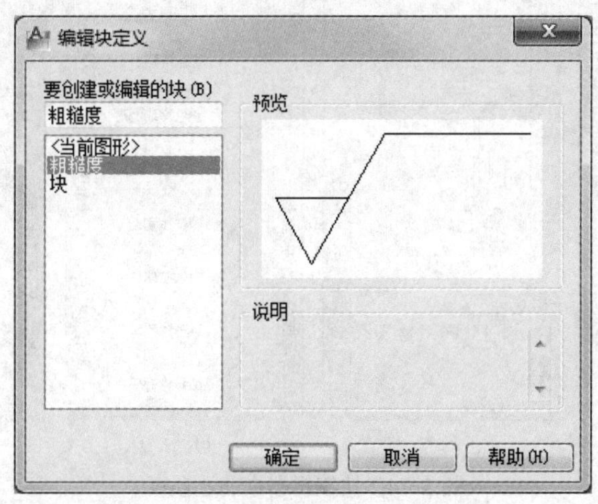

图 3-72 “编辑块定义”对话框

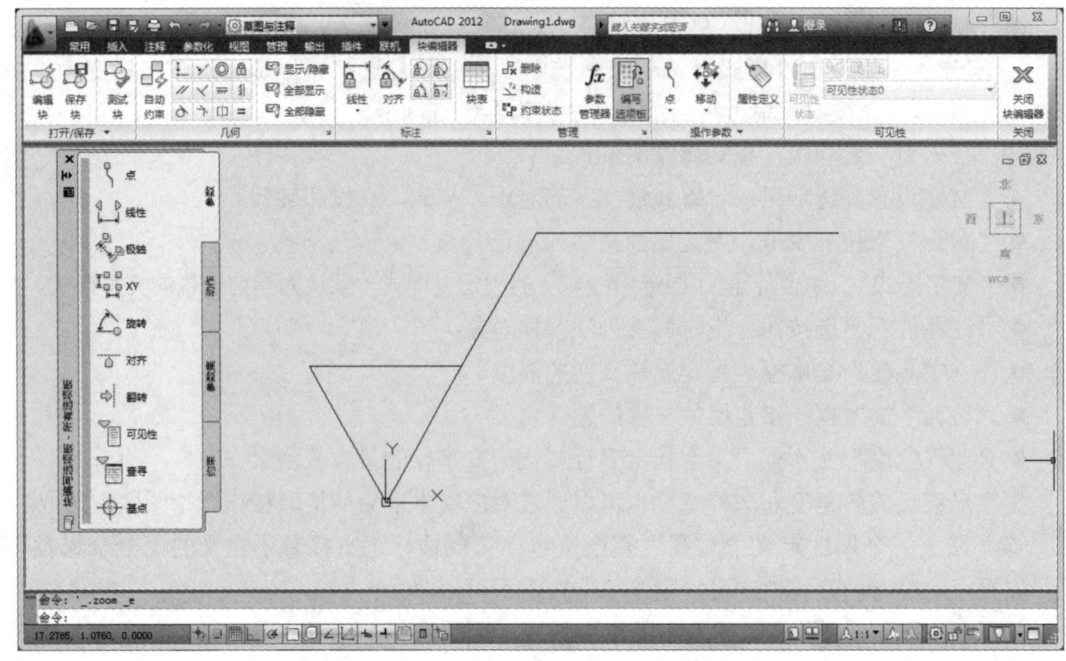

图 3-73　块编辑器

块编辑器主要包括绘图区、坐标系、功能区和选项板 4 个部分。在绘图区中的是所编辑的块，此时显示为各个组成块的单独对象，可以用类似于编辑图形的方法编辑块中的组成对象；块编辑器中的坐标原点为块的基点；通过功能区中的按钮，可以新建块或者保存块，单击 按钮可退出块编辑器；块编辑器的选项板专门用于创建动态块，共有“参数”、“动作”、“参数集”和“约束”4 个选项板，如图 3-74 所示。

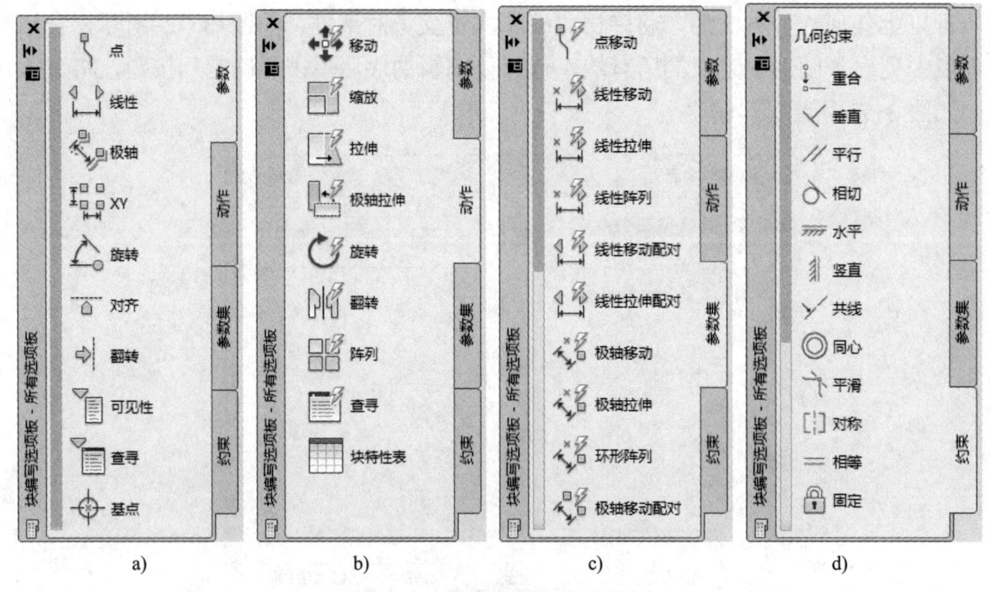

a)　b)　c)　d)

图 3-74　块编辑器中的选项板

a)“参数”选项板　b)“动作”选项板　c)“参数集”选项板　d)“约束”选项板

3.1.3 任务分析

1. **绘制图框和标题栏**

① 在“图层”面板中，将“细实线”置为当前图层，单击“常用”选项卡→“绘图”面板→“矩形”按钮，绘制420×297mm的矩形。

② 单击“常用”选项卡→“修改”面板→“偏移”按钮，设置偏移距离为5mm，然后将步骤①所绘矩形向内部偏移5mm，选中偏移所得的小矩形，在“图层”面板中将其图层改为“粗实线”。

③ 按照标准标题栏的尺寸，在图框右下角绘制标题栏，并添加相应的文字，如图3-75所示。

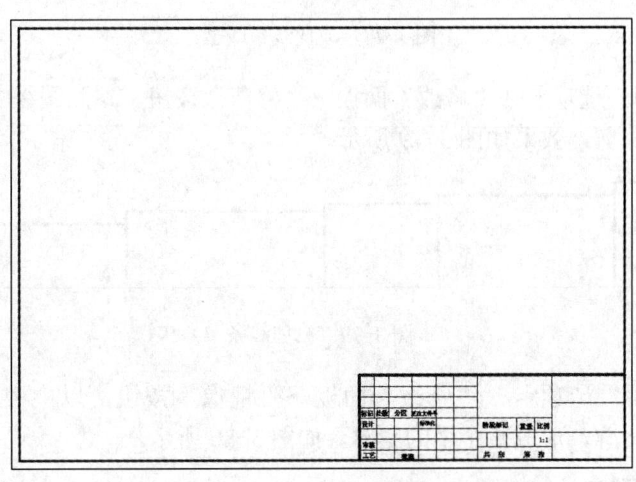

图3-75 绘制图框和标题栏

2. **绘制主视图**

① 在“图层”面板中，将“中心线”置为当前图层，然后单击状态栏上的“正交”按钮，打开正交方式。

② 单击“常用”选项卡→“绘图”面板→“直线”按钮，选择一点，在水平方向上绘制长度为300mm的直线。

③ 重复调用“直线”命令，在上一步所绘直线靠左端位置绘制长度为40mm的竖直线，效果如图3-76所示。

图3-76 绘制中心线

④ 单击“常用”选项卡→“修改”面板→“偏移”按钮，将水平中心线依次向上偏移21mm、25mm、27.5mm、30mm和34mm形成各轴段轴向轮廓线；再将竖直点画线依次向右偏移20mm、32mm、90mm、127mm、193mm和260mm形成各轴段轴向轮廓线，如图3-77所示。

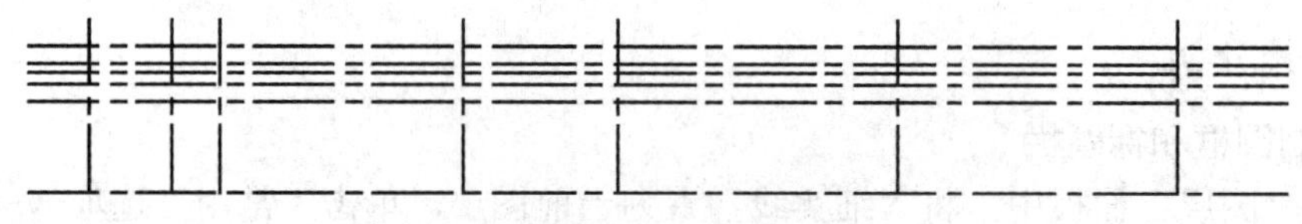

图 3-77　偏移线条

⑤ 选中所绘制的线条，在“图层”面板中选择“粗实线”图层，效果如图 3-78 所示。

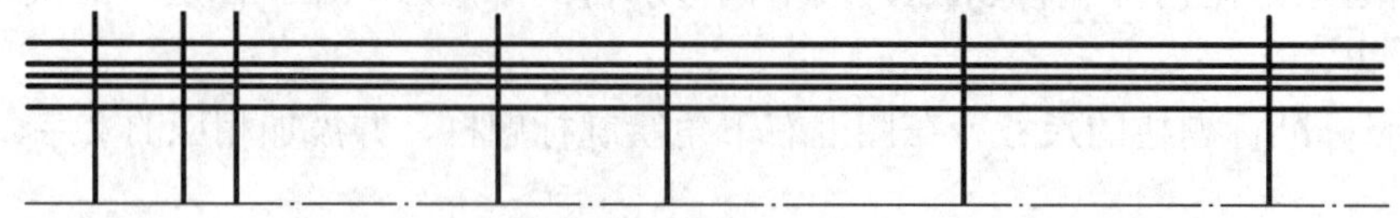

图 3-78　改变线条线型

⑥ 单击“常用”选项卡→“修改”面板→“修剪”按钮，参照图 3-1 对如图 3-78 所示的粗实线线条进行修剪，效果如图 3-79 所示。

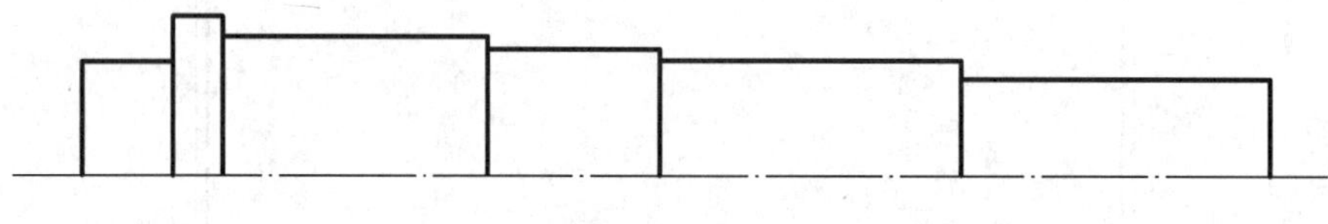

图 3-79　修剪线条

⑦ 单击“常用”选项卡→“修改”面板→“镜像”按钮，以中心线为镜像对称中心线，镜像轴的上部轮廓，形成整个轴的轮廓，如图 3-80 所示。

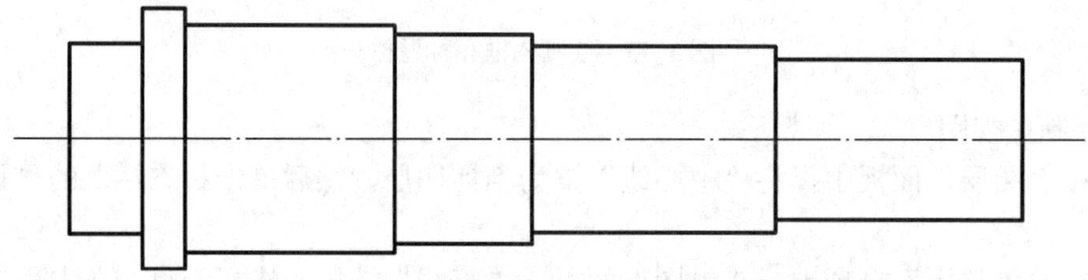

图 3-80　完整轮廓

⑧ 单击“常用”选项卡→“修改”面板→“圆角”按钮，在命令行中输入“R”，按〈Enter〉键，输入圆角半径 1.5mm 后再按〈Enter〉键，然后对图中轴肩有圆角的地方依次进行倒圆角处理，效果如图 3-81 所示。

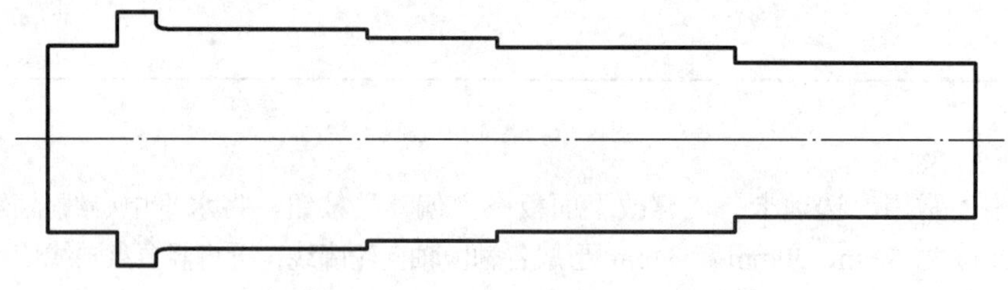

图 3-81　倒圆角

⑨ 单击“常用”选项卡→“绘图”面板→“直线”按钮，选择相应两点，补全因倒圆角而修剪掉的轮廓线，效果如图 3-82 所示。

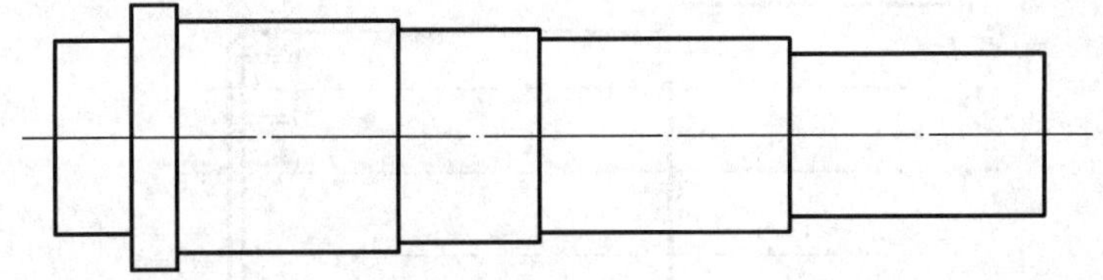

图 3-82　补全轮廓线

⑩ 单击“常用”选项卡→“修改”面板→“倒角”按钮，在命令行中输入“D”后按〈Enter〉键，在命令行提示下设置倒角距离为 2，然后对零件左、右两个端面进行倒角处理，并用“直线”命令补全倒角轮廓线，效果如图 3-83 所示。

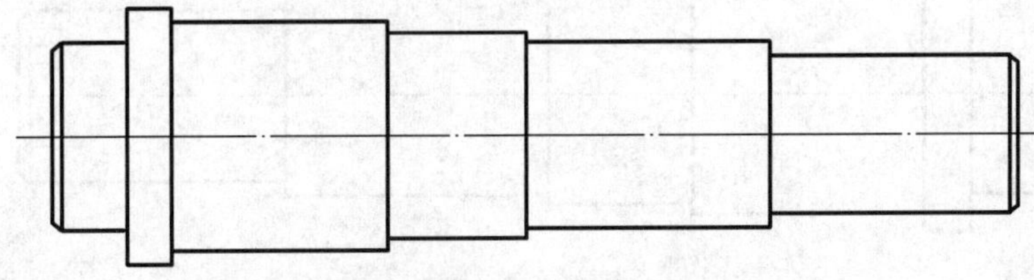

图 3-83　倒角后的轮廓

3. 绘制螺纹孔局部剖视图

① 单击“常用”选项卡→“修改”面板→“偏移”按钮，将水平中心线分别向上、下偏移 12.5mm 成为螺纹孔中心线，如图 3-84 所示。

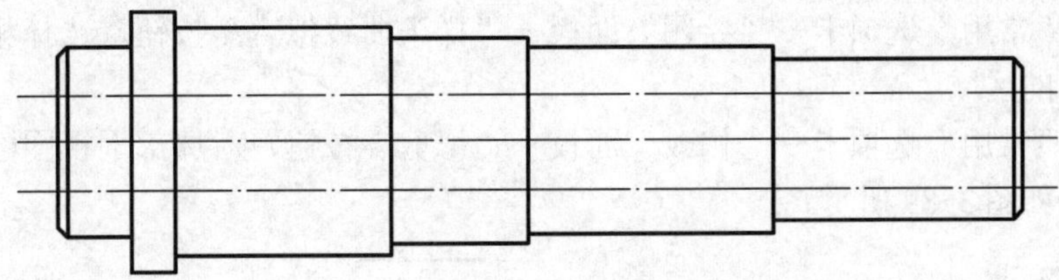

图 3-84　绘制螺纹孔中心线

② 继续调用“偏移”命令，将上一步所得螺纹中心线向上、下分别偏移 5mm、4.25mm，以形成螺纹孔轮廓线，再将轴右端面轮廓线向左偏移 10mm 作为螺纹终止线，效果如图 3-85 所示。

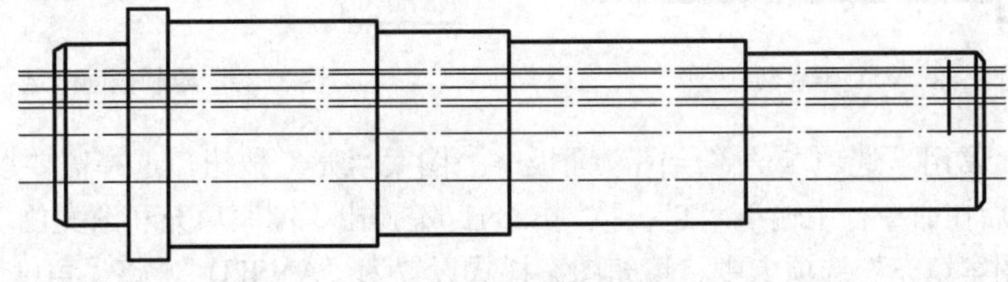

图 3-85　偏移线条

③ 单击“常用”选项卡→“修改”面板→“修剪”按钮，对步骤②中创建的线条进行修剪，得到螺纹孔的外轮廓，如图 3-86 所示。

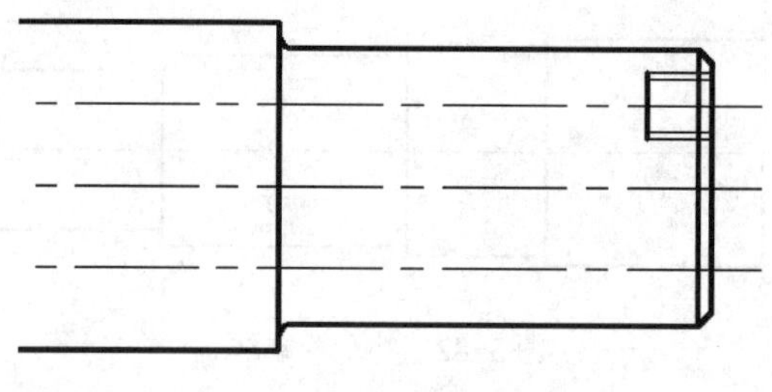

图 3-86 螺纹孔的外轮廓

④ 单击两条螺纹孔中心线，分别将其拉伸到合适的长度，效果如图 3-87 所示。

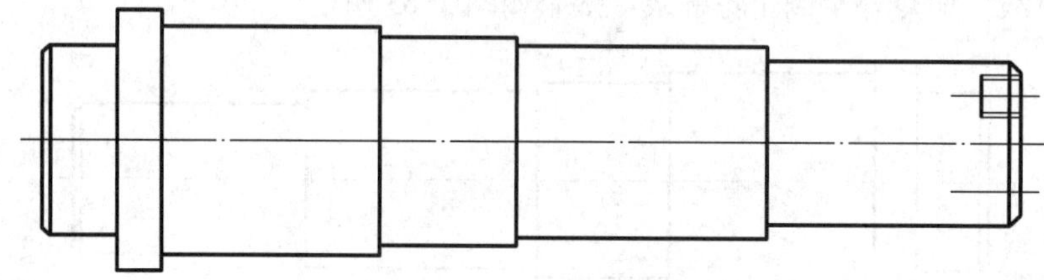

图 3-87 修改螺纹孔中心线

⑤ 选中螺纹牙顶线，将其图层改为“粗实线”，然后选中螺纹牙底线，将其图层改为“细实线”。

⑥ 将“细实线”置为当前图层，单击“常用”选项卡→“绘图”面板→“直线”按钮，绘制两条夹角为 120° 的锥底线，如图 3-88 所示。

⑦ 单击“常用”选项卡→“绘图”面板→“样条曲线拟合”按钮，选择相应的点，绘制局部剖视图的区域。

⑧ 单击“常用”选项卡→“修改”面板→“修剪”按钮，对局部剖视图区域轮廓线进行修剪，效果如图 3-89 所示。

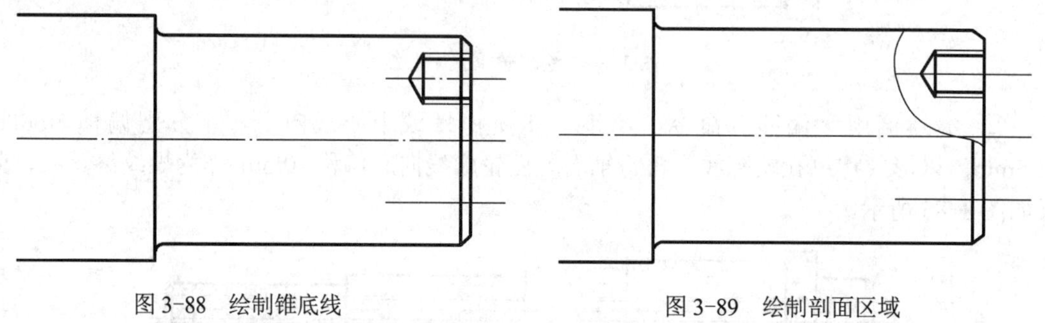

图 3-88 绘制锥底线　　图 3-89 绘制剖面区域

⑨ 单击“常用”选项卡→“绘图”面板→“图案填充”按钮，选择需要填充剖面线的图形区域，然后在命令行中输入“T”，按〈Enter〉键弹出“图案填充和渐变色”对话框。

⑩ 在“图案填充”选项卡中将填充图案样式设置为“ANSI31”，将“角度”设置为 0，将“比例”设置为 0.5，单击“确定”按钮，完成剖面线的填充，如图 3-90 所示。

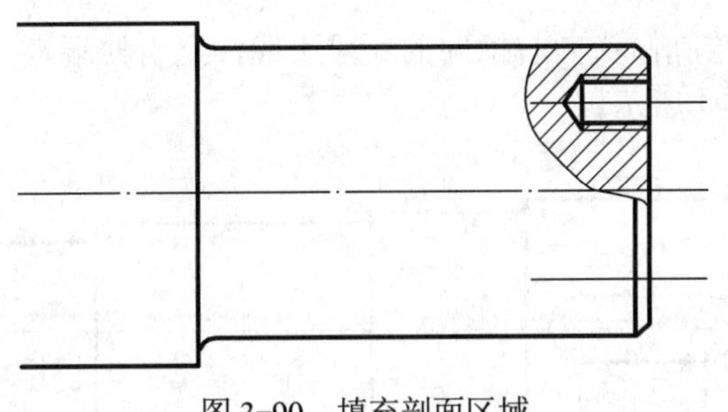

图 3-90　填充剖面区域

4. 绘制键槽

（1）绘制键槽主视图

① 键槽由两个半圆和两条直线组成，先将“点画线”置为当前图层，按图 3-1 中给定的尺寸绘制出中心线，如图 3-91 所示。

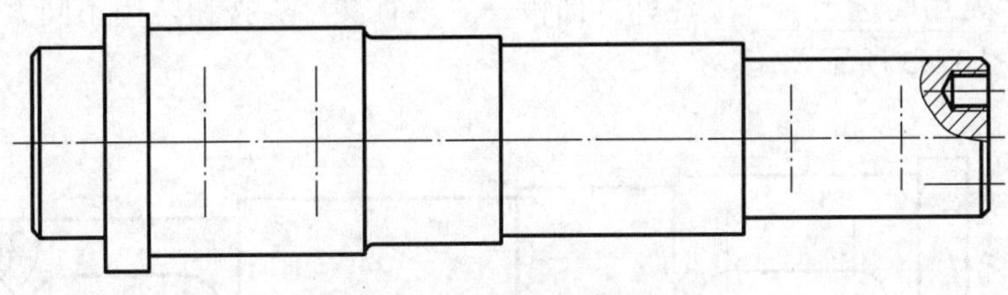

图 3-91　绘制中心线

② 将“粗实线”置为当前图层，单击“常用”选项卡→“绘图”面板→“圆”按钮，选择步骤①中所确定的圆心点，依次绘制半径为 8mm 的 4 个圆，然后单击“常用”选项卡→“绘图”面板→“直线”按钮，绘制同组两圆的公切线，效果如图 3-92 所示。

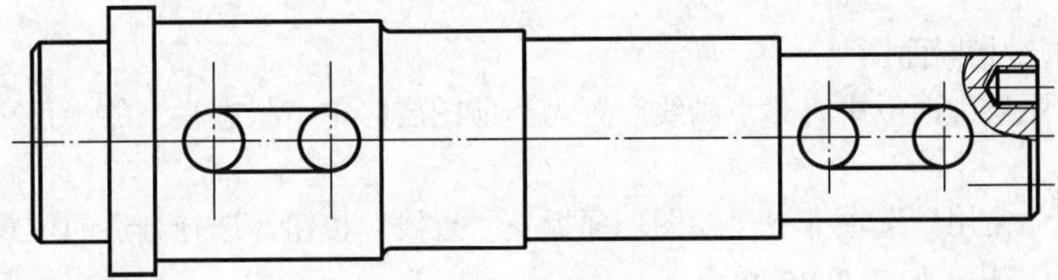

图 3-92　绘制键槽

③ 单击“常用”选项卡→“修改”面板→“修剪”按钮，修剪掉键槽中多余的半圆，效果如图 3-93 所示。

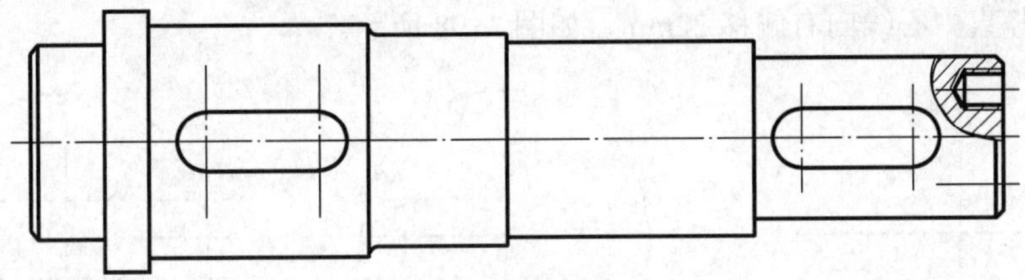

图 3-93　键槽轮廓

④ 将“粗实线”置为当前图层，单击“常用”选项卡→“绘图”面板→“直线”按钮，在轴轮廓外键槽中间绘制长度为 3mm 的竖直线，然后单击“常用”选项卡→“注释”

面板→“引线”按钮，绘制箭头向右指向的一段引线，且引线端点与粗短线端点相交，形成一个剖切符号，如图 3-94 所示。

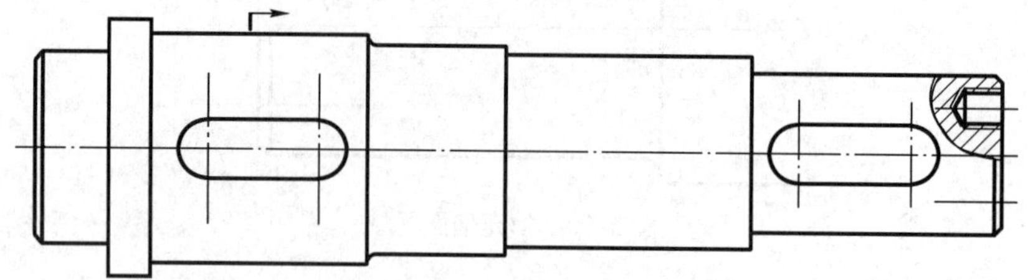

图 3-94　绘制剖切符号

⑤ 用步骤④的方法绘制ϕ42 轴段所需的剖切符号，然后单击“常用”选项卡→“修改”面板→“镜像”按钮，以中心线为镜像对称中心线镜像所绘制的剖切符号。

⑥ 单击“常用”选项卡→“注释”面板→“多行文字”按钮，用不同大写字母对剖切进行标注，如图 3-95 所示。

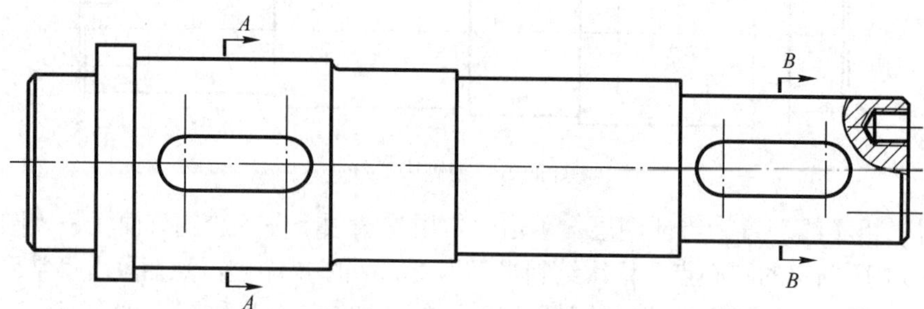

图 3-95　完整剖切符号

（2）绘制键槽断面图

① 在“图层”面板中将“点画线”置为当前图层，单击状态栏上的“正交”按钮，打开正交方式。

② 单击“常用”选项卡→“绘图”面板→“直线”按钮，选择合适的位置，绘制垂直相交的一组中心线，如图 3-96 所示。

③ 单击“常用”选项卡→“绘图”面板→“圆”按钮，以中心线交点为圆心，以相应轴径为直径绘制整圆，如图 3-97 所示。

④ 单击“常用”选项卡→“修改”面板→“偏移”按钮，将水平中心线向上、下各偏移 8mm，将竖直中心线向右偏移 22mm，如图 3-98 所示。

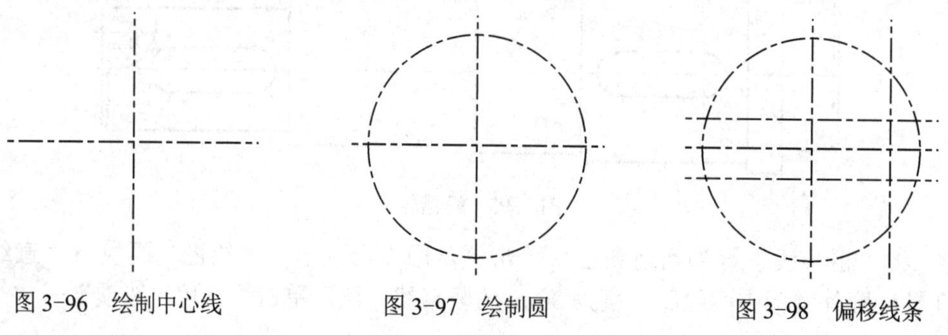

图 3-96　绘制中心线　　图 3-97　绘制圆　　图 3-98　偏移线条

⑤ 选择步骤③、④中所绘制生成的线条，在“常用”选项卡的“图层”面板中设定为“粗实线”，如图 3-99 所示。

⑥ 单击“常用”选项卡→“修改”面板→“修剪”按钮，参照图 3-1 所示的断面图修剪掉多余线条，如图 3-100 所示。

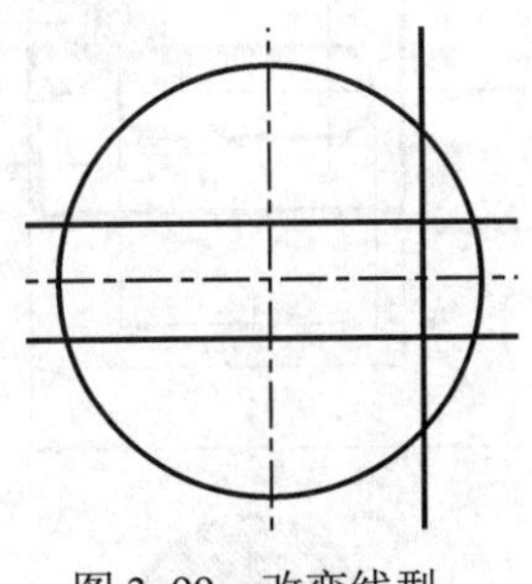

图 3-99 改变线型

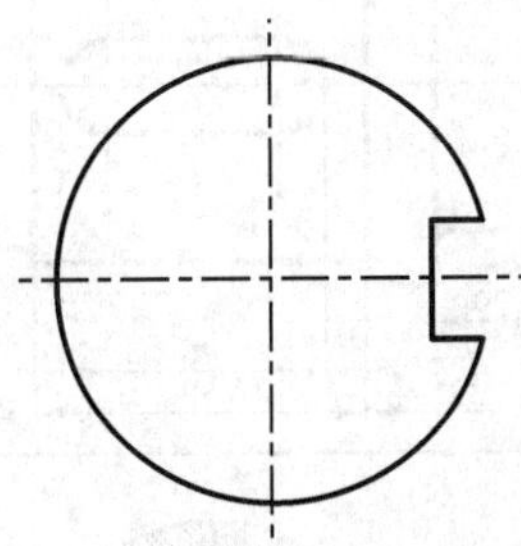

图 3-100 修剪线条

⑦ 在“图层”面板中将“细实线”置为当前图层，单击“常用”选项卡→“绘图”面板→“图案填充”按钮，选择需要填充剖面线的图形区域，然后在命令行中输入“T”，按〈Enter〉键弹出“图案填充和渐变色”对话框。

⑧ 在“图案填充”选项卡中将填充图案样式设置为“ANSI31”，将“角度”设置为 0，将“比例”设置为 1，单击“确定”按钮，完成剖面线的填充，如图 3-101 所示。

⑨ 单击“常用”选项卡→“注释”面板→“多行文字”按钮，对剖切进行标注，第一个剖视图对应其剖切符号用 *A—A* 表示，如图 3-102 所示。

⑩ 重复上述步骤，绘制另一轴段断面图 *B—B*，如图 3-103 所示。

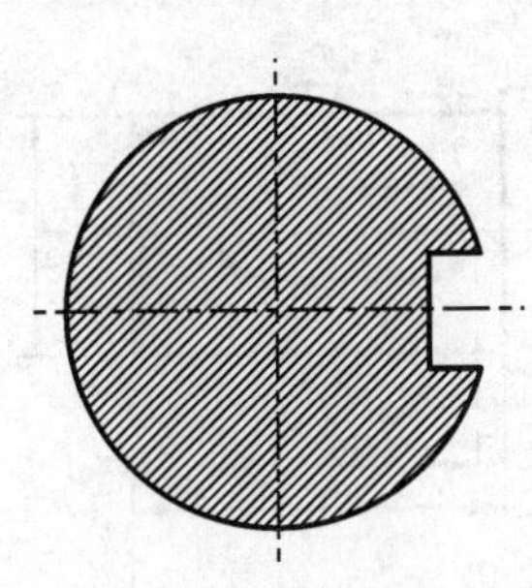

图 3-101 填充剖面线

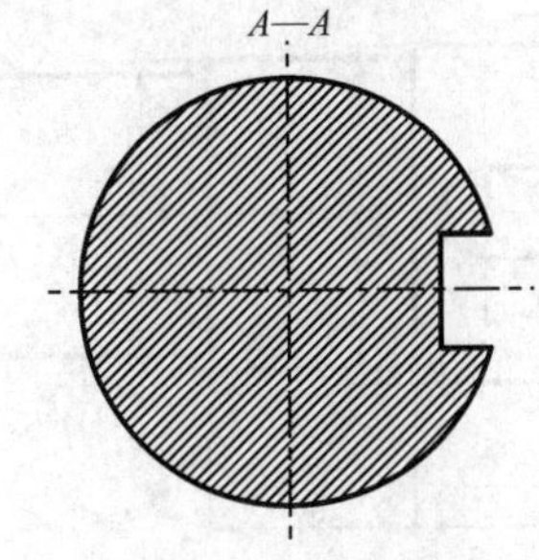

图 3-102 *A—A* 断面图

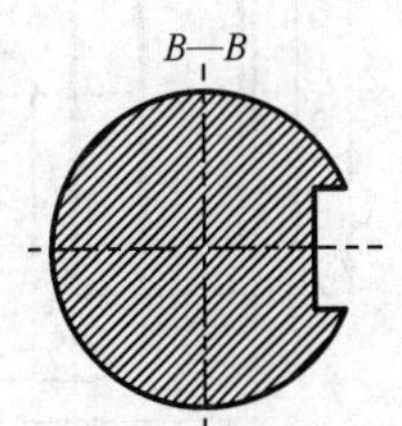

图 3-103 *B—B* 断面图

5. 标注尺寸

① 在“图层”面板中将“细实线”设置为当前图层。

② 单击“注释”选项卡→“标注”面板→“标注样式”按钮，弹出“标注样式管理器”对话框，单击“修改”按钮，弹出“修改标注样式”对话框，切换到“文字”选项卡，将“文字高度”设置为 3.5，单击“确定”按钮，返回“标注样式管理器”对话框。

③ 单击“新建”按钮，弹出“创建新标注样式”对话框，将“新样式名”设为“直径”，然后单击“继续”按钮，弹出“新建标注样式”对话框，切换到“主单位”选项卡，在“前缀”文本框中输入“%%C”，单击“确定”按钮结束标注样式的设置。

④ 单击“注释”选项卡→“标注”面板→“标注样式”按钮，弹出“标注样式管理器

器”对话框，将“ISO-25”置为当前标注样式。然后单击“线性”按钮，对图中的轴向尺寸进行标注，效果如图 3-104 所示。

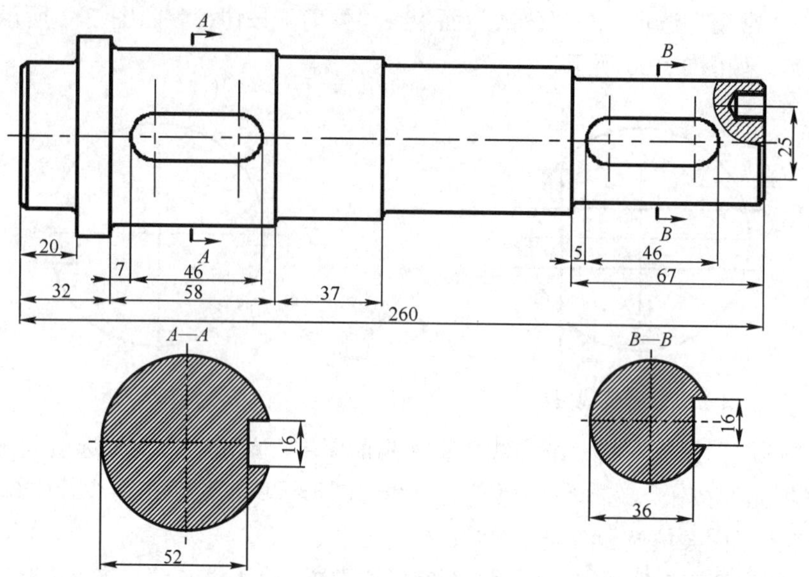

图 3-104　轴向尺寸标注

⑤ 单击“注释”选项卡→“标注”面板→“标注样式”按钮，弹出“标注样式管理器”对话框，将“直径”置为当前标注样式。然后单击“线性”按钮，对图中的径向尺寸进行标注，效果如图 3-105 所示。

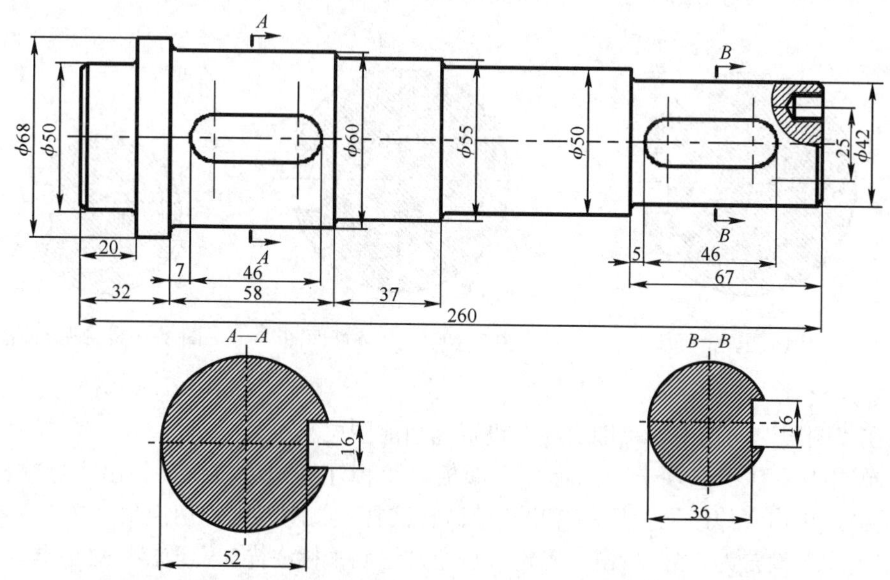

图 3-105　径向尺寸标注

⑥ 双击尺寸数字“ϕ68”，弹出多行文字编辑器，在 68 后输入（+0.021^+0.002），然后选中括号中的内容，单击“格式”面板中的“堆叠”按钮 $\frac{b}{a}$ 堆叠，关闭文字编辑器以确定修改。

⑦ 重复步骤⑥，对所有有公差要求的尺寸进行修改，效果如图 3-106 所示。

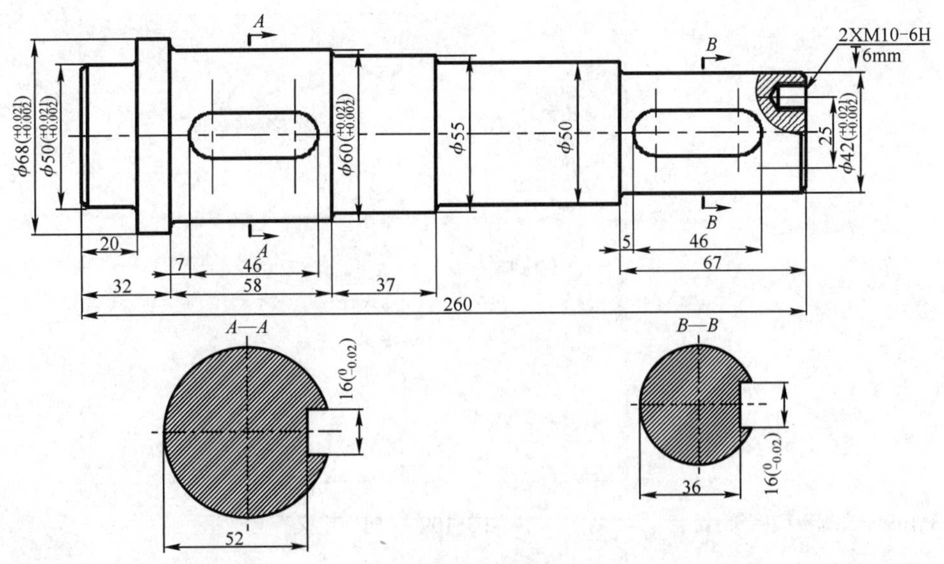

图 3-106 公差标注

⑧ 单击“注释”选项卡→“标注”面板→“引线”按钮，对螺纹孔尺寸进行标注，如图 3-107 所示。

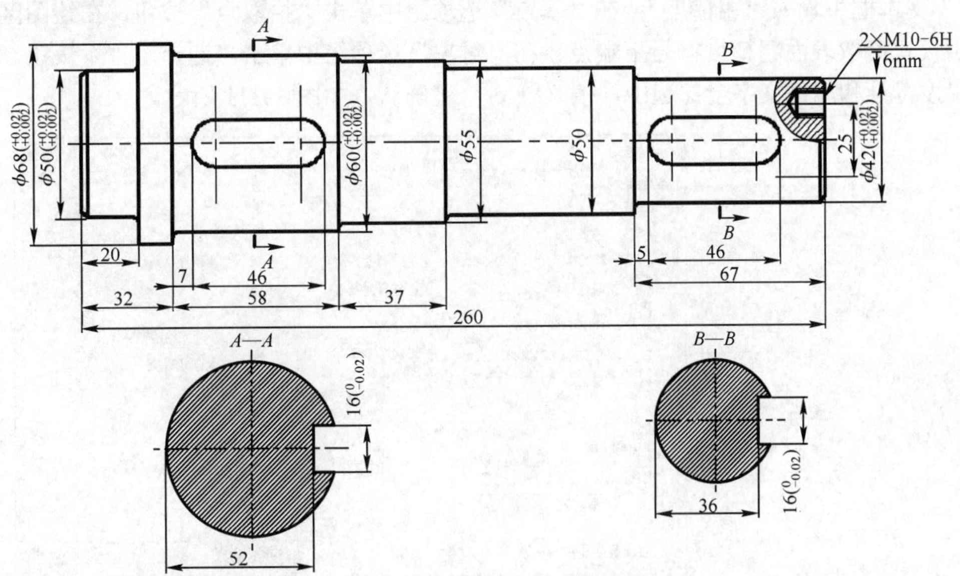

图 3-107 螺纹孔标注

6. 标注表面粗糙度

① 在“图层”面板中将“细实线”置为当前图层，单击“常用”选项卡→“绘图”面板→“直线”按钮，绘制粗糙度基础符号，然后单击“常用”选项卡→“注释”面板→“多行文字”按钮，在粗糙度基础符号中填写代号“*Ra*”，效果如图 3-108 所示。

② 单击“常用”选项卡→“块”面板→“定义属性”按钮，弹出“属性定义”对话框。

③ 设置“属性”选项组：在“标记”文本框中输入“RA”，在“提示”文本框中输入“输入表面粗糙度数值”，在“默认”文本框中输入“1.6”，如图 3-109 所示。

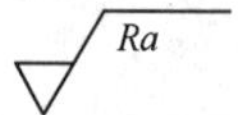

图 3-108　绘制粗糙度符号

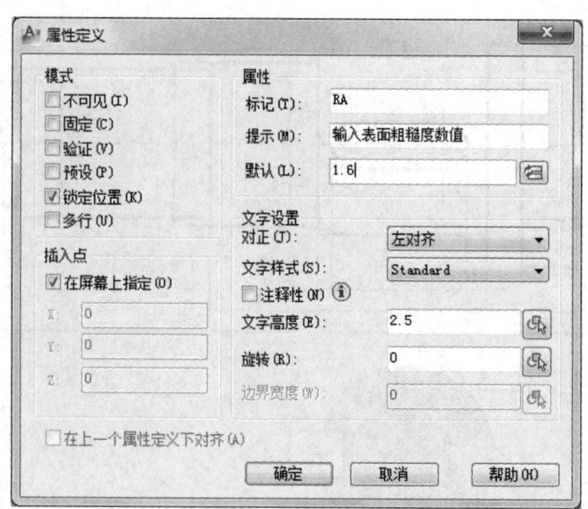

图 3-109　“属性定义”对话框

④ 单击“确定”按钮，在步骤①所绘制的表面粗糙度符号 *Ra* 后边单击，完成属性定义操作，如图 3-110 所示。

⑤ 单击“常用”选项卡→“块”面板→“创建”按钮，弹出“块定义”对话框，在“名称”文本框中输入“粗糙度”；在“基点”选项组中单击“拾取点”按钮，在绘图区中通过捕捉模式拾取表面粗糙度符号下端点；在“对象”选项组中单击“选择对象”按钮，将表面粗糙度符号和属性文字全部选中，按〈Enter〉键确认，如图 3-111 所示。

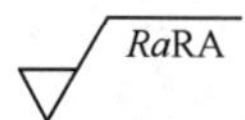

图 3-110　属性定义

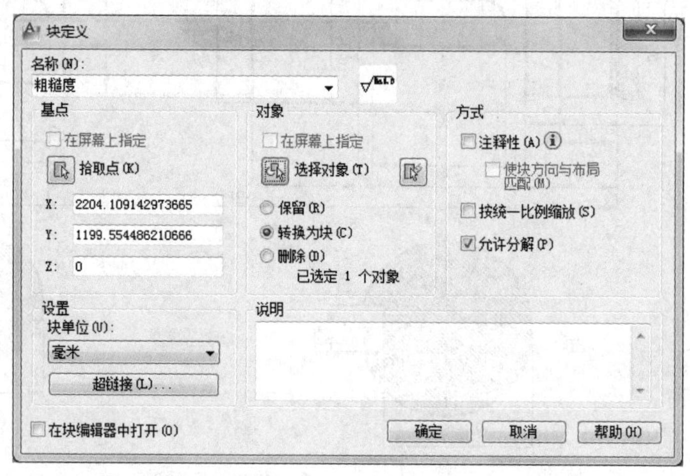

图 3-111　创建块

⑥ 单击“确定”按钮，完成创建块的操作。

⑦ 单击“常用”选项卡→“块”面板→“插入”按钮，弹出“插入”对话框，在“名称”文本框中选择“粗糙度”，如图 3-112 所示，单击“确定”按钮。

⑧ 在绘图区中需要标注粗糙度的位置单击，系统提示“输入粗糙度数值”，输入相应数值后按〈Enter〉键确认。

⑨ 重复步骤⑧，完成所有表面粗糙度的标注，结果如图 3-113 所示。

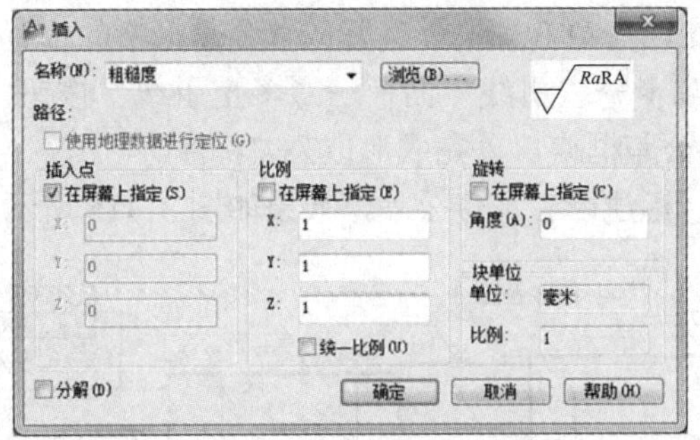

图 3-112 插入块

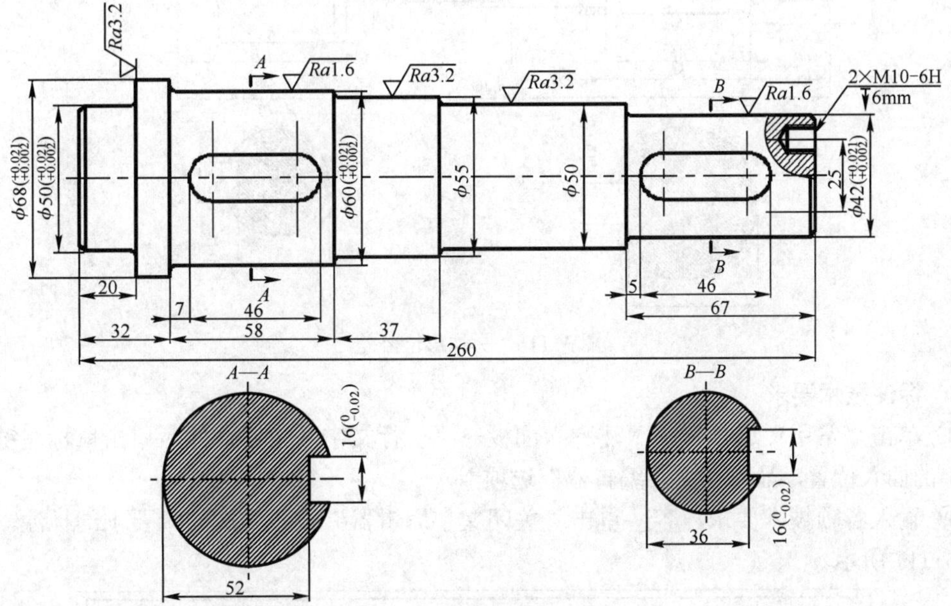

图 3-113 标注表面粗糙度

7. 标注形位公差

① 在Φ50 轴段外侧绘制形位公差基准代号，并使其与径向尺寸线对齐，如图 3-114 所示。

② 单击“注释”选项卡→“标注”面板→“公差”按钮，弹出“形位公差”对话框。

③ 在“形位公差”对话框中单击“符号”下的黑框，弹出“特征符号”对话框，单击“圆跳动”符号，此时会自动关闭对话框。

④ 在“公差 1”文本框中输入“0.05”，在“基准”文本框中输入“A”，如图 3-115 所示。

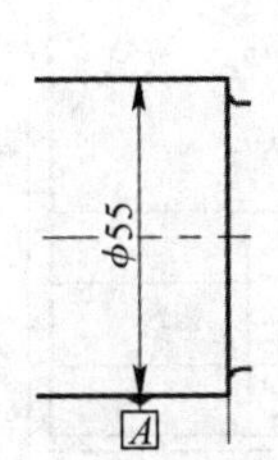

图 3-114 绘制基准代号

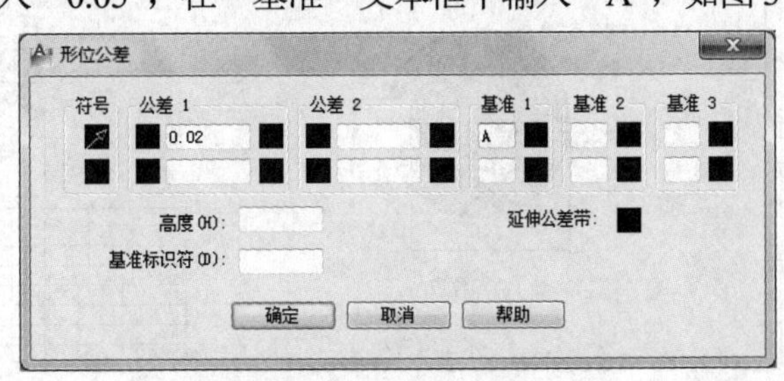

图 3-115 设置形位公差

⑤ 单击“确定”按钮，在Φ60 轴段外选好放置公差框格的位置，然后单击确定。

⑥ 单击“注释”选项卡→“引线”面板→“多重引线”按钮，将引线箭头指向Φ60 轴段外表面，基线位置指向公差框格，以完成形位公差标注。

⑦ 重复步骤②～⑥，标注所有形位公差，效果如图 3-116 所示。

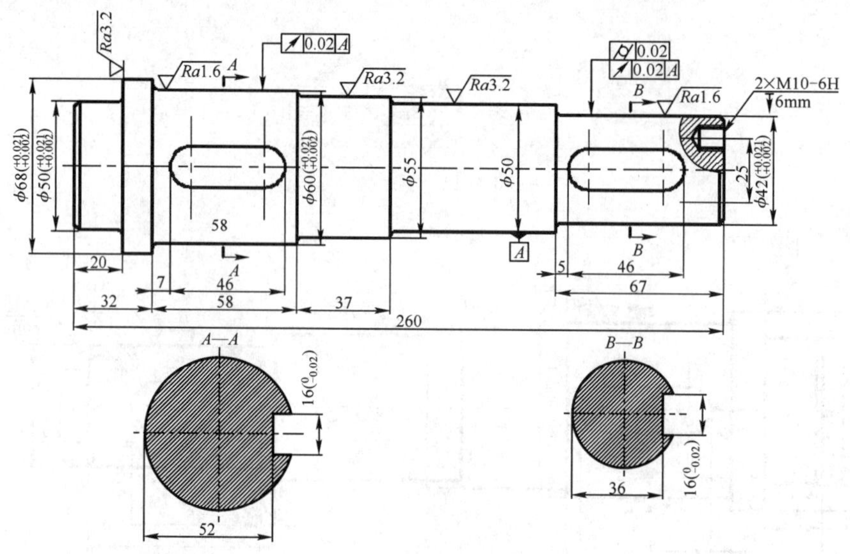

图 3-116　标注形位公差

8．标注技术要求

① 单击“常用”选项卡→“注释”面板→“多行文字”按钮，然后单击鼠标左键，确定文字的插入位置，显示“文字编辑器”选项卡。

② 输入各项技术要求内容，单击“关闭文字编辑器”按钮完成技术要求的标注，效果如图 3-117 所示。

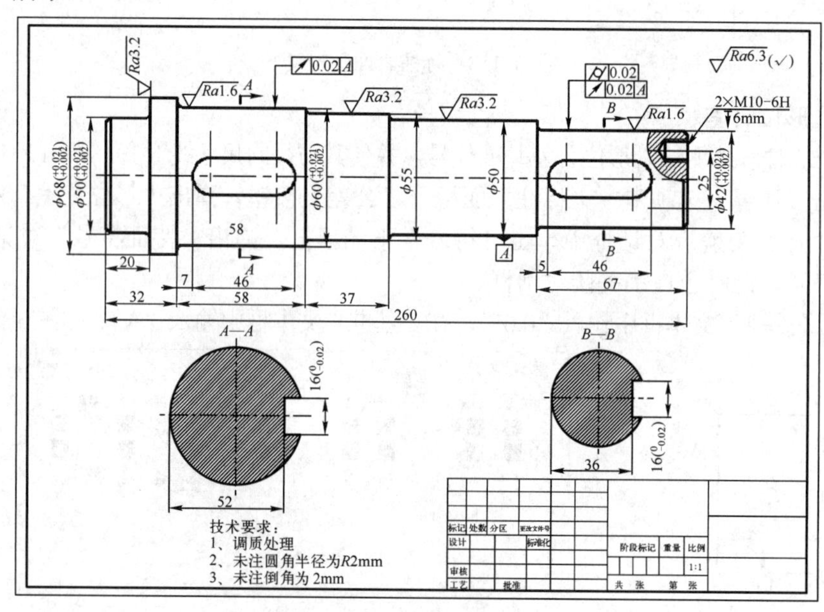

图 3-117　标注技术要求

3.1.4 典型例题

这里以图 3-118 为例，简单总结一下轴零件图的绘制步骤。

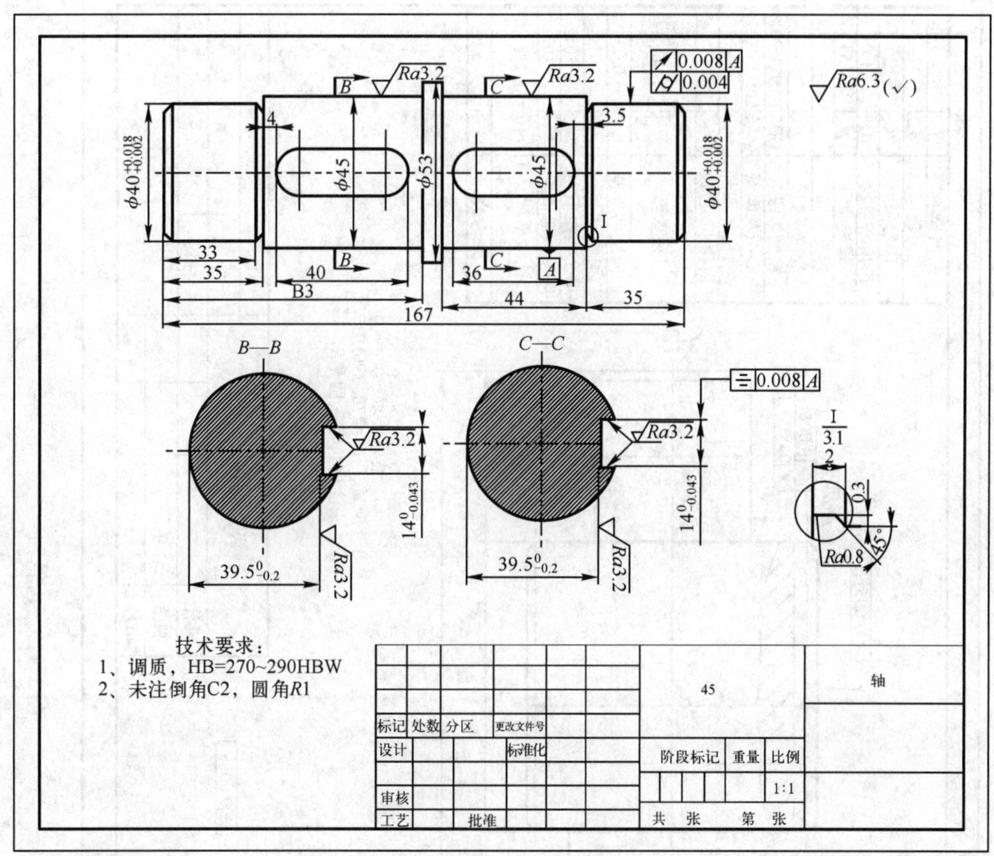

图 3-118　轴零件图

解题思路：

① 绘制图框和标题栏。

② 绘制主视图。

③ 绘制键槽及断面图。

④ 绘制局部放大图。

⑤ 标注尺寸。

⑥ 标注表面粗糙度及形位公差。

⑦ 填写技术要求。

3.1.5 实战训练

绘制图 3-119、图 3-120 所示的轴。

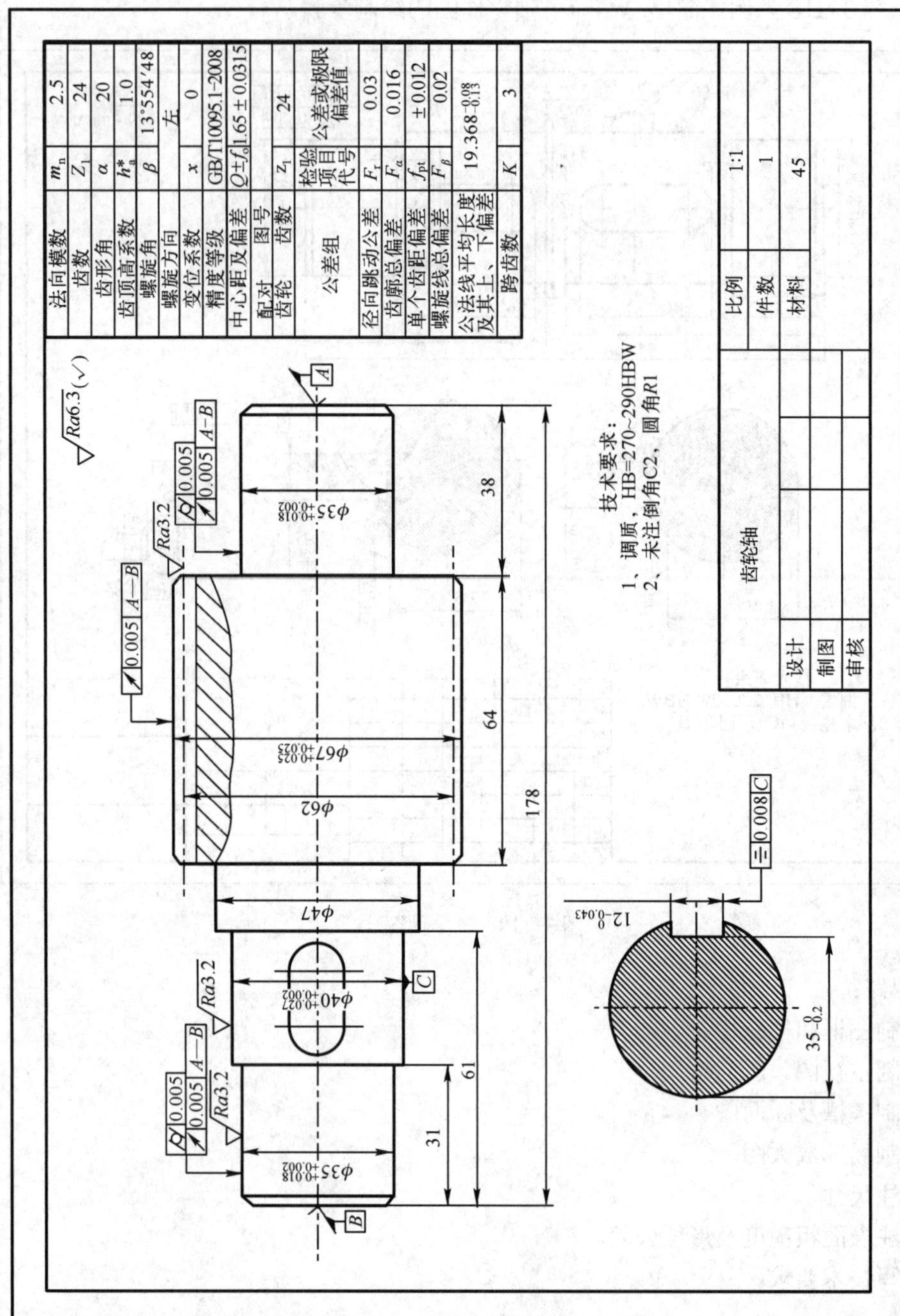
Ra6.3(√)
Ra3.2
0.005 A—B
0.005
A
B
C
φ35+0.018+0.002
φ40+0.027+0.002
φ47
φ62
φ67+0.025
38
64
178
61
31
35-0.2
12-0.043
0.008 C
法向模数 mn 2.5
齿数 Z1 24
齿形角 α 20
齿顶高系数 ha* 1.0
螺旋角 β 13°554′48
螺旋方向 左
变位系数 x 0
精度等级 GB/T10095.1-2008
中心距及偏差 Q±fa 1.65±0.0315
配对齿轮 图号
齿数 z1 24
公差组 检验项目代号 公差或极限偏差值
径向跳动公差 Fr 0.03
齿廓总偏差 Fα 0.016
单个齿距偏差 fpt ±0.012
螺旋线总偏差 Fβ 0.02
公法线平均长度及其上、下偏差 19.368-0.08-0.13
跨齿数 K 3
技术要求：
1、调质，HB=270~290HBW
2、未注倒角C2，圆角R1
齿轮轴
比例 1:1
件数 1
材料 45
设计
制图
审核

图 3-119 齿轮轴

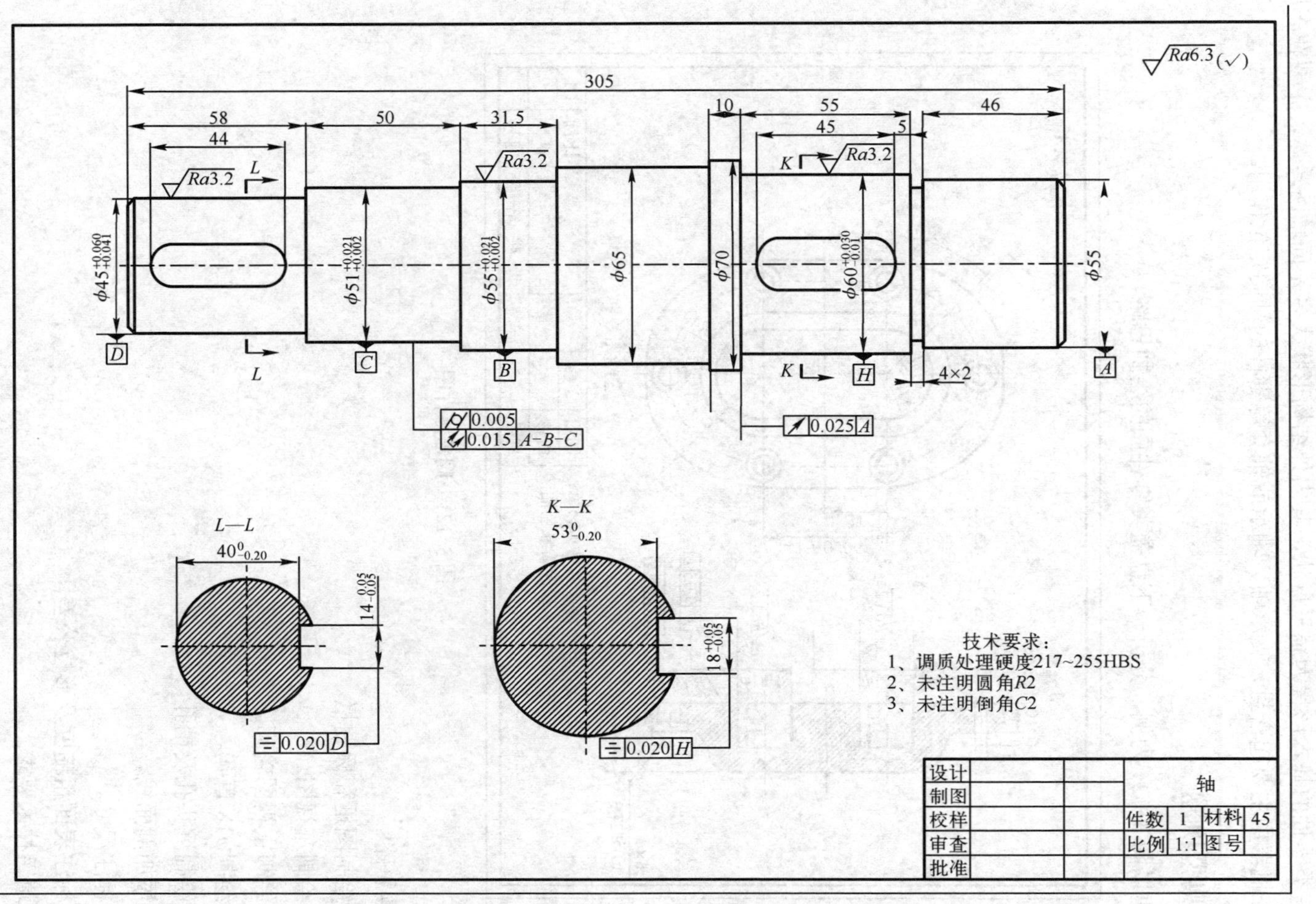
Ra6.3 (✓)
305
58
44
50
31.5
10
55
45
5
46
Ra3.2
Ra3.2
Ra3.2
L
L
K
K
φ45 +0.060 +0.041
φ51 +0.021 +0.002
φ55 +0.021 +0.002
φ65
φ70
φ60 +0.030 -0.01
φ55
D
C
B
H
A
4×2
0.005
0.015 A-B-C
0.025 A
L—L
40 0 -0.20
14 -0.05 -0.05
0.020 D
K—K
53 0 -0.20
18 +0.05 -0.05
0.020 H
技术要求：
1、调质处理硬度217~255HBS
2、未注明圆角R2
3、未注明倒角C2
设计
制图
校样
审查
批准
轴
件数 1 材料 45
比例 1:1 图号

图 3-120　阶梯轴

任务 3.2　绘制盘盖类零件图

盘盖类零件的基本形状为扁平盘状，其内外结构形状大多是同轴回转体，主要在车床上加工，在机器中主要起密封、支承轴、轴承或轴套等零件的轴向定位作用。

3.2.1　典型例题

这里以图 3-121 为例，分析一下盘盖类零件图的绘制思路。

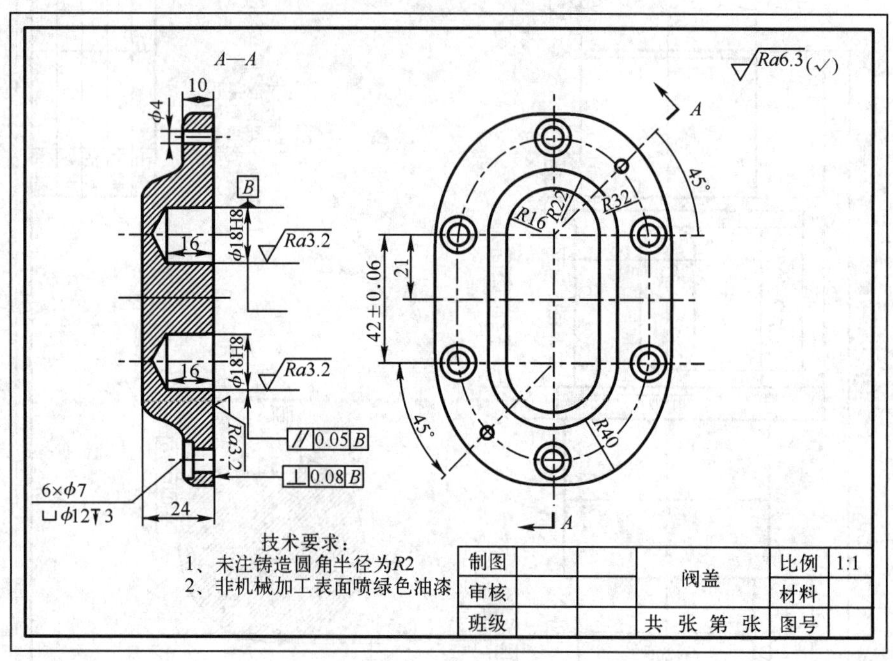

图 3-121　阀盖零件图

解题思路：

① 绘制图框和标题栏。

② 绘制左视图。

③ 绘制主视图轮廓。

④ 绘制ϕ18 盲孔。

⑤ 绘制沉头孔及销孔。

⑥ 添加剖面线。

⑦ 标注尺寸。

⑧ 标注表面粗糙度及形位公差。

⑨ 填写技术要求。

3.2.2　实战训练

绘制图 3-122、图 3-123 所示的盘盖类零件。

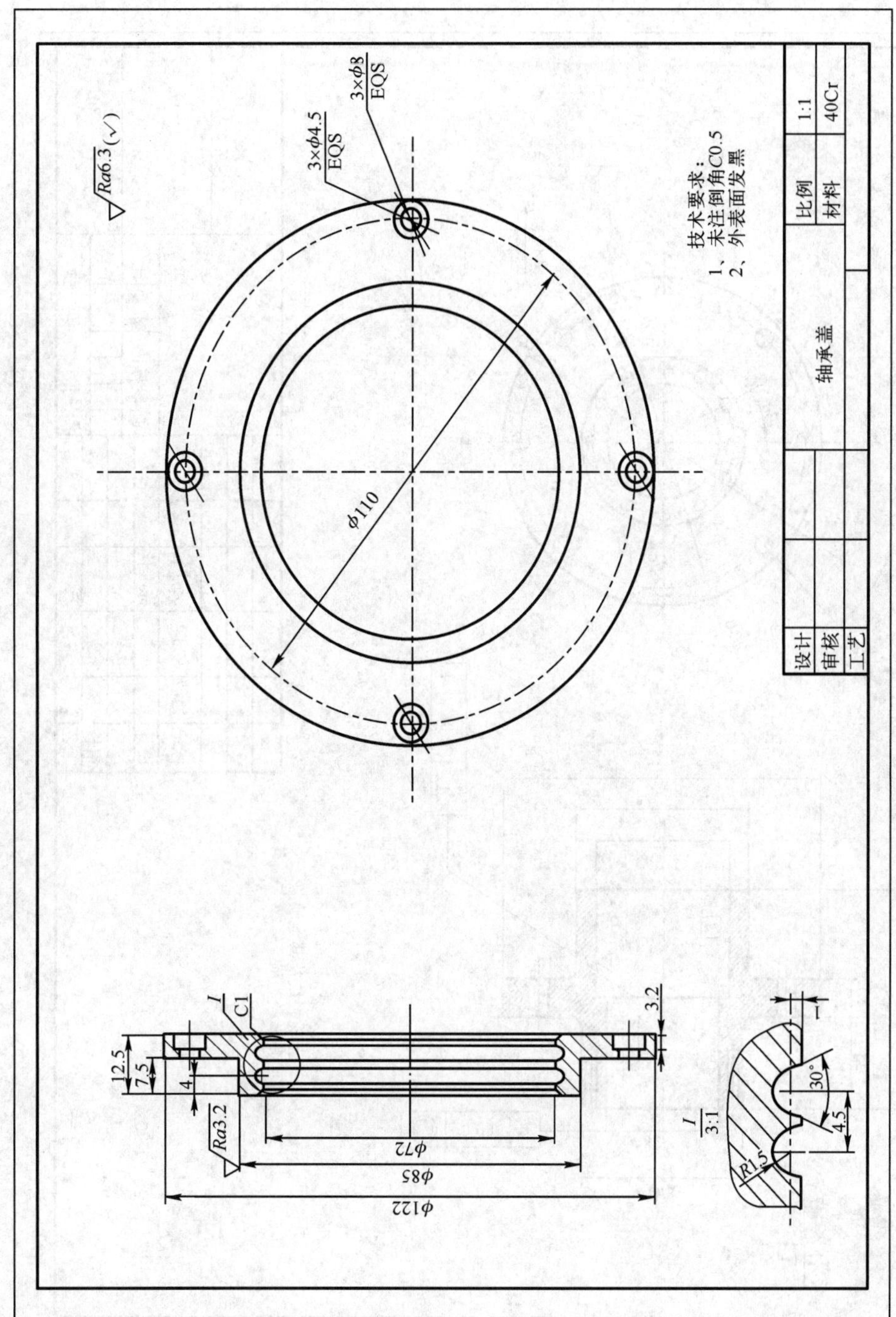

Ra6.3(√)
3×φ4.5
EQS
3×φ8
EQS
φ110
技术要求：
1、未注倒角C0.5
2、外表面发黑
设计
审核
工艺
轴承盖
比例
1:1
材料
40Cr
12.5
7.5
4
Ra3.2
φ72
φ85
φ122
I
C1
3.2
I
3:1
30°
4.5
R1.5

图3-122 轴承盖

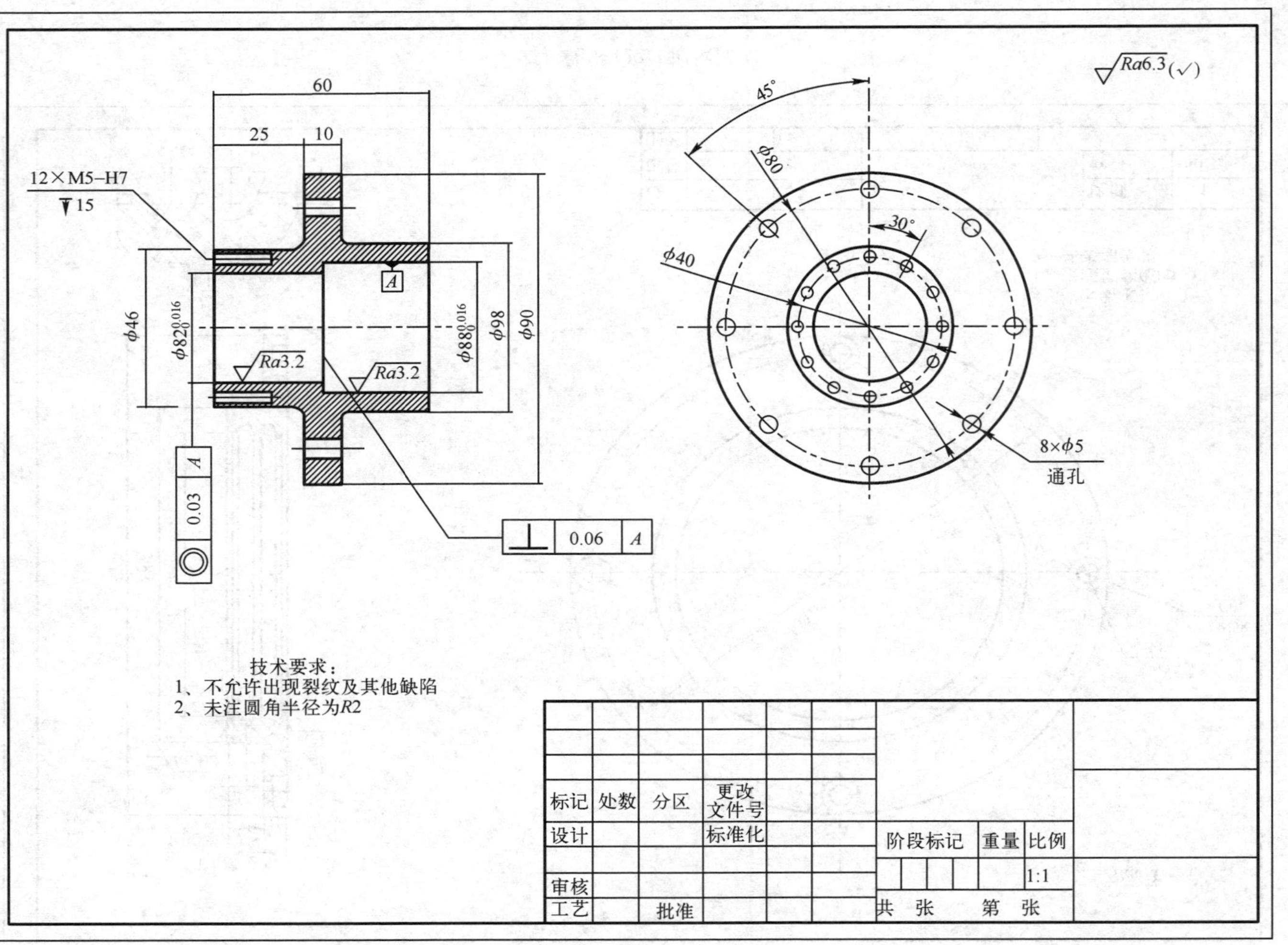

Ra6.3(√)
60
25
10
12×M5-H7
15
A
φ46
φ82 0 +0.016
φ88 0 +0.016
φ98
φ90
Ra3.2
Ra3.2
0.03
A
0.06
A
45°
φ80
30°
φ40
8×φ5
通孔
技术要求：
1、不允许出现裂纹及其他缺陷
2、未注圆角半径为R2
标记
处数
分区
更改文件号
设计
标准化
审核
工艺
批准
阶段标记
重量
比例
1:1
共　张
第　张

图3-123　端盖

任务 3.3　绘制叉架类零件图

叉架类零件包括各种用途的连杆、曲柄、拨叉和支架，主要用于各种机器的操纵机构，起到操纵机器、调节速度或支撑和连接等作用。

3.3.1　典型例题

这里以图 3-124 为例，分析一下叉架类零件图的绘制思路。

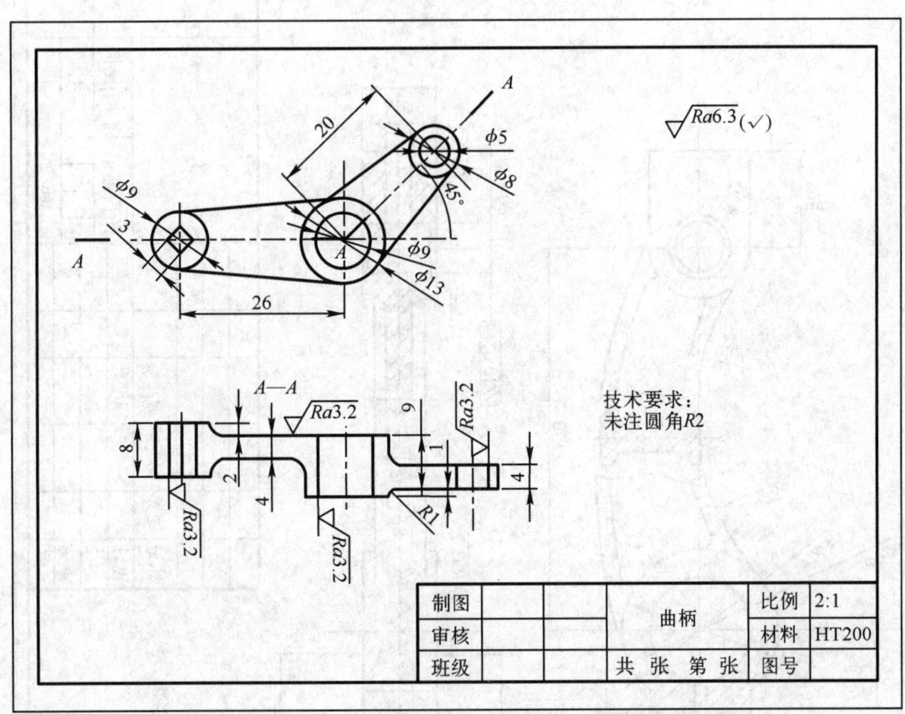

图 3-124　曲柄

解题思路：

① 绘制图框和标题栏。

② 绘制主视图。

③ 绘制俯视图轮廓，注意两相交剖切平面剖视图的绘制方法。

④ 添加俯视图剖面线。

⑤ 标注尺寸。

⑥ 标注表面粗糙度及形位公差。

⑦ 填写技术要求。

3.3.2　实战训练

绘制图 3-125、图 3-126 所示的叉架类零件。

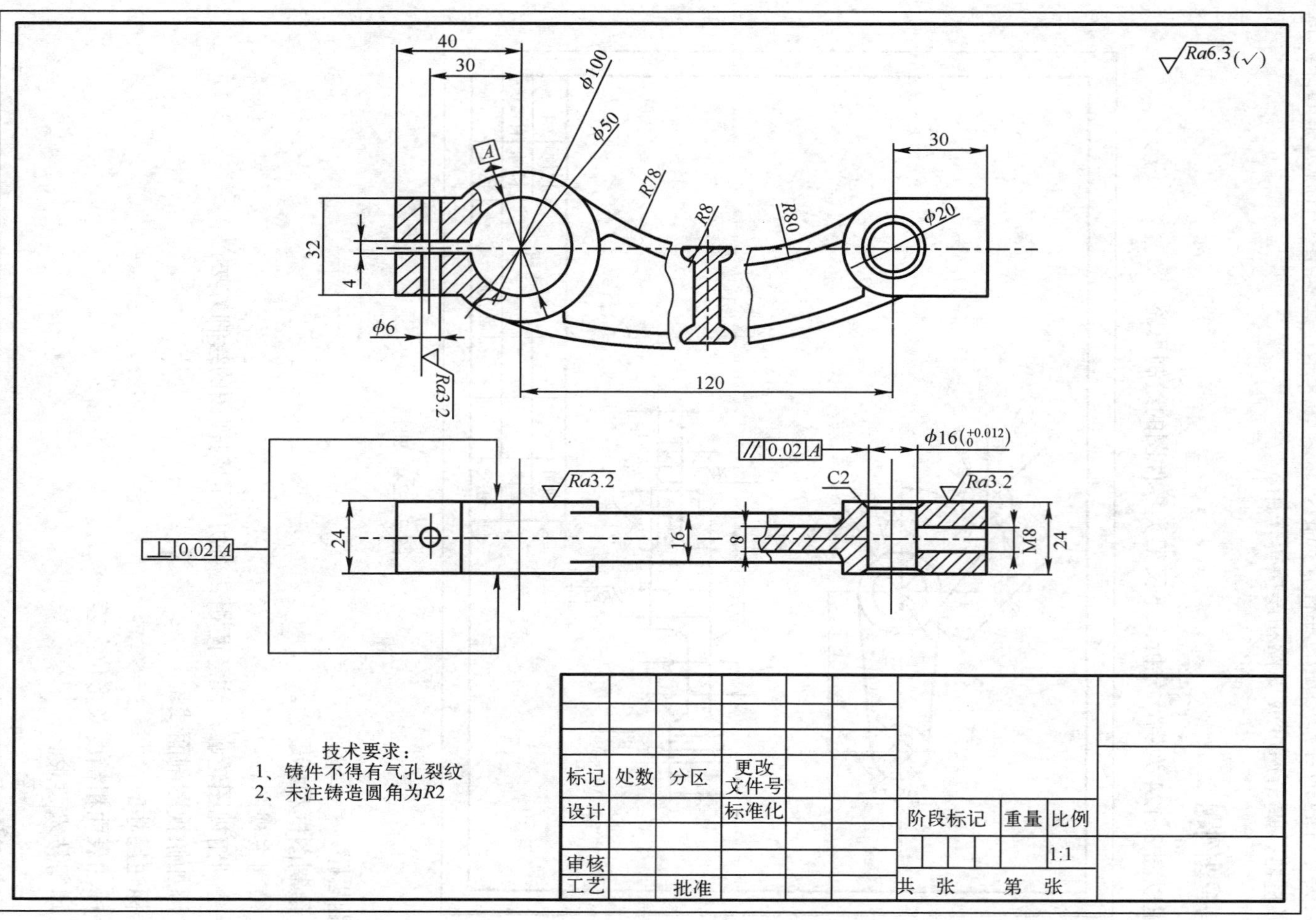
Ra6.3(✓)
40
30
φ100
φ50
A
R78
R8
R80
30
φ20
32
4
φ6
Ra3.2
120
φ16($^{+0.012}_{0}$)
0.02 A
C2
Ra3.2
Ra3.2
0.02 A
24
16
8
M8
24
技术要求：
1、铸件不得有气孔裂纹
2、未注铸造圆角为R2
标记 处数 分区 更改文件号
设计 标准化
审核
工艺 批准
阶段标记 重量 比例
1:1
共 张 第 张

图3-125　连杆

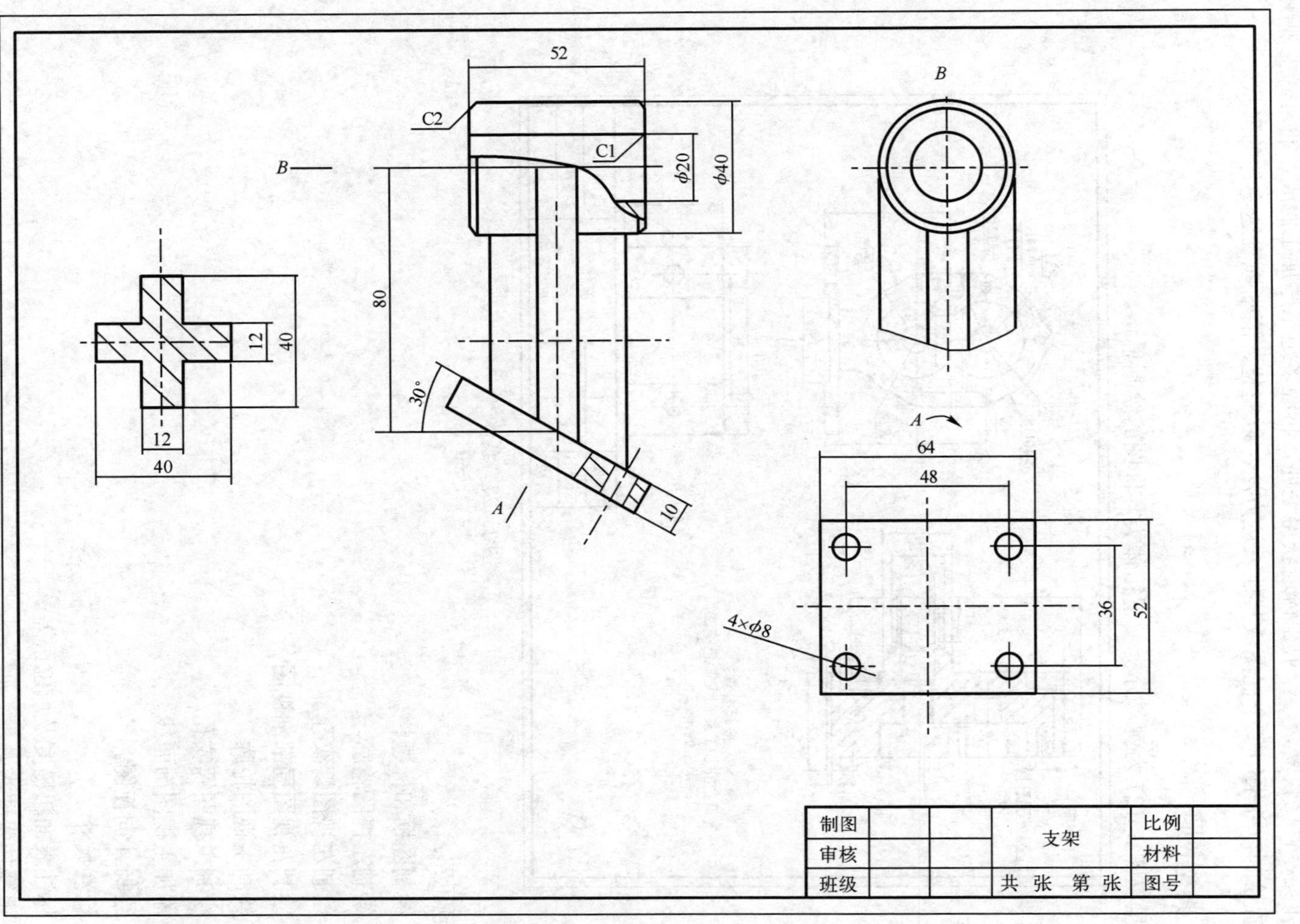
52
C2
C1
B
φ20
φ40
80
30°
12
40
12
40
A
10
A
64
48
4×φ8
36
52
制图
审核
班级
支架
共 张 第 张
比例
材料
图号
图3-126 支架

任务 3.4　绘制箱体类零件图

箱体类零件比较复杂，一般由铸造获得毛坯，再经多道工序加工而成。通常，主视图按安装位置绘制，并采用多个视图或其他表达方法，以完整、清晰地表达零件的形状。

3.4.1　典型例题

这里以图 3-127 为例，分析一下箱体类零件图的绘制思路。

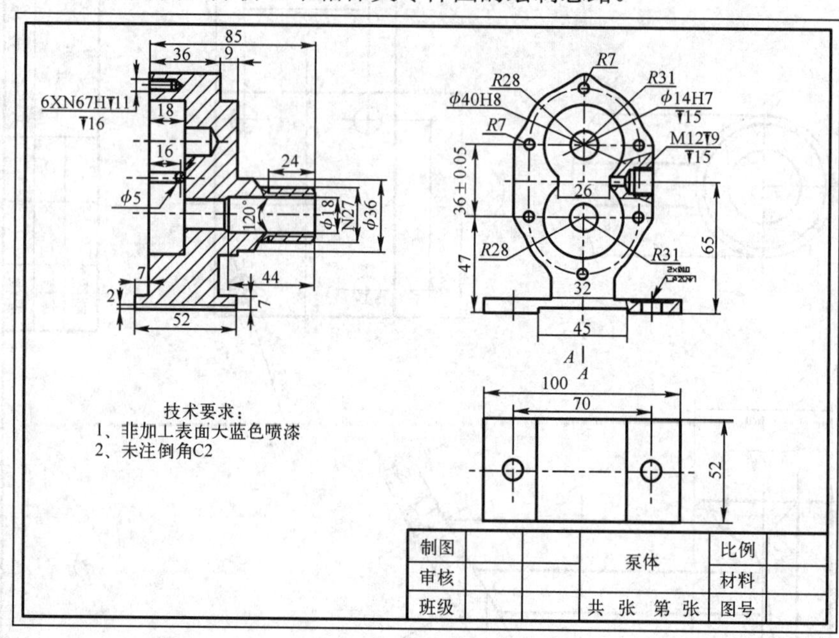

图 3-127　泵体

解题思路：

① 绘制图框和标题栏。

② 绘制左视图轮廓。

③ 绘制左视图螺纹孔。

④ 绘制左视图局部剖视图。

⑤ 绘制主视图轮廓。

⑥ 绘制主视图螺纹孔。

⑦ 添加主视图剖面线。

⑧ 绘制 *A* 向视图。

⑨ 标注尺寸。

⑩ 标注表面粗糙度及形位公差。

⑪ 填写技术要求。

3.4.2　实战训练

绘制图 3-128、图 3-129 所示的箱体类零件。

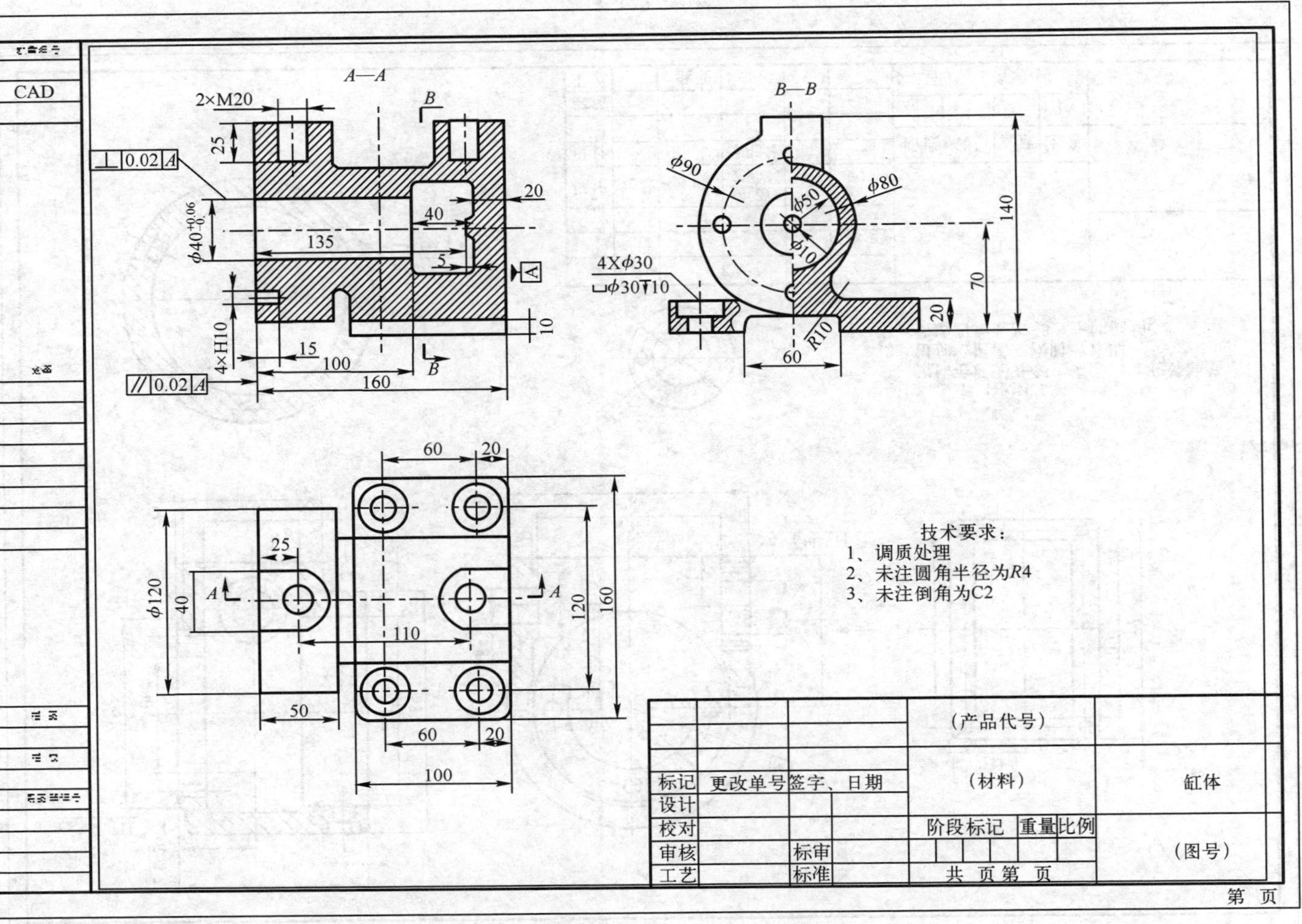

CAD
A—A
B—B
2×M20
4×H10
⊥ 0.02 A
// 0.02 A
4Xϕ30
⌴ϕ30↧10
ϕ90
ϕ80
ϕ50
ϕ10
ϕ120
R10
技术要求：
1、调质处理
2、未注圆角半径为R4
3、未注倒角为C2
（产品代号）
标记
更改单号
签字、日期
（材料）
缸体
设计
校对
阶段标记
重量
比例
审核
标审
（图号）
工艺
标准
共 页 第 页
第 页

图3-128 缸体

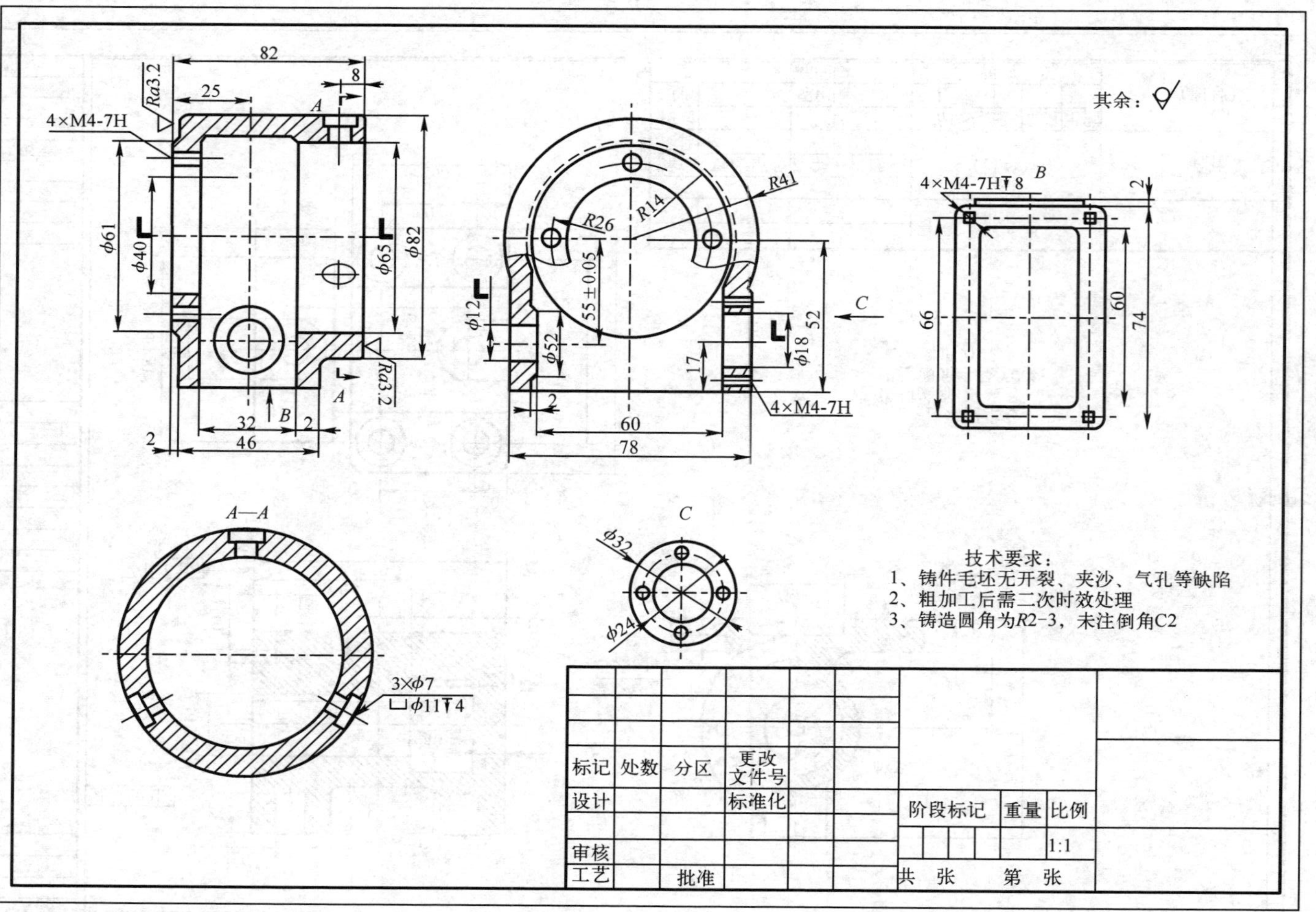
其余：
82
25
8
Ra3.2
4×M4-7H
A
ϕ61
ϕ40
ϕ65
ϕ82
Ra3.2
A
32
B
2
2
46
R41
R14
R26
55±0.05
ϕ12
ϕ52
C
52
ϕ18
17
2
4×M4-7H
60
78
4×M4-7H↧8
B
2
66
60
74
A—A
3×ϕ7
⌴ϕ11↧4
C
ϕ32
ϕ24
技术要求：
1、铸件毛坯无开裂、夹沙、气孔等缺陷
2、粗加工后需二次时效处理
3、铸造圆角为R2-3，未注倒角C2
标记
处数
分区
更改文件号
设计
标准化
阶段标记
重量
比例
1:1
审核
工艺
批准
共 张
第 张

图3-129　箱体

项目 4　绘制装配图

本项目介绍绘制装配图的步骤。

任务 4.1　根据零件图绘制机用虎钳装配图

4.1.1　任务引领

本任务利用机用虎钳的零件图完成装配图，结果如图 4-1 所示。

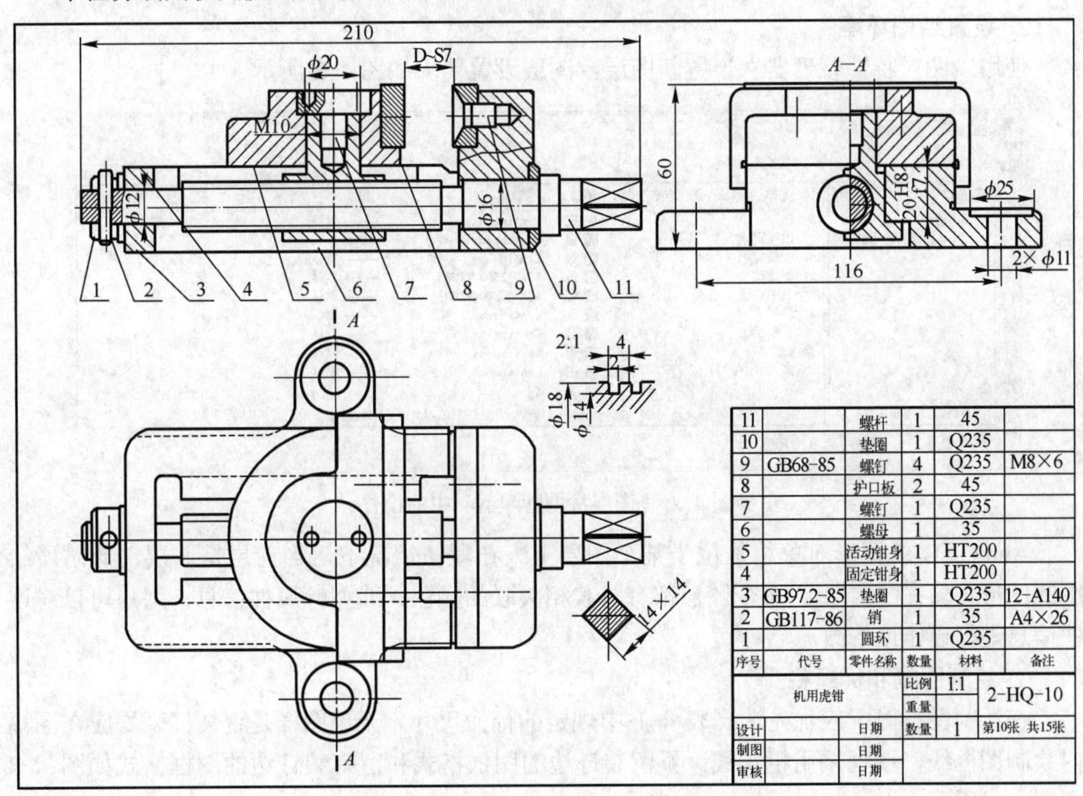

图 4-1　机用虎钳装配图

4.1.2　任务分析

若已经绘制了机器或部件的所有零件图，当需要一张完整的装配图时，就可以考虑利用零件图来拼装配图，这样能避免重复劳动，提高工作效率。

这一阶段主要完成以下工作：

① 确定各零件的主要尺寸，尺寸数值要精确，不能随意。对于关键结构及有关装配的地方更应精确地绘制。

② 图中相关零件（如固定钳身、活动钳身、螺杆等）要按正确尺寸绘制出外形图，安装尺寸要绘制正确。

③ 利用“复制”“粘贴”及“旋转”等命令模拟部件的工作位置，以确定关键尺寸及重要参数。

④ 通过查看“装配”后的图样迅速地判断配合尺寸的正确性。

4.1.3 绘图步骤

1. 新建文件

启动 AutoCAD 2012，选择“文件”菜单中的“新建”命令，弹出“选择模板”对话框，选择“acadiso.dwt”样板，单击“打开”按钮，进入 AutoCAD 绘图窗口，创建新图形文件，文件名为“装配图.dwg”。

2. 设置绘图环境

使用“图层特性管理器”设置新图层，图层设置要求如图 4-2 所示。

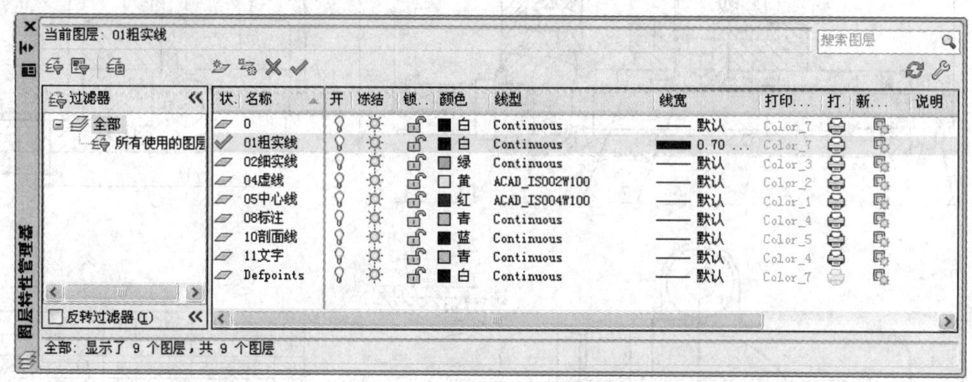

图 4-2 “图层特性管理器”中的设置

AutoCAD 的图形对象总是位于某个图层上。在默认情况下，当前层是 0 层，此时所绘制的图形对象在 0 层上。每个图层都有与其相关联的颜色、线型等属性信息，用户可以对这些信息进行设定或修改。

3. 绘制图幅和标题栏

在绘制图样时，应优先选择表 4-1 中规定的幅面尺寸。无论图样是否装订，均应在图幅内绘制图框线，图框采用粗实线。不留装订边的图框格式和留有装订边的图框格式如图 4-3 和图 4-4 所示。

表 4-1 图纸幅面尺寸

<table>
<tr><td colspan="2">幅面代号</td><td>A0</td><td>A1</td><td>A2</td><td>A3</td><td>A4</td></tr>
<tr><td colspan="2">尺寸 $L\times B$</td><td>841×1189</td><td>594×841</td><td>420×594</td><td>297×420</td><td>210×297</td></tr>
<tr><td rowspan="3">图框</td><td>a</td><td colspan="5">25</td></tr>
<tr><td>c</td><td colspan="3">10</td><td colspan="2">5</td></tr>
<tr><td>e</td><td colspan="2">20</td><td colspan="3">10</td></tr>
</table>

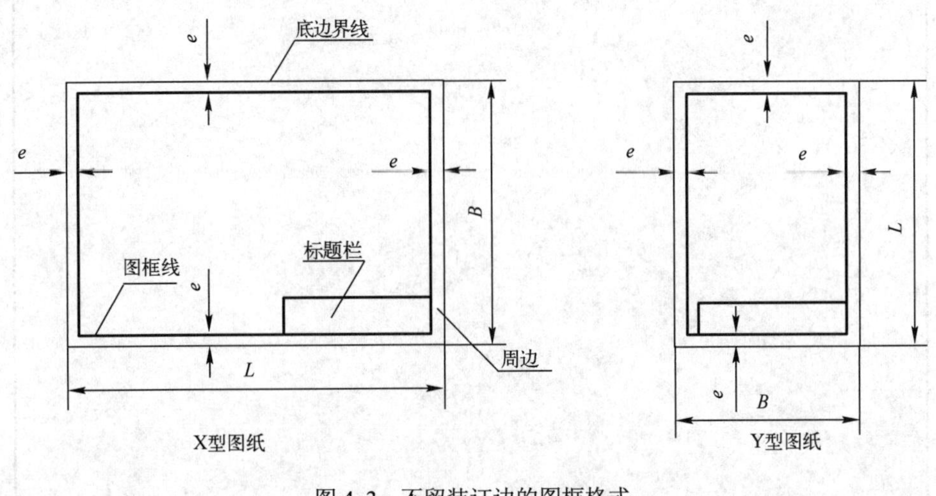

图 4-3　不留装订边的图框格式

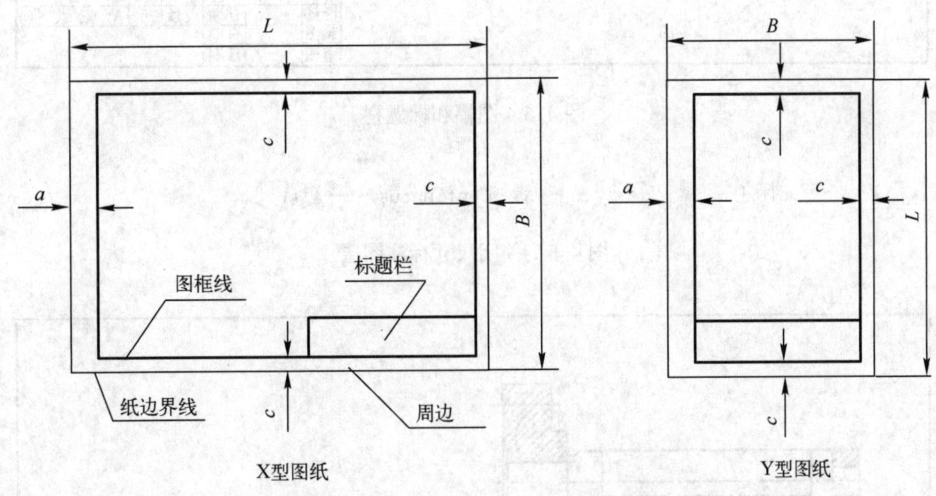

图 4-4　留有装订边的图框格式

在图框的右下角必须绘制标题栏，标题栏的外框是粗实线，内部的分栏用细实线绘制。对于标题栏的格式和尺寸，国家标准 GB/T 10609.1—2008 已做了统一的规定，读者可查阅。

利用直线命令、插入表格和添加文字等命令完成图幅和标题栏的绘制，如图 4-5 所示。

4. 绘制装配体

① 打开所需的零件图，关闭尺寸标注所在的图层，如图 4-6 所示。

② 在窗口中单击鼠标右键，从弹出的快捷菜单中选择“复制”命令，复制零件图主视图。然后切换到图形文件“装配图.dwg”，在窗口中单击鼠标右键，从弹出的快捷菜单中选择“粘贴”命令，结果如图 4-7 所示。

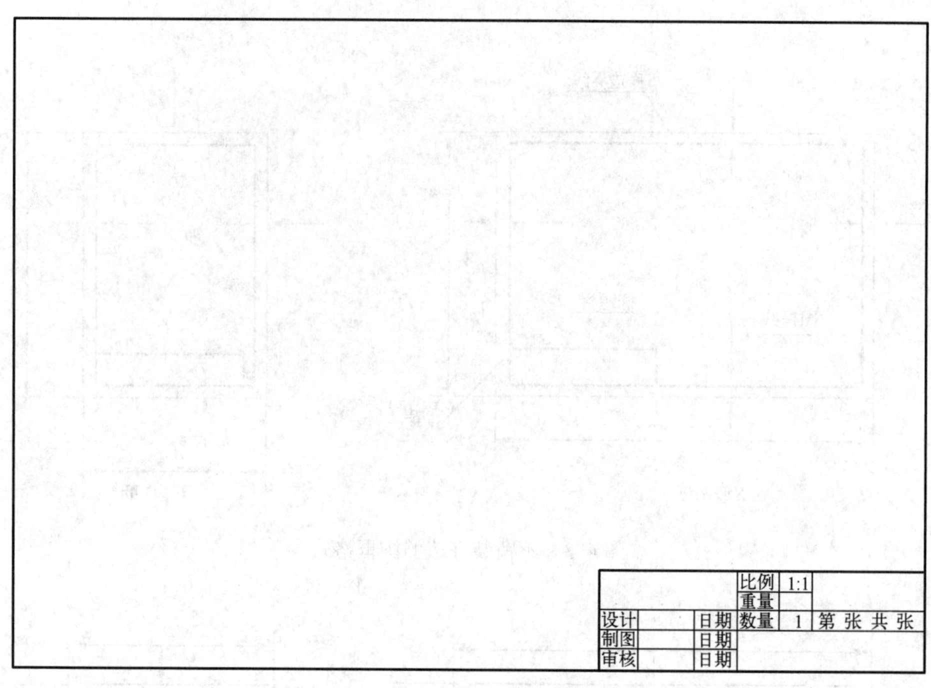

图 4-5 图幅和标题栏

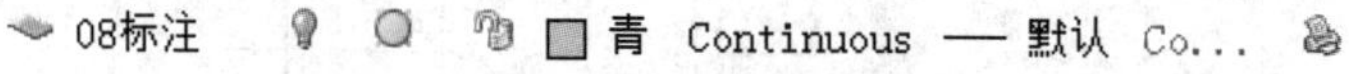

08标注 青 Continuous —— 默认 Co...

图 4-6 关闭尺寸标注图层

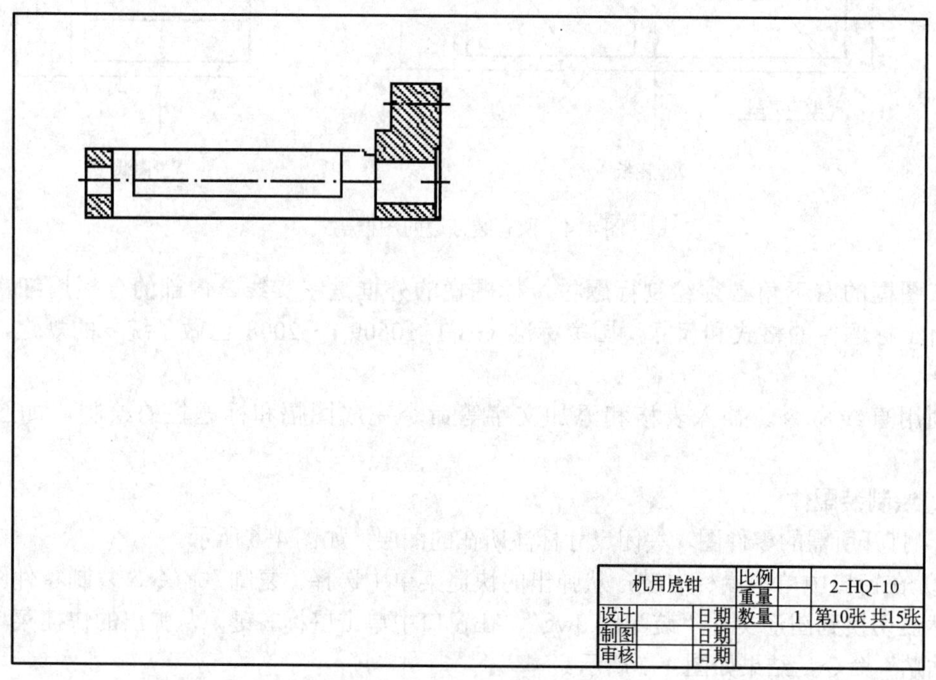

图 4-7 插入“固定钳身”

③ 切换到零件图“垫圈”中，在窗口中单击鼠标右键，从弹出的快捷菜单中选择“复制”命令，复制零件图主视图。然后切换到图形文件“装配图.dwg”，再重复“粘贴”命令。利用旋转和移动命令将“垫圈”安装在“固定钳身”上，使“垫圈”的端面与“固定钳身”的右端面台阶孔的内表面重合，如图 4-8 所示。由该图可以看出，两零件正确地配合在一起，它们的装配尺寸是正确的。

④ 使用和上述同样的方法，将零件“螺杆”与“固定钳身”装配在一起，使“螺杆”的端面与“垫圈”的右端面重合，结果如图 4-9 所示。

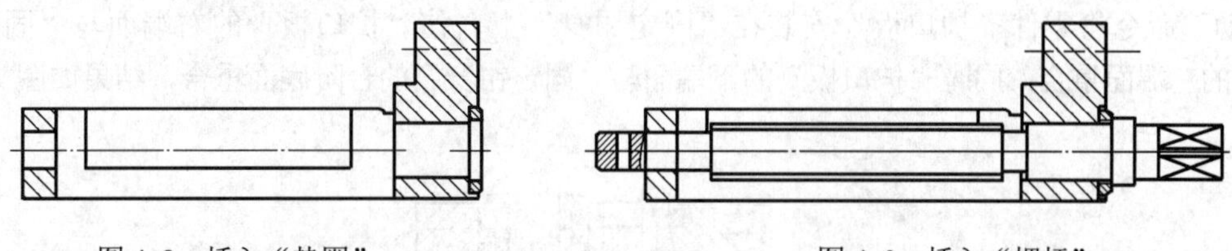

图 4-8 插入“垫圈”　　图 4-9 插入“螺杆”

⑤ 使用与上述同样的方法，将零件“垫圈 2”安装在“螺杆”上，使“固定钳身”的左端面与“垫圈 2”的右端面重合，结果如图 4-10 所示。

⑥ 使用与上述同样的方法，将零件“圆环”安装在“螺杆”上，使“圆环”的右端面与“垫圈 2”的左端面重合，结果如图 4-11 所示。

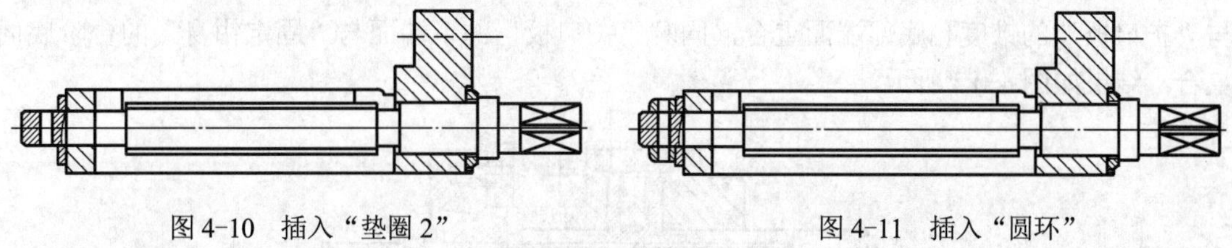

图 4-10 插入“垫圈 2”　　图 4-11 插入“圆环”

⑦ 使用与上述同样的方法，将零件“活动钳身”安装在“固定钳身”上，使“活动钳身”的底面与“固定钳身”的底面重合，结果如图 4-12 所示。

⑧ 使用与上述同样的方法，将零件“螺母”安装在“螺杆”上，使“螺母”与“螺杆”螺纹连接，结果如图 4-13 所示。

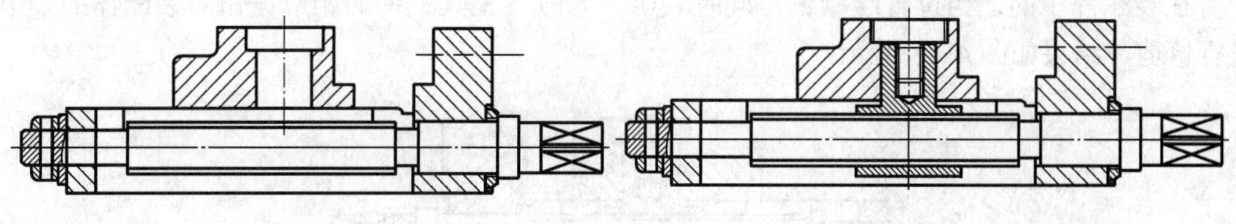

图 4-12 插入“活动钳身”　　图 4-13 插入“螺母”

⑨ 使用与上述同样的方法，将零件“螺钉”安装在“螺母”上，使“螺母”与“螺钉”螺纹连接，结果如图 4-14 所示。

⑩ 使用与上述同样的方法，将零件“护口板”安装在“活动钳身”上，使“护口板”的左端面与“活动钳身”的右端面重合，同时“护口板”的下端面与“活动钳身”的台阶底面重合，结果如图 4-15 所示。

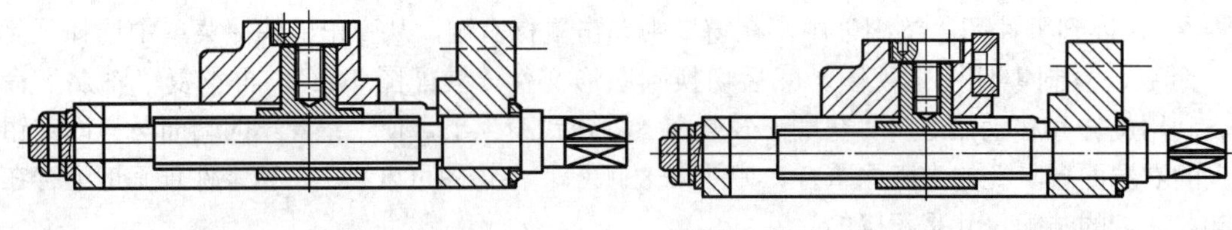

图 4-14　插入“螺钉”　　图 4-15　插入“护口板”

⑪ 使用“复制”命令复制“护口板”，使用“镜像”命令将“护口板”镜像，再使用“移动”命令将零件“护口板”安装在“固定钳身”上，使“护口板”的右端面与“固定钳身”的左端面重合，同时“护口板”的下端面与“固定钳身”的台阶底面重合，结果如图 4-16 所示。

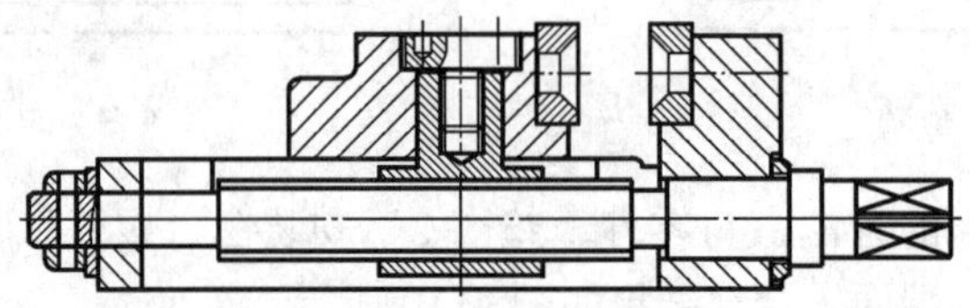

图 4-16　插入“护口板”

⑫ 用前面所讲的方法将零件“螺钉 9”安装在“护口板”上，使“螺钉 9”头部下端面与“护口板”的锥度孔底部端面重合，同时“护口板”的下端面与“固定钳身”的台阶底面重合，结果如图 4-17 所示。

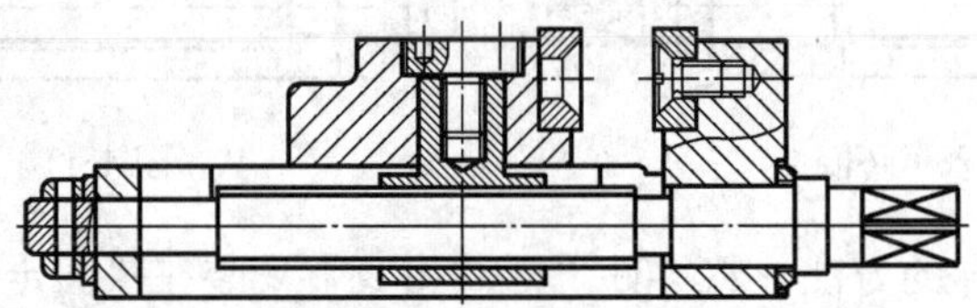

图 4-17　插入“螺钉 9”

5. 补全与修剪装配体

在装配件中的适当位置绘制销，同时利用“修改”工具栏中的相应按钮对装配体的细节进行修剪，结果如图 4-18 所示。

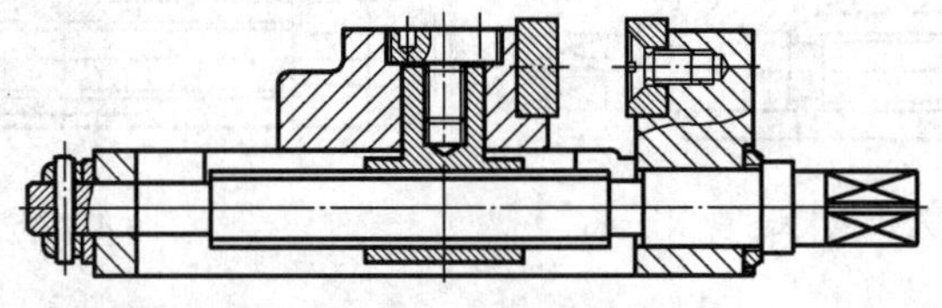

图 4-18　补全与修剪装配体

6. 绘制装配体的俯视图和左视图

使用类似的方法绘制装配体的俯视图和左视图，结果如图 4-19 所示。

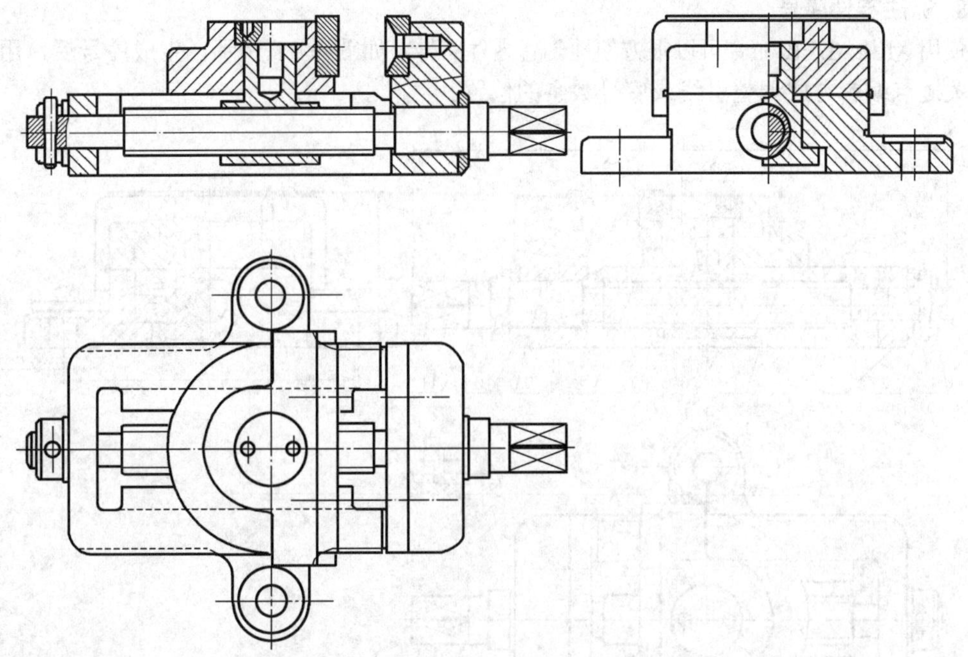

图 4-19　绘制装配体的俯视图和左视图

7. 补全装配体

将装配体中未表达清楚的内容采用局部放大视图或断面图等适当的表达方式表达清楚，结果如图 4-20 所示。

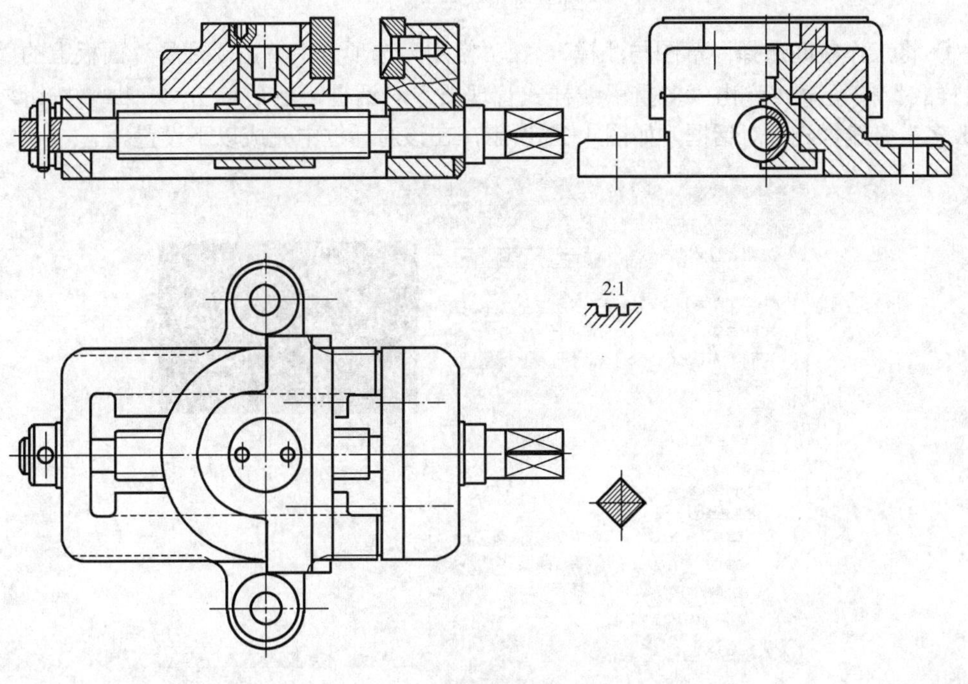

图 4-20　补全装配体

8. 标注零件序号

使用 MLEADER 命令可以很方便地创建零件序号，如图 4-21 所示。生成序号后，用户可通过关键点编辑方式调整引线或序号数字的位置。

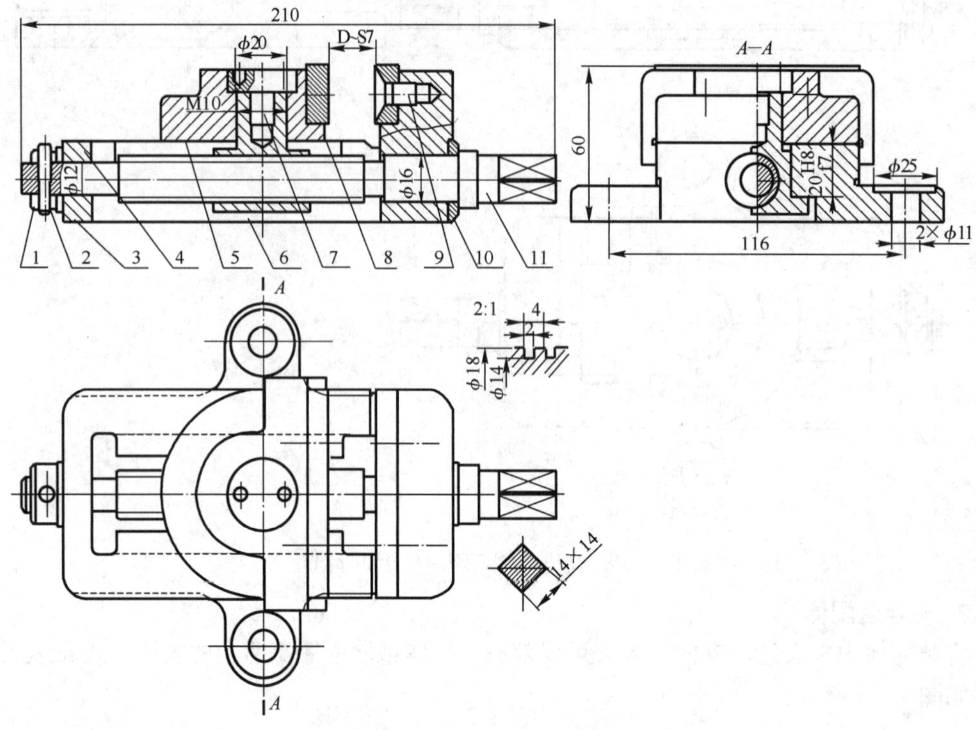

图 4-21　标注装配体

① 将工作空间选择“草图与注释”，在“常用”选项卡中单击“注释”面板上的“多重引线样式”按钮，弹出“多重引线样式管理器”对话框，然后单击 修改(M)... 按钮，弹出“修改多重引线样式”对话框，如图 4-22 所示，在该对话框中完成以下设置。

图 4-22　“修改多重引线样式”对话框

在“引线格式”选项卡中设置选项如图 4-23 所示。

箭头
符号(S)： ■点
大小(Z)： 2

图 4-23 “引线格式”选项卡中的设置

在“引线结构”选项卡中设置选项如图 4-24 所示。

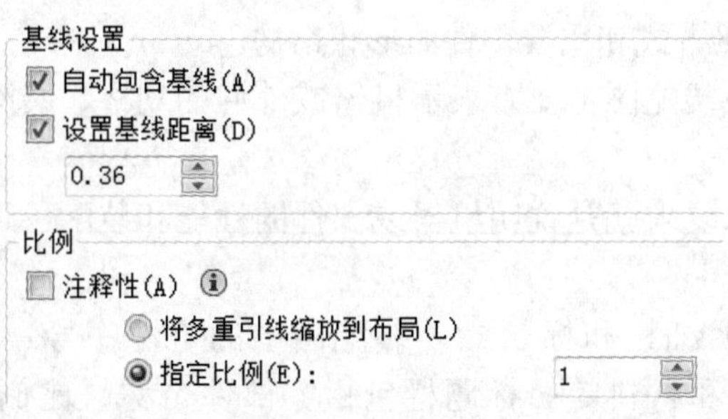

图 4-24 “引线结构”选项卡中的设置

“指定比例”调整框中的数值等于绘图比例的倒数。

在“内容”选项卡中设置选项如图 4-22 所示。

② 单击“注释”面板上的按钮，启动创建引线标注命令，标注零件序号。

③ 对齐零件序号。单击“注释”面板上的按钮，选择零件序号，按〈Enter〉键，然后选择要对齐的序号并指定水平方向为对齐方向，完成零件序号的对齐，结果如图 4-21 所示。

9. 填写标题栏和绘制明细表

使用“直线”命令或插入“表格”命令绘制明细表，然后使用“添加文字”命令填写标题栏和明细表，结果如图 4-25 所示，完成机用虎钳装配图。

11		螺杆	1	45	
10		垫圈	1	Q235	
9	GB68-85	螺钉	4	Q235	M8×6
8		护口板	2	45	
7		螺钉	1	Q235	
6		螺母	1	35	
5		活动钳身	1	HT200	
4		固定钳身	1	HT200	
3	GB97.2-85	垫圈	1	Q235	12-A140
2	GB117-86	销	1	35	A4×26
1		圆环	1	Q235	
序号	代号	零件名称	数量	材料	备注

机用虎钳			比例	1:1	2-HQ-10
			重量		
设计		日期	数量	1	第10张 共15张
制图		日期			
审核		日期			

图 4-25 填写标题栏和明细表

4.1.4 任务注释

1. 装配图绘制方法

装配图是表达机器或部件的图样，通常用来表达机器或部件的工作原理以及零、部件间的装配、连接关系，是机械设计和生产中的重要技术文件之一。在产品设计中，一般先根据产品的工作原理图画出装配草图，由装配草图整理成装配图，然后再根据装配图进行零件设计并画出零件图。

（1）装配图的内容

1）一组视图　使用一组视图完整、清晰、准确地表达出机器的工作原理、各零件的相对位置及装配关系、连接方式和重要零件的形状结构。

2）必要的尺寸　在装配图上要有表示机器或部件的规格、装配、检验和安装时所需要的一些尺寸。

3）技术要求　技术要求就是说明机器或部件的性能和装配、调整、试验等所必须满足的技术条件。

4）零件的序号、明细栏和标题栏　装配图中的零件序号、明细栏用于说明每个零件的名称、代号、数量和材料等。标题栏包括零部件名称、比例、绘图及审核人员的签名等。

（2）装配图绘制的过程

复杂机器设备常常包含成百上千个零件，在绘制装配图时，要注意检验、校正零件的形状和尺寸，并纠正零件图中的不妥或错误。

① 设置绘图环境。在绘图前应当进行必要的设置，例如绘图单位、图幅大小、图层线型、线宽、颜色、字体格式和尺寸格式等，尽量选择 1:1 比例。

② 根据零件草图、装配示意图绘制各零件图。为了方便在装配图中插入零件图，也可将每个零件以块形式保存，使用 WBLOCK 命令。

③ 调入装配干线上的主要零件，例如轴，然后展开装配干线，逐个插入相关零件。插入后，需要剪断不可见的线段；若以块插入零件，则在剪断不可见的线段前，应该分解插入的块。

④ 根据零件之间的装配关系检查各零件的尺寸是否有干涉现象。

⑤ 根据需要对图形进行缩放，布局排版，然后根据具体的尺寸样式标注尺寸。最后完成标题栏和明细表的填写，完成装配图的绘制。

2. 修剪技巧

① 两相邻零件的接触面和配合面只画一个。

② 相邻两个或多个零件的剖面线应有区别，或者方向相反，或者方向一致但间隔不等，相互错开。所有剖视图、断面图中同一零件的剖面线方向和间隔必须一致，这样有利于找出同一零件的各个视图，想象其形状和装配关系。

③ 对于紧固件以及实心的球、手柄、键等零件，若剖切平面通过其对称平面或轴线，则这些零件均按不剖绘制；如需表明零件的凹槽、键槽、销孔等构造，可用局部剖视表示。

④ 若干相同的零、部件组，例如螺栓连接等，可详细地画出一组，其余只需用细点画

线表示其位置；对于薄的垫片等不易画出的零件可将其涂黑；对于零件的工艺结构，例如小圆角、倒角、退刀槽、拔模斜度等可不画出，等等。

4.1.5 任务中的相关零件图

任务中的相关零件图如图 4-26～图 4-33 所示。

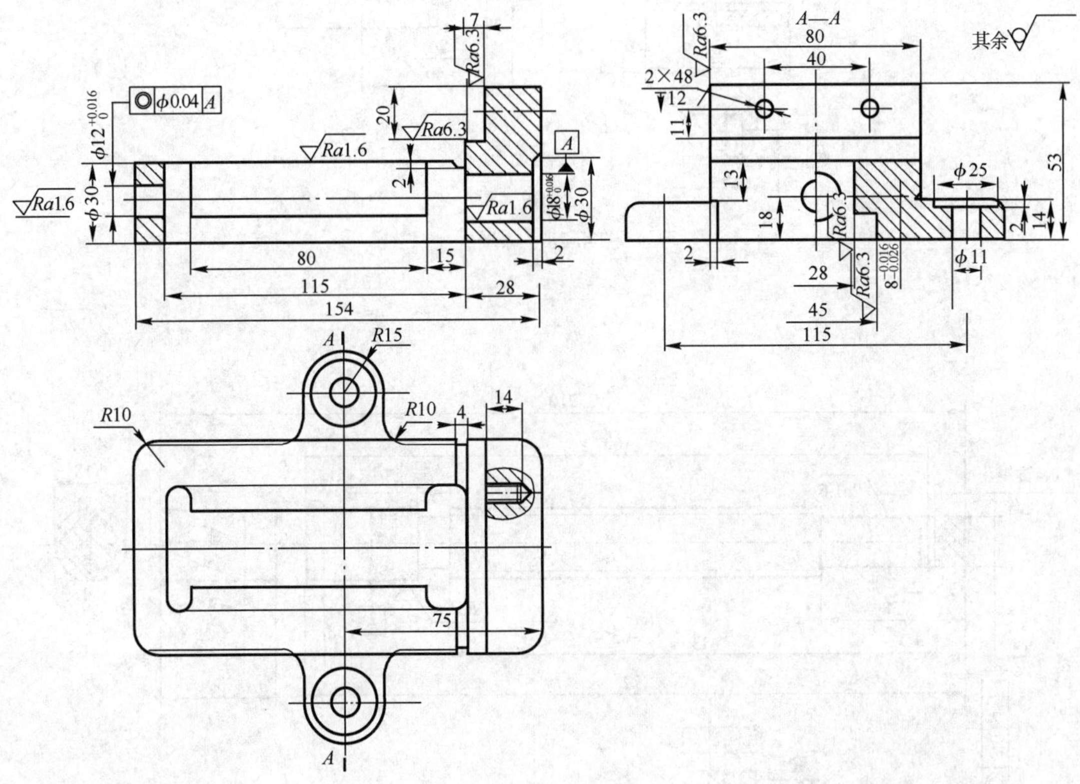

图 4-26 固定钳身

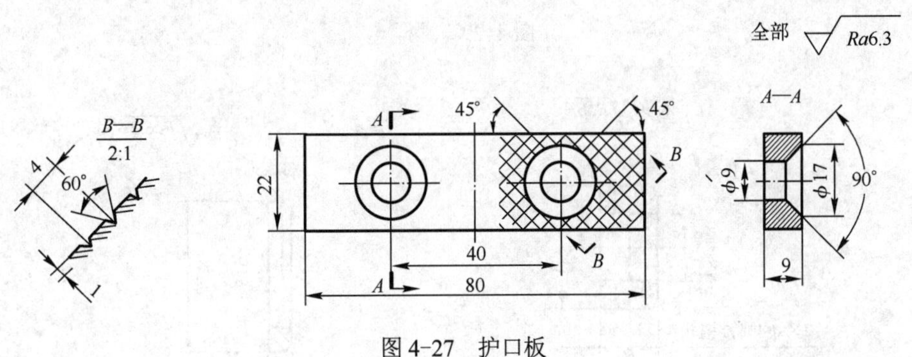

图 4-27 护口板

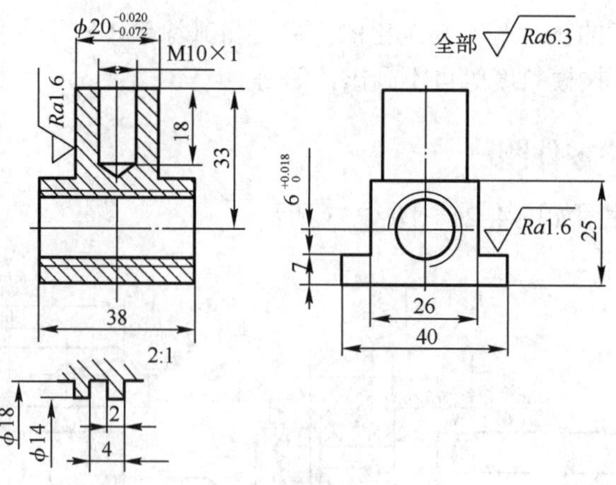

图 4-28　螺母

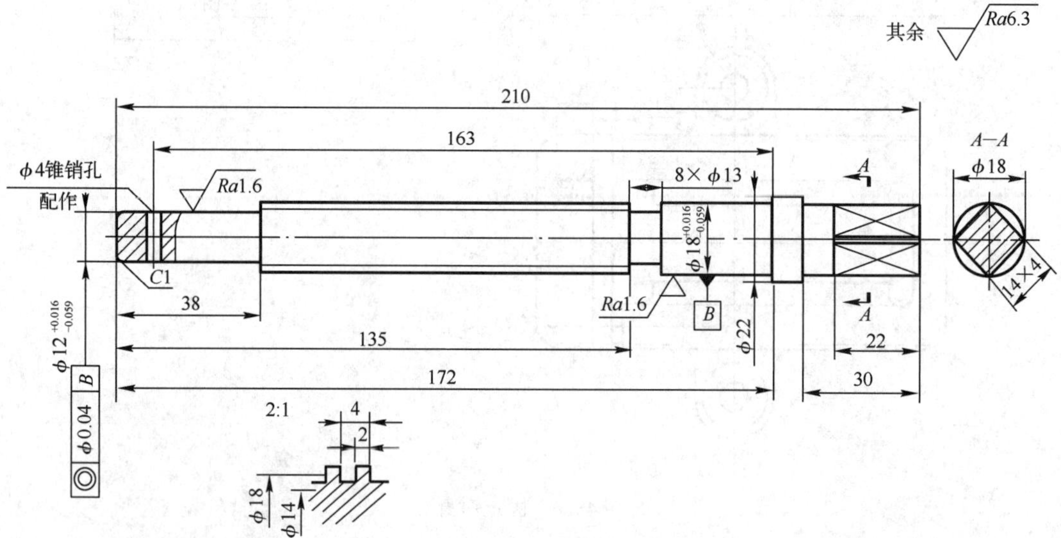

图 4-29　螺杆

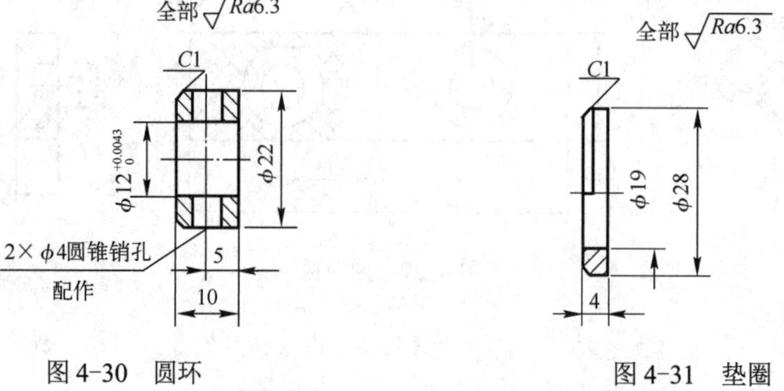

图 4-30　圆环

图 4-31　垫圈

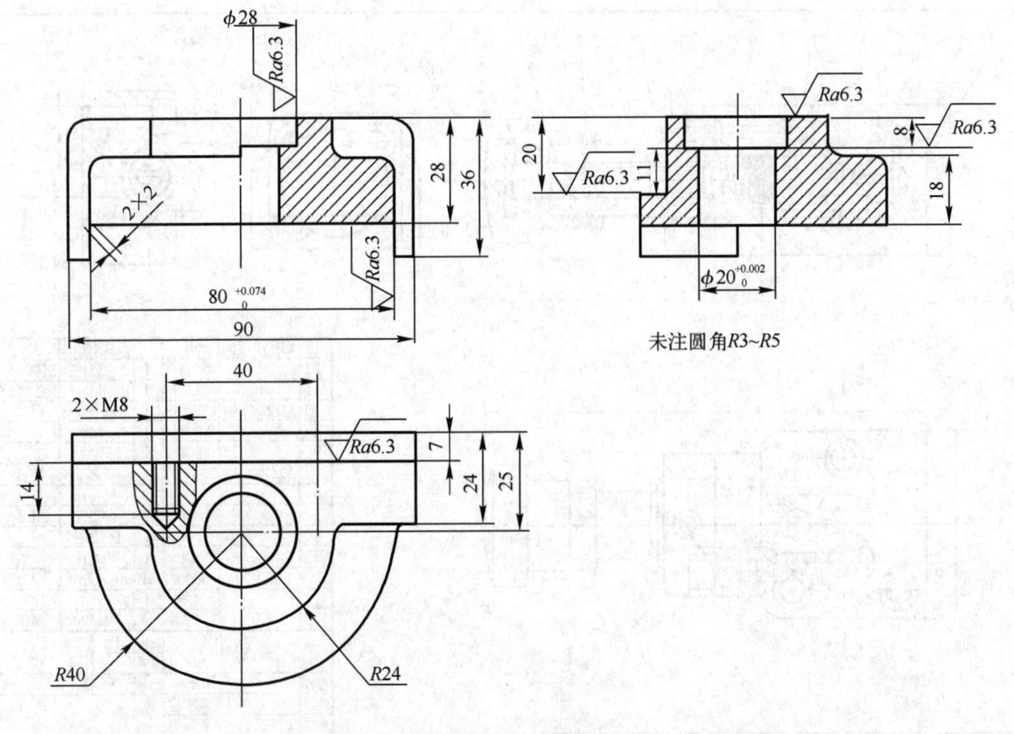

图 4-32　活动钳身

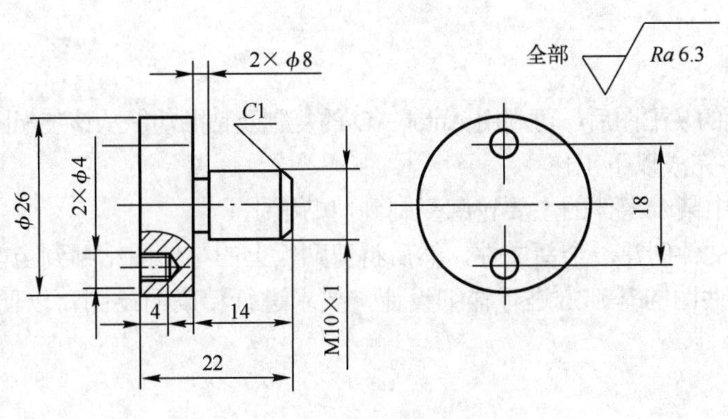

图 4-33　螺钉

任务 4.2　根据溢流阀装配图拆画阀盖零件图

4.2.1　任务引领

本任务利用溢流阀的装配图拆出阀盖零件图，装配图见图 4-34。

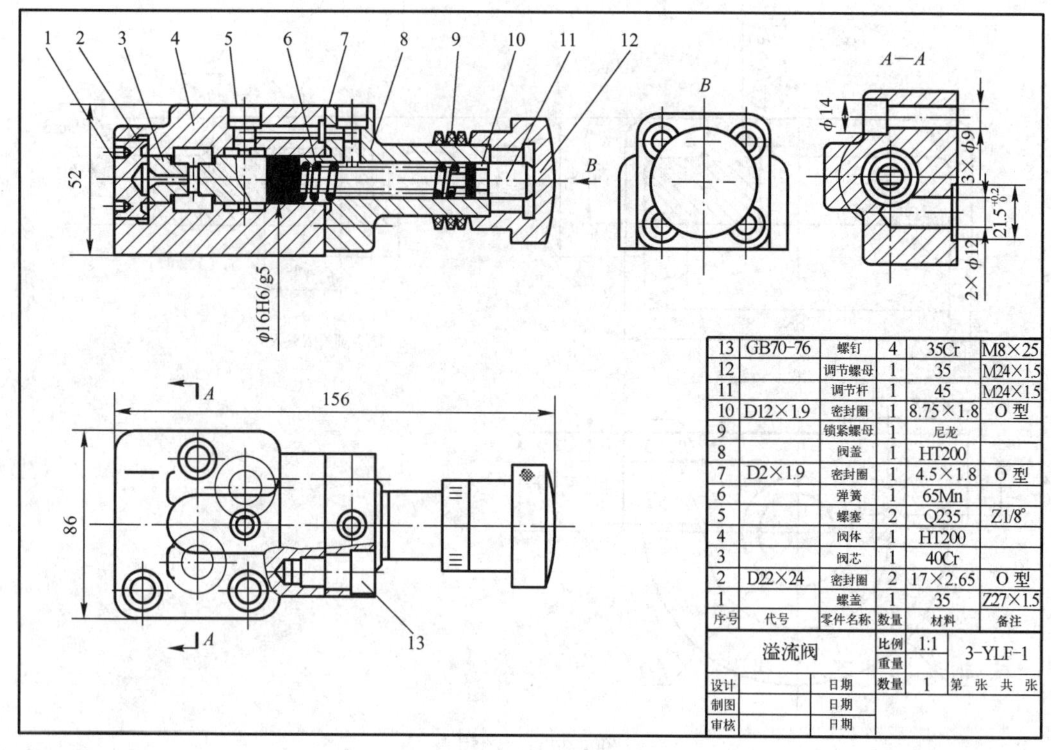

图 4-34　溢流阀装配图

4.2.2　任务分析

在绘制了精确的装配图后，可利用 AutoCAD 的复制及粘贴功能从该装配图拆画零件图。

这一阶段主要完成以下工作：

① 将装配图中某个零件的主要轮廓复制到剪贴板上。

② 通过样板文件创建一个新文件，然后将剪贴板上的零件图粘贴到当前文件中。

③ 在已有零件图的基础上进行详细设计，要求进行精确的绘制，以便以后利用零件图检验装配图的正确性。

4.2.3　绘图步骤

1. 读装配图

从装配图标题栏中可以看出该部件叫溢流阀，从明细表及视图中可以看出，它共由 13 个零件组成，其中 8 个为标准件。阀盖通过 4 个螺钉与阀体连接，同时阀盖与油塞螺纹连接。

2. 分离零件——拆阀盖

将要拆画的零件从整个装配图中分离出来。首先将要拆画的零件从主、俯、左 3 个视图中分离出来，然后想象其形状，进行作图。

① 创建新图形文件，文件名为“阀盖.dwg”。

② 拆画主视图。

切换到文件“溢流阀.dwg”中，根据零件剖面线的方向、间隔和投影关系找到阀盖零件对应的三视图，将其分离出来。在图形窗口中单击鼠标右键，从弹出的快捷菜单中选择“复制”命令，然后选择阀体零件进行复制。切换到图形文件“阀盖.dwg”，在窗口中单击鼠标右键，从弹出的快捷菜单中选择“粘贴”命令，对阀体零件进行必要的编辑，结果如图 4-35 所示，即阀盖从装配体中分离出来的主视图。

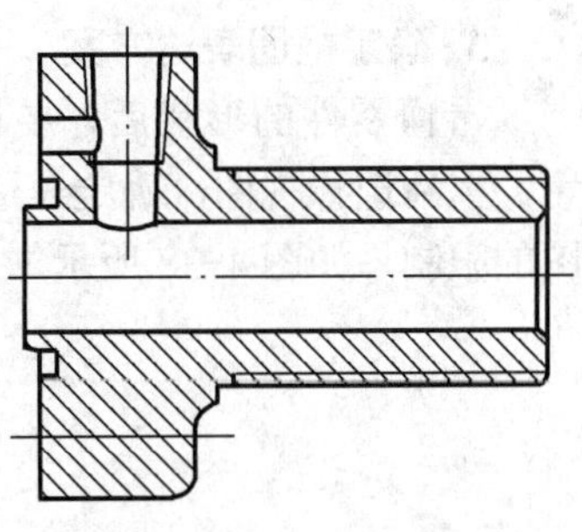

图 4-35　阀盖的主视图

利用同样的方法根据投影关系分离出阀盖的俯视图和左视图，如图 4-36 所示。

从图 4-36 中可以发现，各个视图并不完整，且图线中有多余的未删除，应根据对阀盖的空间想象结合投影的“三等”关系将阀盖的图线补全与删除，如图 4-37 所示。

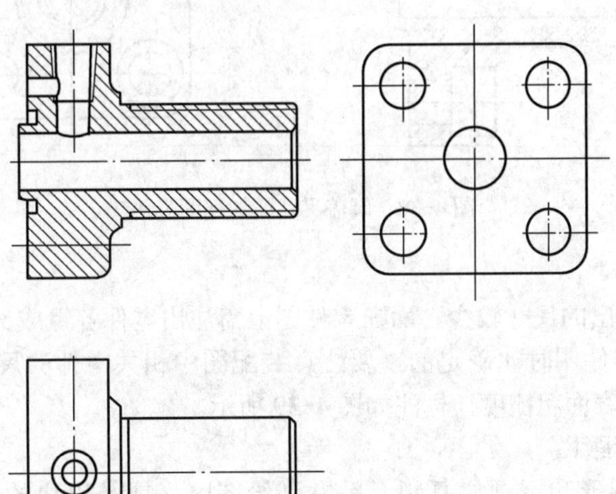

图 4-36　阀盖的三视图

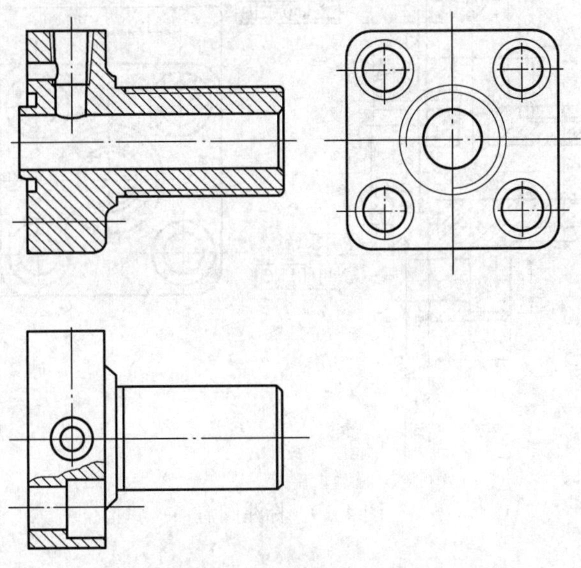

图 4-37　阀盖三视图的修改

3. 确定视图表达方案

看懂零件的形状后，要根据零件的结构形状及在装配图中的工作位置或零件的加工位置，重新选择视图，确定表达方案。此时可以参考装配图的表达方案，但要注意不受原装配图的限制，如图 4-38 所示。

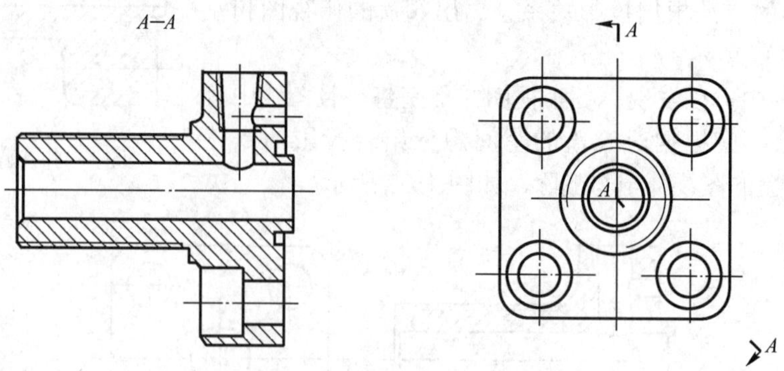

图 4-38　阀盖零件图的视图表达

4. 标注尺寸

由于装配图上给出的尺寸较少，而在零件图上需注出零件各组成部分的全部尺寸，所以很多尺寸是在拆画零件图时才确定的，要注意装配图中相关零件的尺寸和表面粗糙度的协调，标注几何公差和表面粗糙度，标注如图 4-39 所示。

5. 插入图框与标题栏

将已创建好的图形和标题栏复制、粘贴到绘图区（或是以块的形式插入图框和标题栏），填写标题栏和技术要求，如图 4-40 所示。

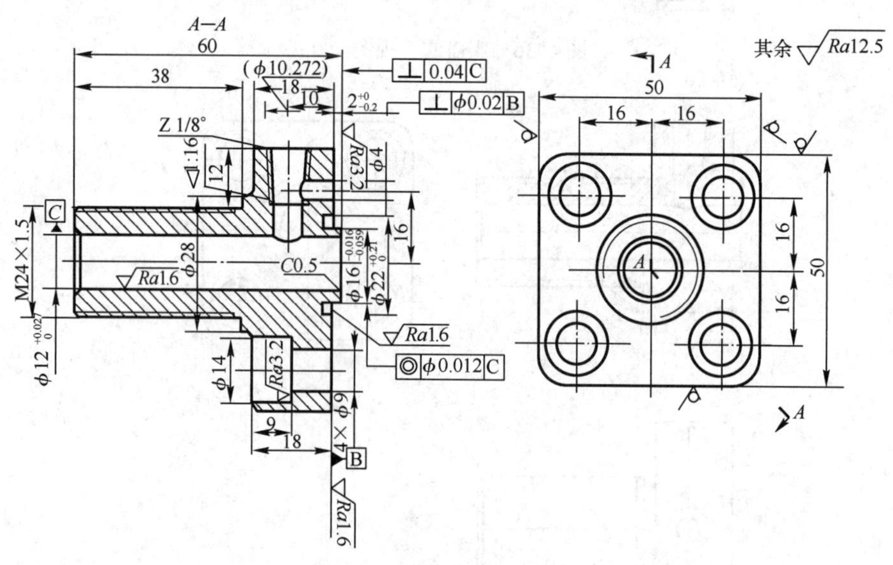

图 4-39　标注阀盖

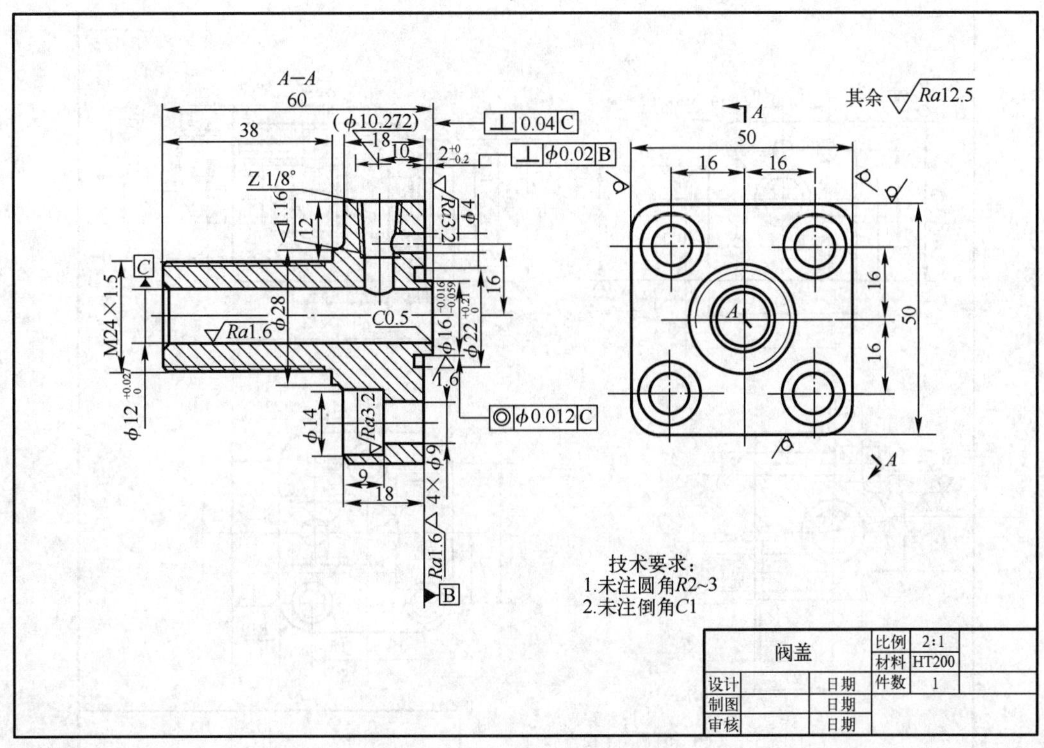

图 4-40　阀盖的零件图

4.2.4　任务注释

为了看懂某一零件的结构形状，必须先把这个零件的视图从整个装配图中分离出来，然后想象其结构形状。对于表达不清的地方要根据整个机器或部分的工作原理进行补充，然后画出其零件图。这种由装配图画出零件图的过程称为拆画零件图。拆图要在看懂装配图的基础上进行，并按零件图的内容和要求，画出零件图。

1. 看懂装配图

① 了解概况。看装配图，首先通过标题栏、明细表了解机器或部件的名称，所有零件的名称、数量、材料及其标准件的规格，并在视图中找出相应零件所在的位置，其次浏览一下所有的视图、尺寸和技术要求。

② 分析视图，了解工作原理。

③ 了解各零件间的装配连续关系。

2. 分离零件

在看懂装配图的基础上，根据零件的剖面线的方向、间隔和投影关系分离出各个零件。

3. 画零件图

在看懂零件的结构形状后，就可以拆画出各个零件的零件图了。

4.2.5　任务中拆出的阀体零件图

任务中拆出的阀体零件图如图 4-41 所示。

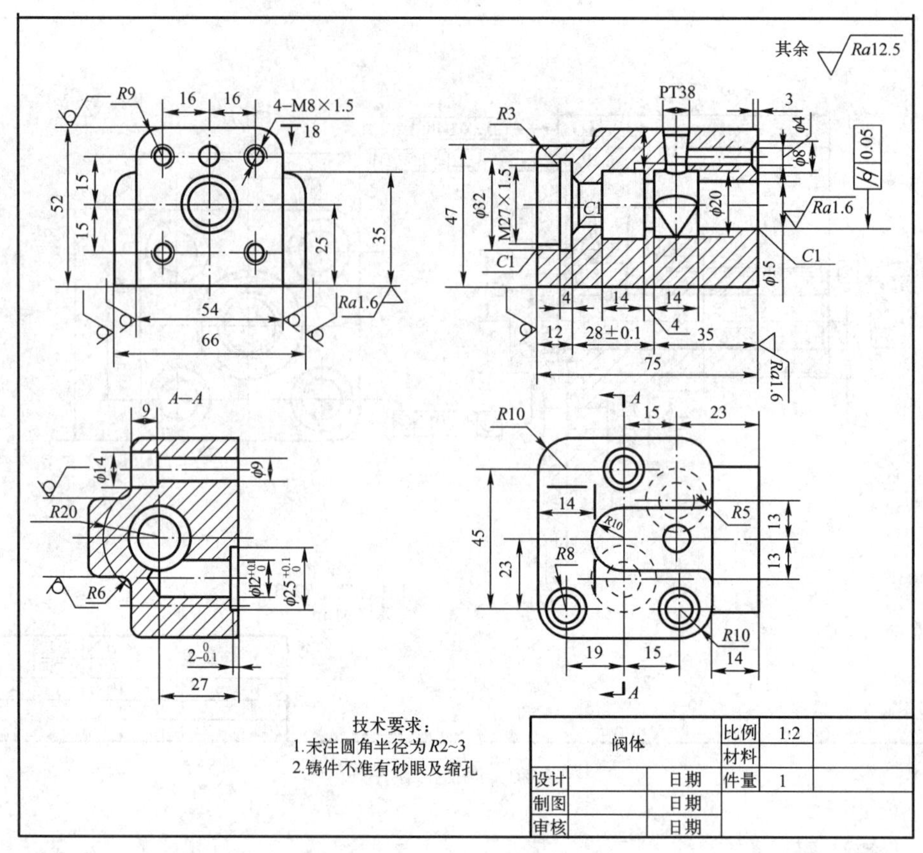

图 4-41　阀体

任务 4.3　打印输出图形

4.3.1　任务引领

本任务将完成机用虎钳中螺杆零件图的打印输出，螺杆的零件图如图 4-42 所示。

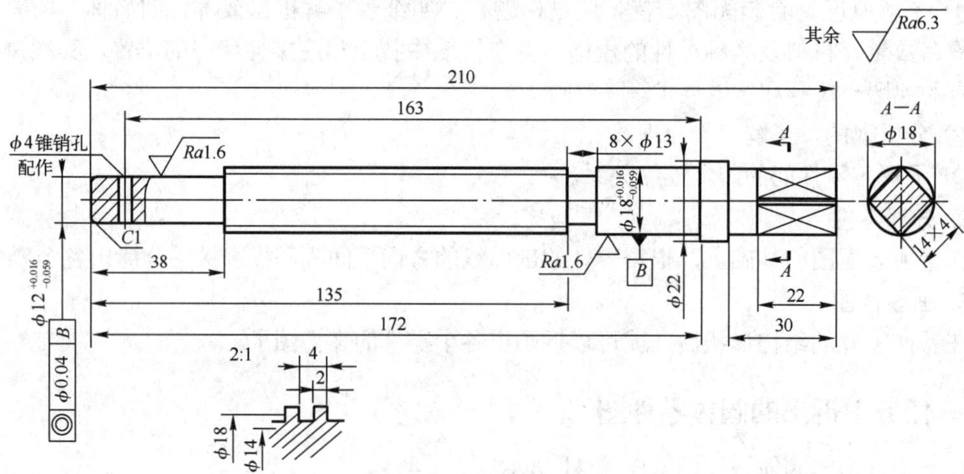

图 4-42　螺杆零件图

4.3.2 任务分析

这一阶段主要完成以下工作：

① 输出图形的完整过程。

② 选择打印设备，对当前打印设备的设置进行简单修改。

③ 调整打印视图。

④ 保存打印视图。

4.3.3 打印设置

1．插入样板文件

① 用右键单击“模型”“布局 1”或“布局 2”标签，在弹出的如图 4-43 所示的快捷菜单中选择“来自样板”（模型空间与布局空间）命令。

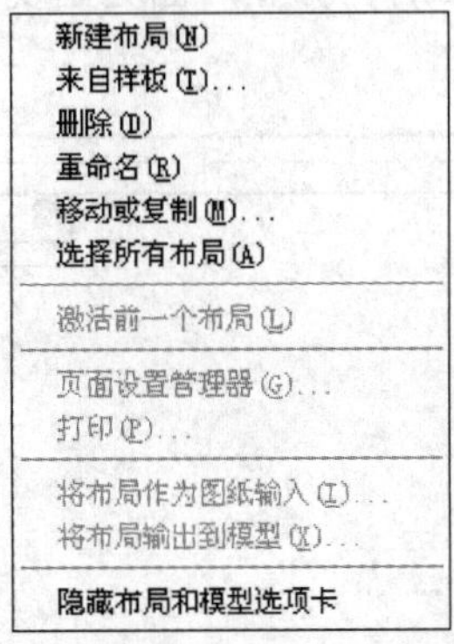

图 4-43　快捷菜单

② 系统弹出“从文件选择样板”对话框，在该对话框中双击文件夹“SheetSets”，选择文件夹“Manufacturing Metric.dwt”，如图 4-44 所示。

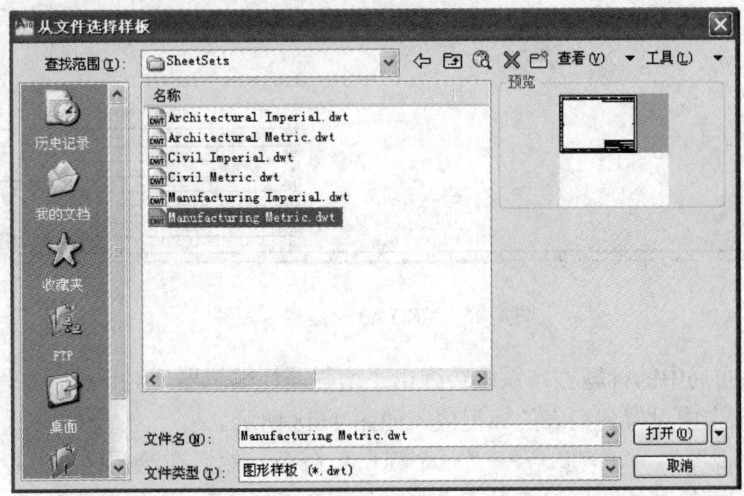

图 4-44　“从文件选择样板”对话框

③ 单击“打开”按钮，系统弹出“插入布局”对话框，如图 4-45 所示。

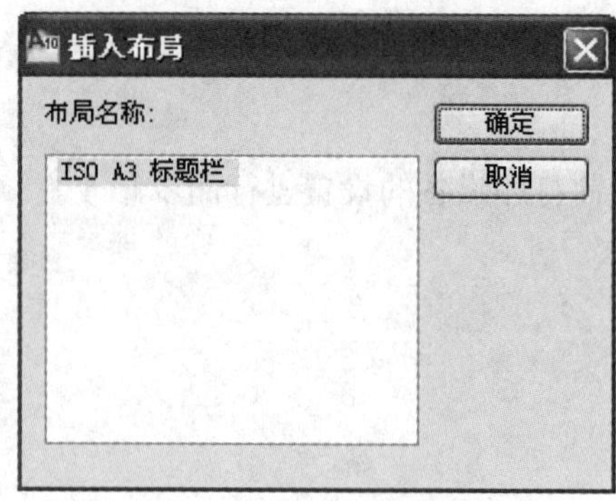

图 4-45 “插入布局”对话框

④ 单击“确定”按钮，在“布局”标签后面会出现“ISO A3 标题栏”，单击该标签，如图 4-46 所示。

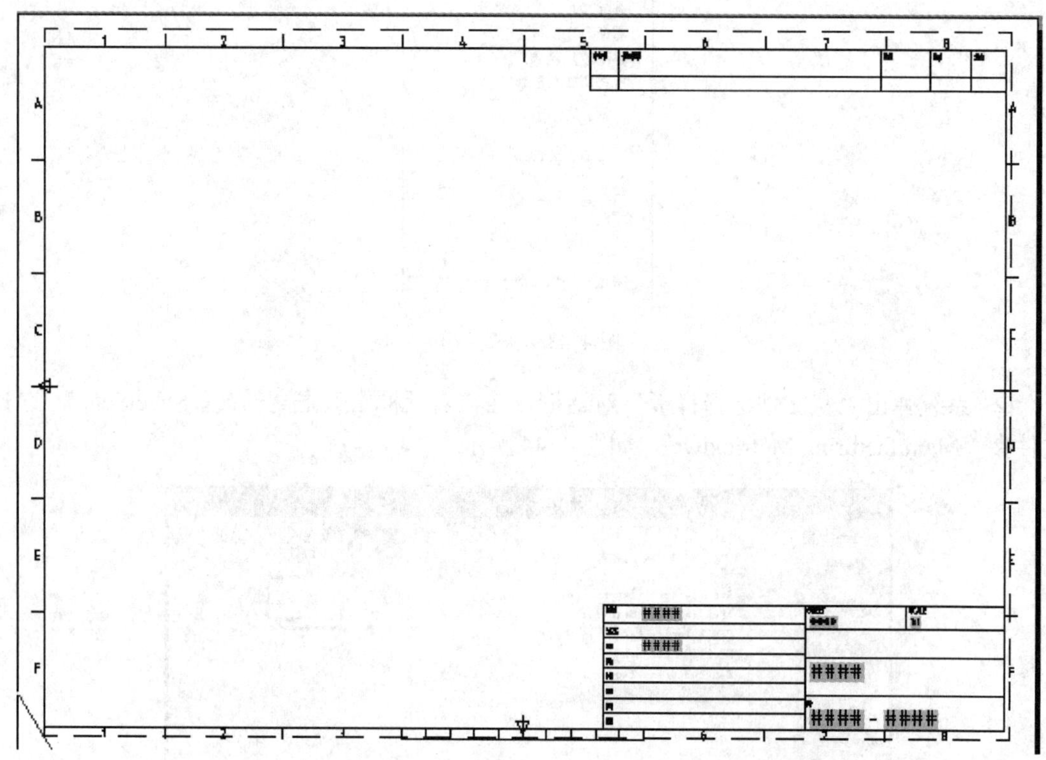

图 4-46 “ISO A3 标题栏”标签

⑤ 双击该布局中的标题栏，系统会弹出“增强属性编辑器”对话框，如图 4-47 所示，在“属性“选项卡中设置各列表的标记值，如图 4-48 所示。

⑥ 选择“视图”→“视口”→“一个视口”命令，然后在绘图区用鼠标框选一个矩形区域，则在模型页绘制的图形就会显示出来，如图 4-49 所示。

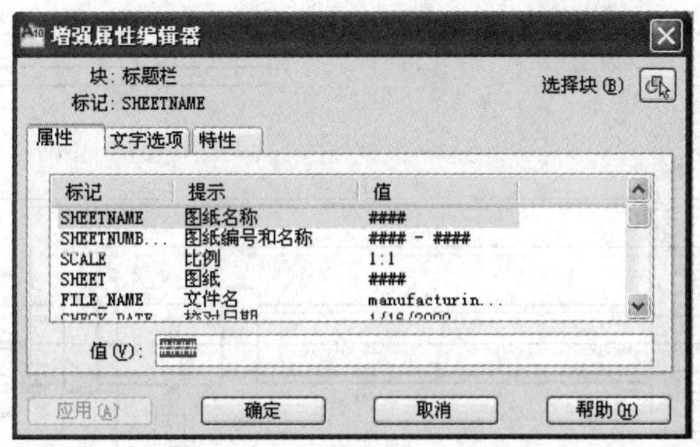

图 4-47 “增强属性编辑器”对话框

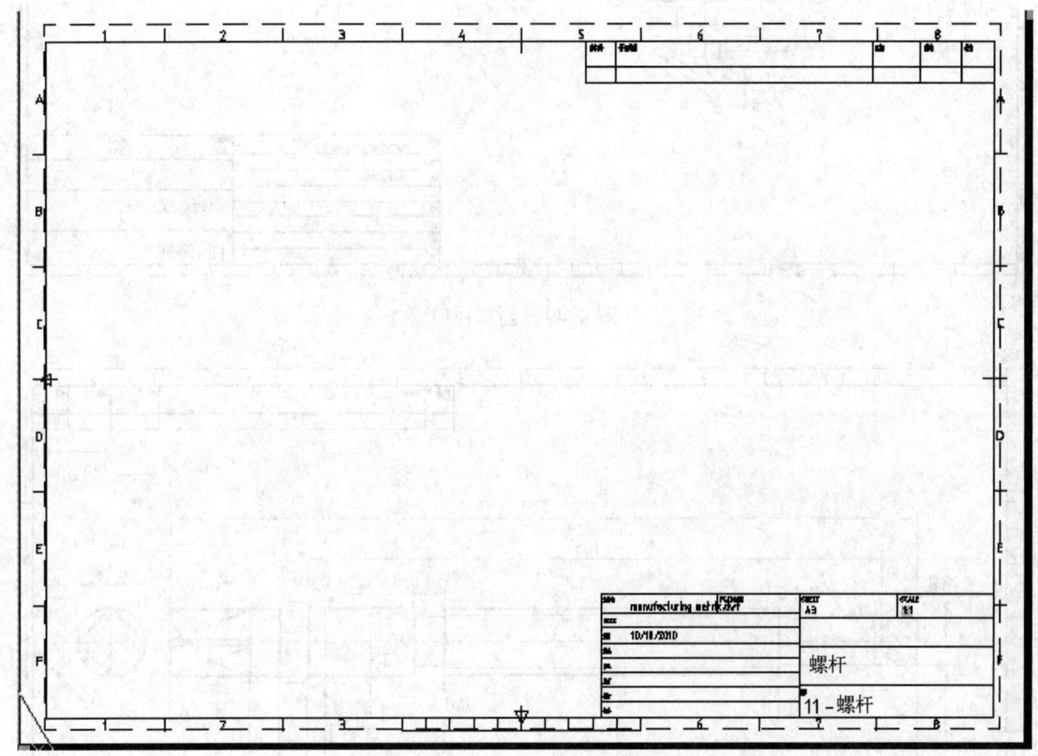

图 4-48 修改后的标题栏

2．调整视图

双击布局框内的任意位置，布局边框线变为粗黑线，则螺杆的零件图处于可编辑状态，移动零件图至合适的位置，调整视图至合适的大小，如图 4-50 所示。调整完毕后，在布局边框外的任意位置双击，即可退出图形的编辑状态。

3．设置打印模式

单击“标准”工具栏中的“打印”按钮，系统会弹出“打印-ISO A3 标题栏”对话框，进行打印设置（输出图形），如图 4-51 所示。

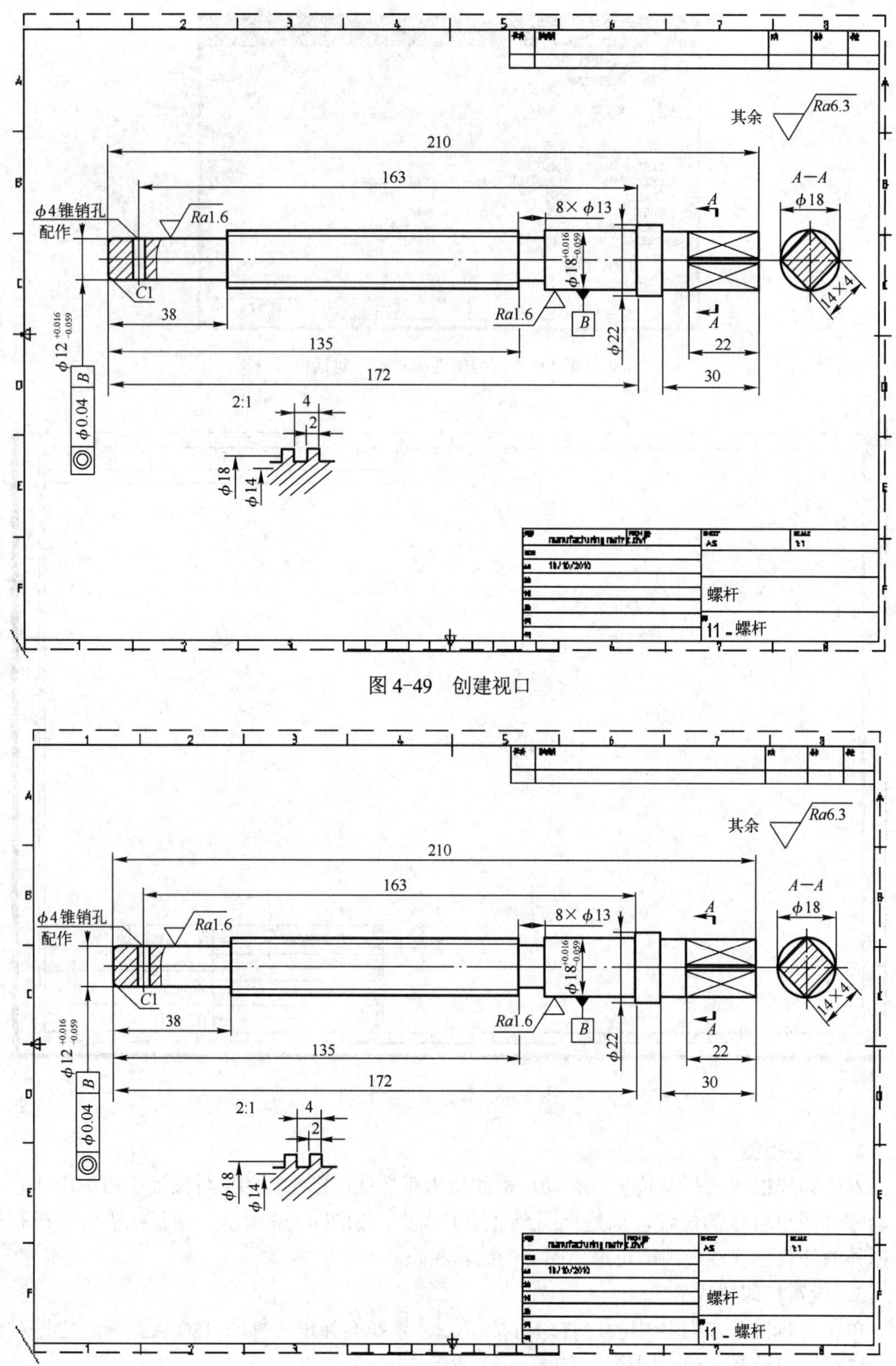

图 4-49　创建视口

图 4-50　调整视图

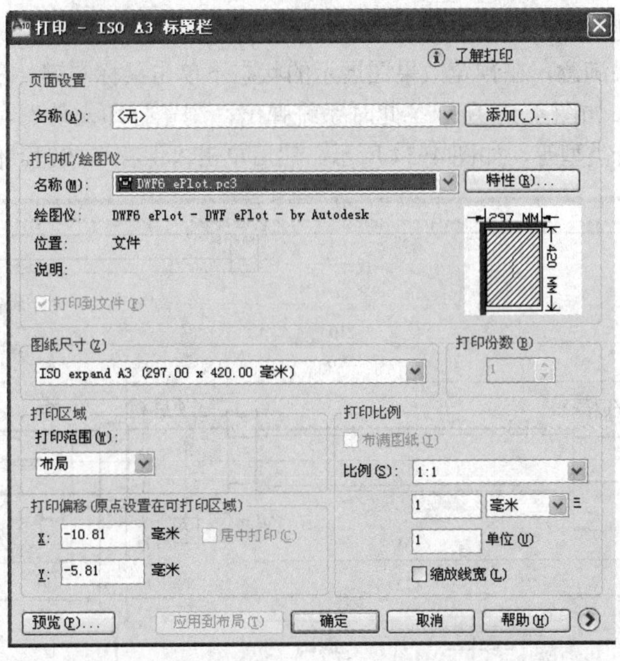

图 4-51 “打印-ISO A3 标题栏”对话框

完成设置后，单击“预览”按钮可以看到打印预览的效果，如图 4-52 所示。

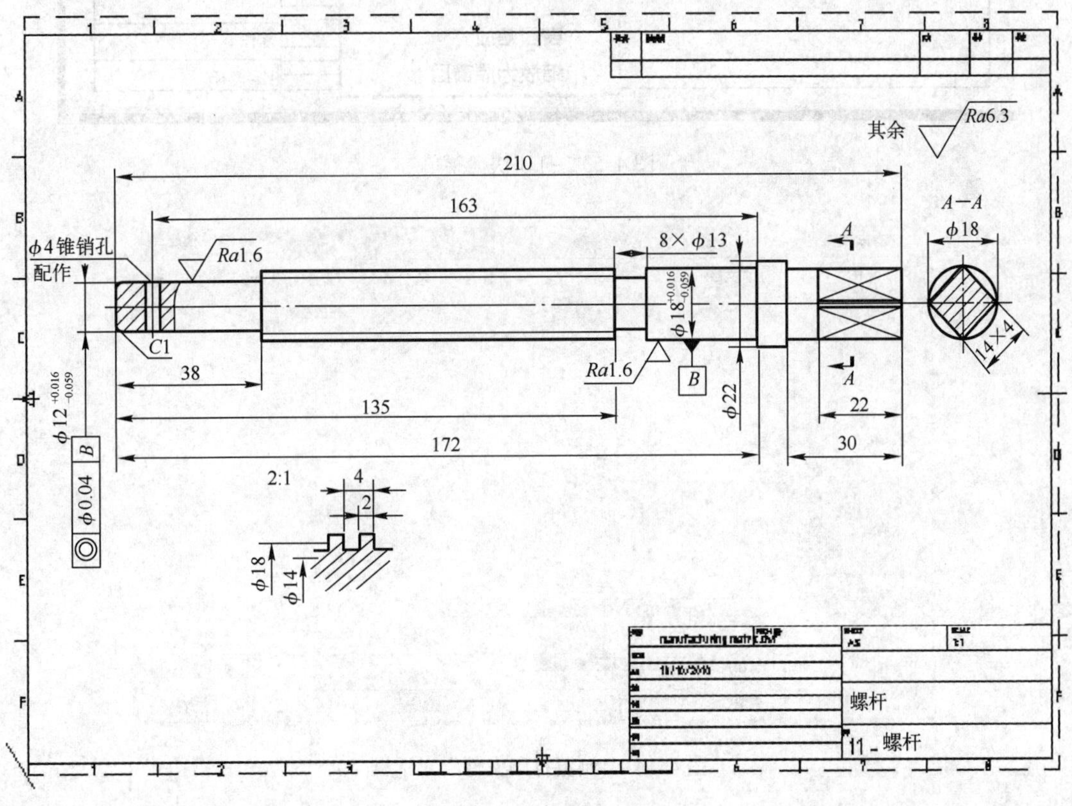

图 4-52 打印预览效果图

4．保存打印视图

如果对预览效果满意，在预览效果图展示的状态下单击鼠标右键，在弹出的快捷菜单中选择“打印”命令，如图 4-53 所示。此时系统弹出“浏览打印文件”对话框，设置文件的保存路径、文件名及类型等，如图 4-54 所示。然后单击“保存”按钮，保存文件。

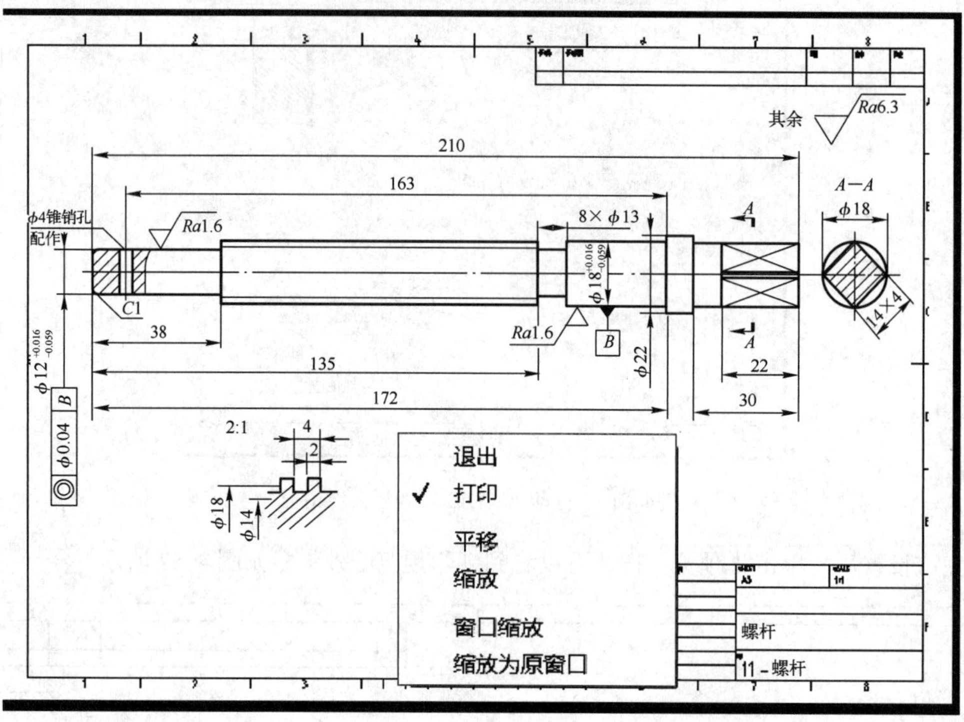

图 4-53　打印快捷菜单

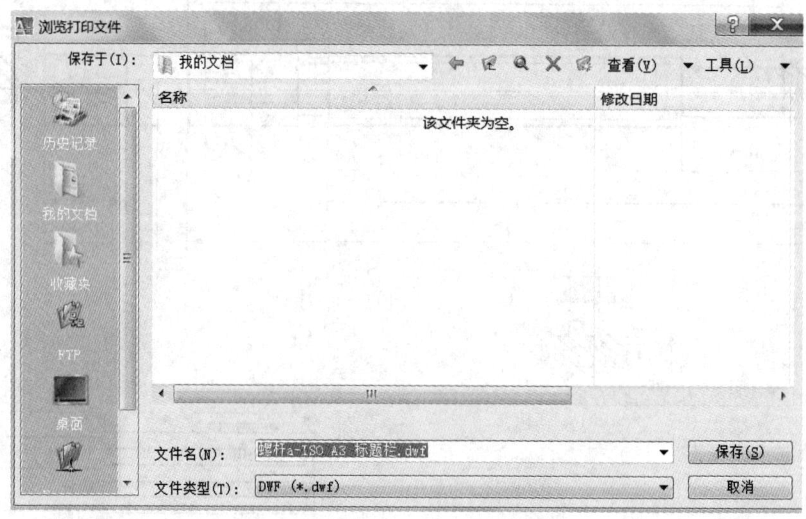

图 4-54　“浏览打印文件”对话框

项目 5　绘制轴测图

轴测图富有立体感，能够帮助人们迅速地了解产品的结构，因此在工程中广泛使用轴测图来表达设计思想。轴测图本质是一种二维图，只是由于采用的投影方向与投影物体间的位置较为特殊，而使投影视图反映出更多的几何结构特征。

本项目将介绍 AutoCAD 中绘制轴测图的基本方法及一些实用技巧。

任务 5.1　在轴测投影下作图

5.1.1　任务引领

绘制如图 5-1 所示的轴测图。

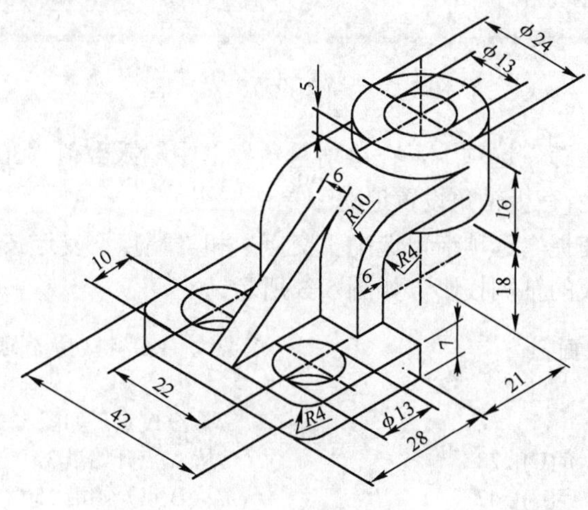

图 5-1　轴测图

5.1.2　任务分析

这一阶段主要完成以下工作：

① 首先画出长方形底板的轴测图。

② 切换到右轴测面，绘制 L 形弯板的轴测投影。

③ 切换到顶轴测面，画出空心圆柱体的轴测投影。

④ 绘制三角形肋板的轴测投影。

5.1.3　典型例题

① 单击“极轴追踪”“对象捕捉”和“对象捕捉追踪”按钮，打开极坐标追踪、自动捕

捉和自动追踪。

② 选择“工具”→“绘图设置”命令，弹出“草图设置”对话框，切换到“捕捉和栅格”选项卡，在该选项卡的“捕捉类型”区域选中“等轴测捕捉”单选按钮，激活轴测投影模式，如图 5-2 所示。

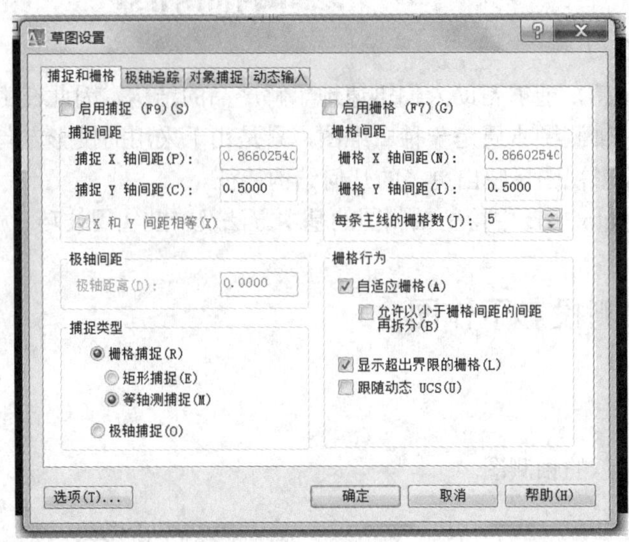

图 5-2 “草图设置”对话框

③ 切换到“极轴追踪”选项卡，在“增量角”框中输入数值“30”，在“对象捕捉追踪设置”区域中选中“用所有极轴角设置追踪”单选按钮。

④ 切换到“对象捕捉”选项卡，选中“交点”和“端点”复选按钮。

⑤ 画出长方形底板的轴测投影，如图 5-3 所示。

```
命令: <等轴测平面 上>                        //按〈F5〉键切换到顶轴测面
命令: _line
指定第一点:                                  //单击 A 点，如图 5-3 所示
指定下一点或[放弃(U)]: 28                     //从 A 点开始沿 30° 方向追踪到 B 点
指定下一点或[放弃(U)]: 42                     //从 B 点开始沿 150° 方向追踪到 C 点
指定下一点或[闭合(C)/放弃(U)]: 28             //从 C 点开始沿-150° 方向追踪到 D 点
指定下一点或[闭合(C)/放弃(U)]: C              //使线框闭合
命令: _copy
选择对象:找到 4 个                            //选择线框 AC
选择对象:                                    //按〈Enter〉键
指定位移的基点或[重复(M)]: 0,7                //输入复制的距离
指定位移的第二点或[用第一点作位移]:            //按〈Enter〉键
命令: _line 指定第一点                        //捕捉 D 点
指定下一点或[放弃(U)]:                        //捕捉 E 点
指定下一点或[放弃(U)]:                        //按〈Enter〉键结束
命令: _line                                  //重复命令
指定第一点:                                  //捕捉 G 点
指定下一点或[放弃(U)]:                        //捕捉 B 点
```

指定下一点或[放弃(U)]: //按〈Enter〉键结束

结果如图 5-3 所示。

⑥ 画椭圆 J、K 等，如图 5-4 所示。

```
命令: _ellipse
指定椭圆轴的端点或[圆弧(A)/中心点(C)/等轴测圆(I)]:
                                        //使用“等轴测圆(I)”选项
指定等轴测圆的圆心: tt                    //建立临时参考点 I
指定临时对象追踪点: 4                     //输入 I 点与 H 点的距离
指定等轴测圆的圆心: 4                     //沿 150° 方向追踪并输入追踪距离
指定等轴测圆的半径或[直径(D)]: 4          //输入圆半径
命令: _copy                              //复制椭圆 J
选择对象: 找到 1 个                       //选择椭圆 J
选择对象:                                //按〈Enter〉键
指定位移的基点或[重复(M)]: 0.7            //输入复制的距离
指定位移的第二点或<用第一点作位移>         //按〈Enter〉键结束
```

结果如图 5-4 所示。

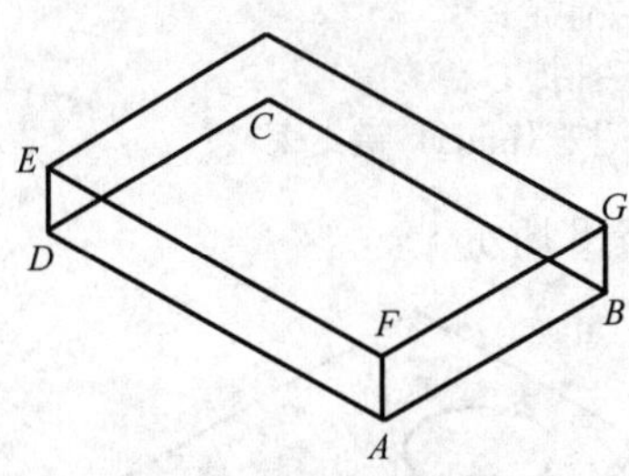

图 5-3　画长方形底板

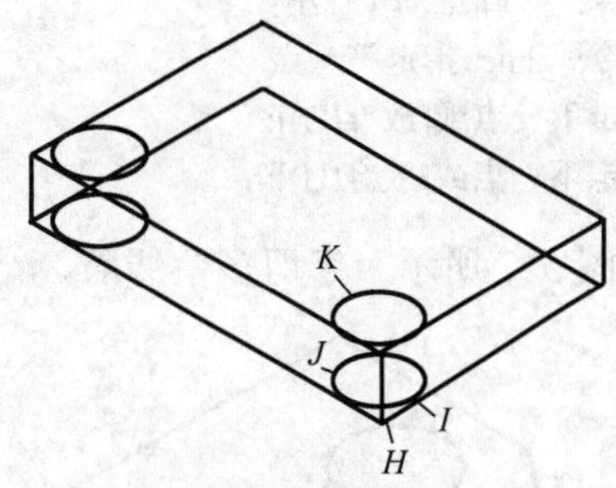

图 5-4　画椭圆

提示：可先以 H 点为椭圆中心画椭圆 J，然后用 MOVE 命令将其移动到正确位置。

⑦ 画椭圆 N、O 等，如图 5-5 所示。

```
命令: _ellipse
指定椭圆轴的端点或[圆弧(A)/中心点(C)/等轴测圆(I)]: I
                                        //使用“等轴测圆(I)”选项
指定等轴测圆的圆心: tt                    //建立临时参考点 M，如图 5-5 所示
指定临时对象追踪点: 10                    //输入 M 点与 L 点的距离
指定等轴测圆的圆心: 10                    //沿 150° 方向追踪并输入追踪距离
指定等轴测圆的半径或[直径(D)]: 6.5        //输入圆半径
命令: _copy                              //复制椭圆 N
选择对象: 找到 1 个                       //选择椭圆 N
选择对象:                                //按〈Enter〉键
指定位移的基点或[重复(M)]: 0.7            //输入复制的距离
指定位移的第二点或<用第一点作位移>         //按〈Enter〉键结束
命令: _copy                              //重复命令
选择对象: 总计 2 个                       //选择椭圆 N、O
```

选择对象:　　　　　　　　　　　　　　　　　　//按〈Enter〉键
指定位移的基点或[重复(M)]: 22<150　　　　　　　//输入复制的距离
指定位移的第二点或<用第一点作位移>　　　　　　　//按〈Enter〉键结束

结果如图 5-5 所示。修剪多余线条，结果如图 5-6 所示。

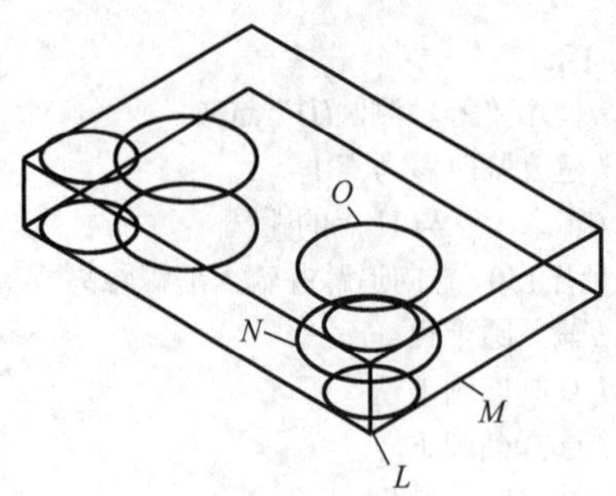

图 5-5　画椭圆

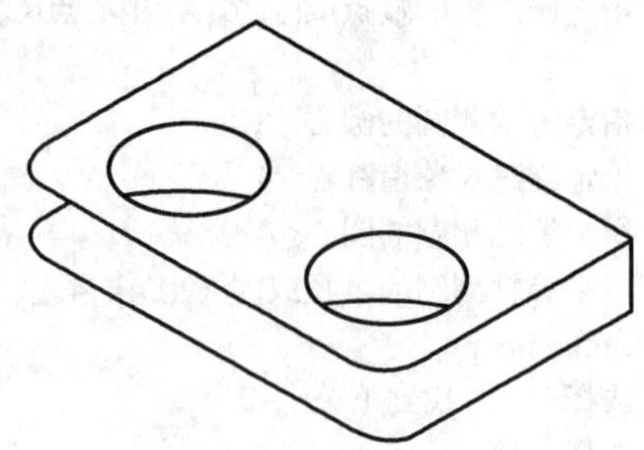

图 5-6　修剪结果

⑧ 画公切线 PQ，如图 5-7 所示。

命令: <等轴测平面 左>　　　　　　　　　　　　//按〈F5〉键切换到左轴测面
命令: _line 指定第一点:　　　　　　　　　　　//捕捉 P 点
指定下一点或[放弃(U)]:　　　　　　　　　　　//捕捉 Q 点
指定下一点或[放弃(U)]:　　　　　　　　　　　//按〈Enter〉键结束

结果如图 5-7 所示。修剪多余线条，结果如图 5-8 所示。

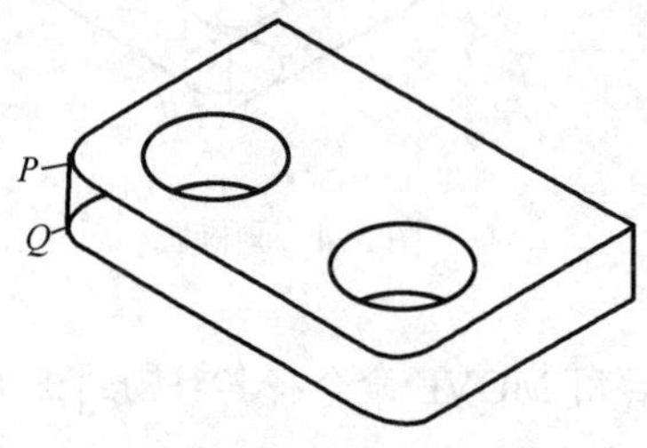

图 5-7　画公切线

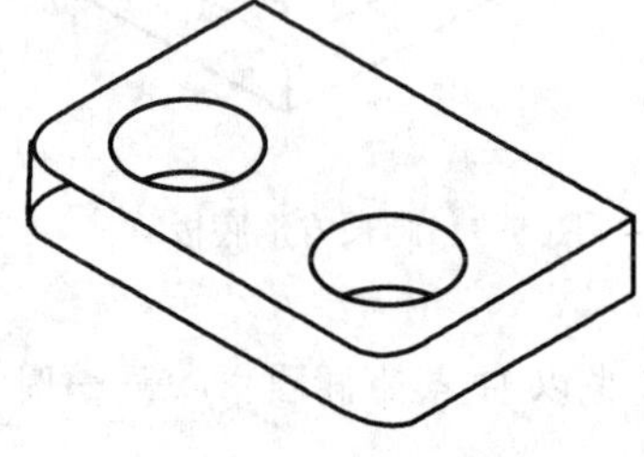

图 5-8　修剪结果

⑨ 画线框 H，如图 5-9 所示。

命令: <等轴测平面 右>　　　　　　　　　//按〈F5〉键切换到右轴测面
命令: _line 指定第一点: 9
　　　　　　　　　　　　　　　　　　//从 A 点开始沿 150° 方向追踪到 B 点，如图 5-9 所示
指定下一点或[放弃(U)]: 16　　　　　　//从 B 点开始沿 90° 方向追踪到 C 点
指定下一点或[放弃(U)]: 21　　　　　　//从 C 点开始沿 30° 方向追踪到 D 点
指定下一点或[闭合(C)/放弃(U)]: 6　　　//从 D 点开始沿 90° 方向追踪到 E 点
指定下一点或[闭合(C)/放弃(U)]: 27　　//从 E 点开始沿-150° 方向追踪到 F 点
指定下一点或[闭合(C)/放弃(U)]: 22　　//从 E 点开始沿-90° 方向追踪到 G 点
指定下一点或[闭合(C)/放弃(U)]: C　　 //使线框闭合

⑩ 在右轴测面内画椭圆，如图 5-10 所示。

命令: _ellipse

指定椭圆轴的端点或[圆弧(A)/中心点(C)/等轴测圆(I)]: I
//使用“等轴测圆(I)”选项
指定等轴测圆的圆心: tt //建立临时参考点 J，如图 5-10 所示
指定临时对象追踪点: 10 //输入 J 点与 I 点的距离
指定等轴测圆的圆心: 10 //沿-90° 方向追踪并输入追踪距离
命令: _ellipse //重复命令
指定椭圆轴的端点或[圆弧(A)/中心点(C)/等轴测圆(I)]: I
//使用“等轴测圆(I)”选项
指定等轴测圆的圆心: tt //建立临时参考点 L
指定临时对象追踪点: 4 //输入 L 点与 K 点的距离
指定等轴测圆的圆心: 4 //沿-90° 方向追踪并输入追踪距离
指定等轴测圆的半径或[直径(D)]: 4 //输入圆半径

结果如图 5-10 所示。修剪多余线条，结果如图 5-11 所示。

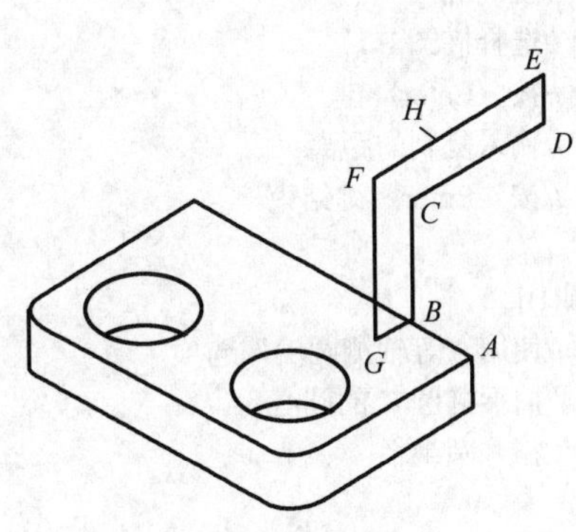

图 5-9 画线框

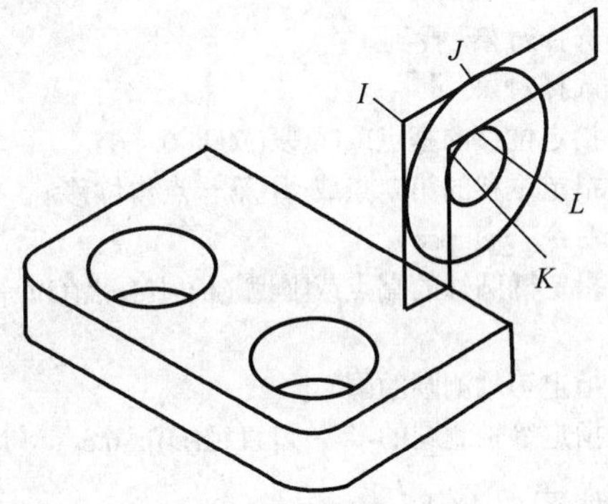

图 5-10 画椭圆

⑪ 复制线框 Q，并画直线 MN、OP，如图 5-12 所示。

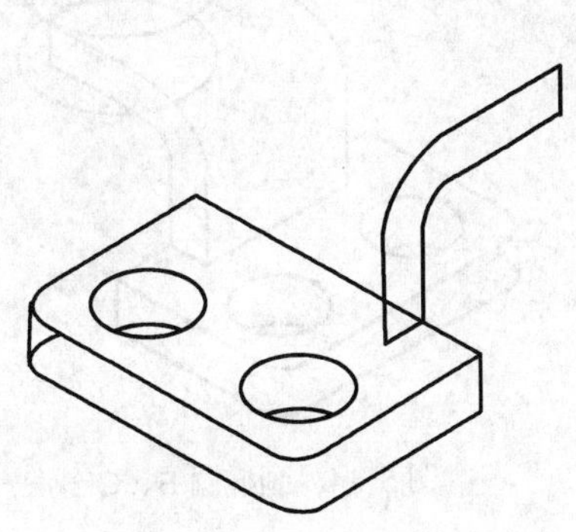
图 5-11 修剪结果

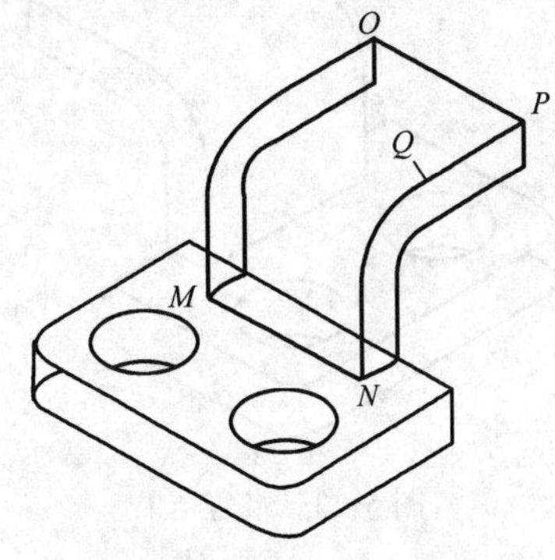

图 5-12 复制线框 A

命令: _copy
选择对象: 找到 8 个 //选择线框 Q，如图 5-12 所示
选择对象: //按〈Enter〉键
指定位移的基点或[重复(M)]: 24<150 //输入复制的距离
指定位移的第二点或<用第一点作位移> //按〈Enter〉键
命令: _line 指定第一点: //捕捉 M 点

```
指定下一点或[放弃(U)]:                          //捕捉 N 点
指定下一点或[放弃(U)]:                          //按〈Enter〉键
命令: _line 指定第一点:                          //捕捉 O 点
指定下一点或[放弃(U)]:                          //捕捉 P 点
指定下一点或[放弃(U)]:                          //按〈Enter〉键
```

结果如图 5-12 所示。修剪多余线条，结果如图 5-13 所示。

⑫ 画椭圆 B、C 等，如图 5-14 所示。

```
命令: _ellipse
指定椭圆轴的端点或[圆弧(A)/中心点(C)/等轴测圆(I)]: I
                                                //使用“等轴测圆(I)”选项
指定等轴测圆的圆心:                              //捕捉直线的 A 点，如图 5-14 所示
指定等轴测圆的半径或[直径(D)]: 12                //输入圆半径
命令: _copy                                      //复制椭圆
选择对象: 找到 1 个                              //选择椭圆 B
选择对象:                                        //按〈Enter〉键
指定位移的基点或[重复(M)]: 0, -11                //输入复制的距离
指定位移的第二点或<用第一点作位移>               //按〈Enter〉键结束
命令: _ellipse
指定椭圆轴的端点或[圆弧(A)/中心点(C)/等轴测圆(I)]: I
                                                //使用“等轴测圆(I)”选项
指定等轴测圆的圆心:                              //捕捉椭圆 C 的圆心
指定等轴测圆的半径或[直径(D)]: 6.5               //输入圆半径
```

结果如图 5-14 所示。

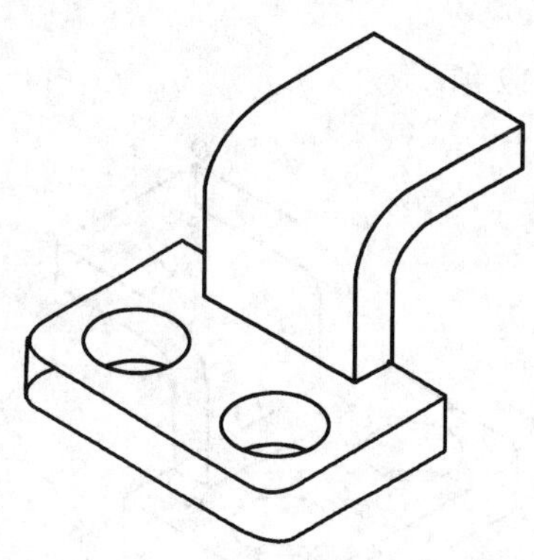
图 5-13　修剪结果

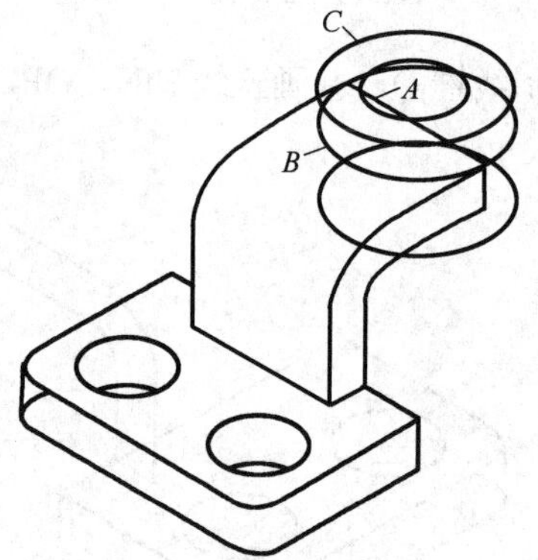

图 5-14　画椭圆 B、C

⑬ 画公切线 EF、GH，如图 5-15 所示。

```
命令: <等轴测平面 左>                           //按〈F5〉键切换到左轴测面
命令: _line
指定第一点:                                      //捕捉 E 点
指定下一点或[放弃(U)]:                          //捕捉 F 点
指定下一点或[放弃(U)]:                          //按〈Enter〉键结束
命令: _line                                      //重复命令
```

指定第一点:　　//捕捉 G 点
指定下一点或[放弃(U)]:　　//捕捉 H 点
指定下一点或[放弃(U)]:　　//按〈Enter〉键结束

结果如图 5-15 所示。修剪多余线条，结果如图 5-16 所示。

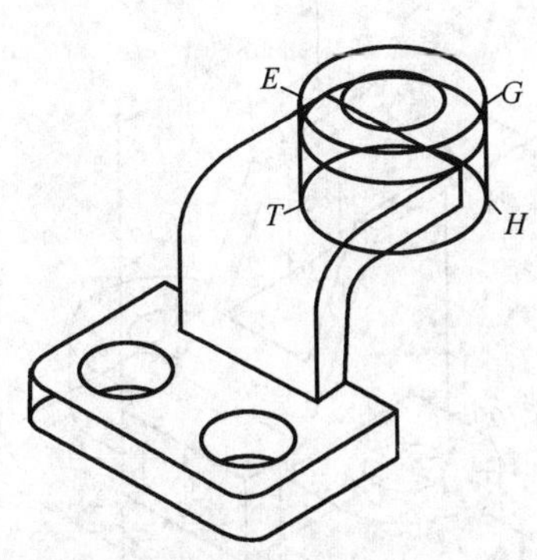

图 5-15　画切线

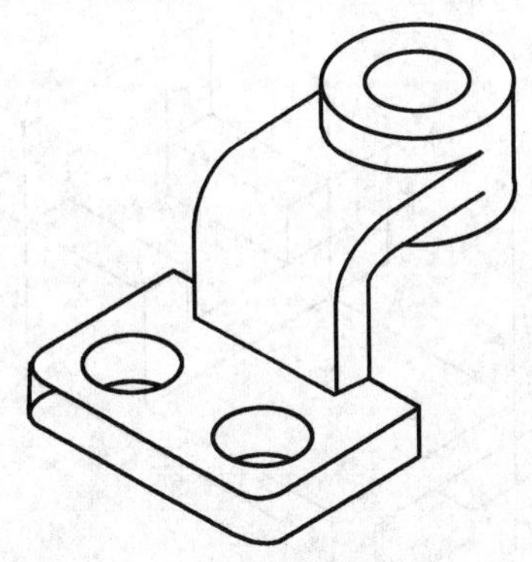
图 5-16　修剪结果

⑭ 画三角形肋板，如图 5-17 所示。

命令: <等轴测平面 右>　　//按〈F5〉键切换到右轴测面
命令: _copy
选择对象: 总计 2 个　　//选择直线 A 及椭圆弧 B，如图 5-17 所示
指定位移的基点或[重复(M)]: 9<150　　//输入复制的距离
指定位移的第二点或<用第一点作位移>　　//按〈Enter〉键结束
命令: _line 指定第一点:　　//捕捉 E 点
指定下一点或[放弃(U)]:　　//沿-150° 方向追踪并捕捉到点 F
指定下一点或[放弃(U)]: tan 于　　//捕捉切点 G
指定下一点或[闭合(C)/放弃(U)]:　　//按〈Enter〉键结束
命令: _copy
选择对象: 总计 2 个　　//选择直线 C 及椭圆弧 D
选择对象:　　//按〈Enter〉键结束
指定位移的基点或[重复(M)]: 6<150　　//输入复制的距离
指定位移的第二点或<用第一点作位移>　　//按〈Enter〉键结束

结果如图 5-17 所示。修剪多余线条，结果如图 5-18 所示。

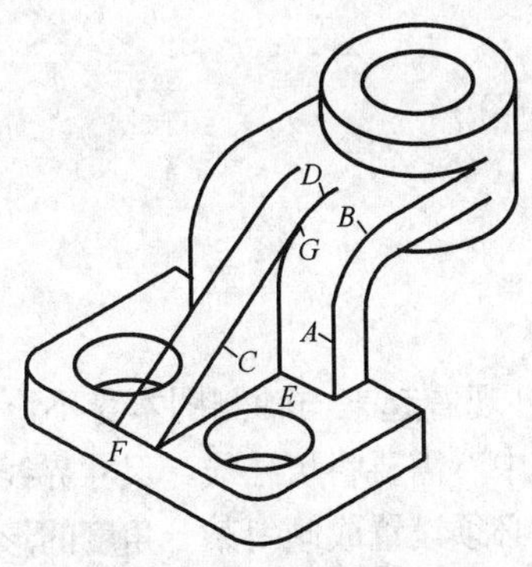

图 5-17　画三角形肋板

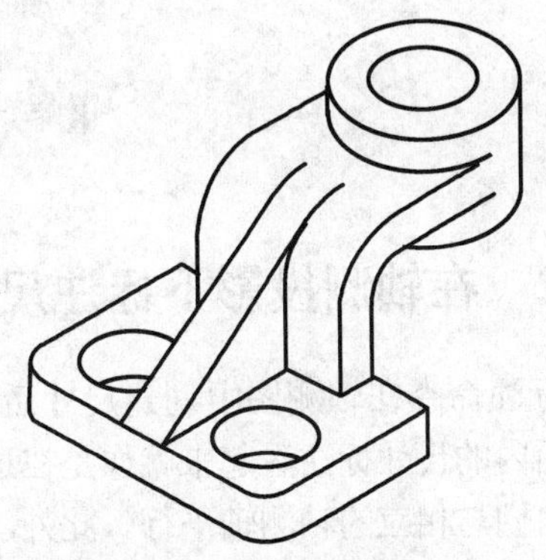
图 5-18　修剪结果

5.1.4 实战训练

① 用直线、复制和修剪等命令绘制如图 5-19 所示的轴测图。

② 绘制如图 5-20 所示的轴测图。

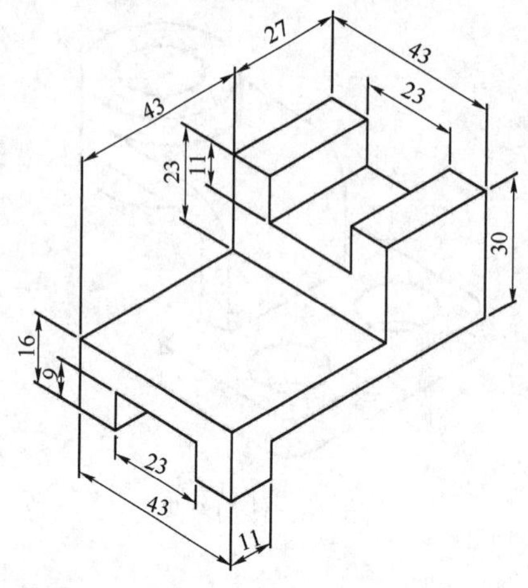

图 5-19　绘制轴测图 1

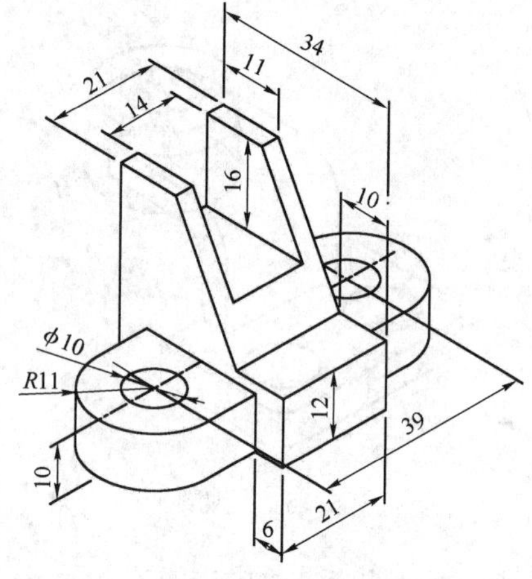

图 5-20　绘制轴测图 2

③ 绘制如图 5-21 所示的轴测图。

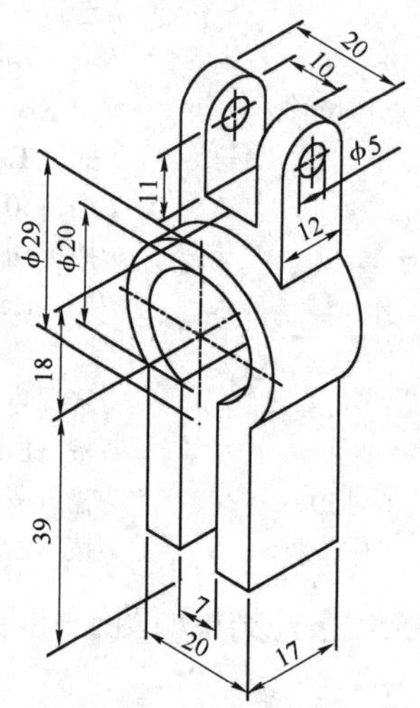

图 5-21　绘制轴测图 3

任务 5.2　在轴测投影下标注尺寸

当用标注命令在轴测图中创建尺寸后，标注的外观看起来与轴测图本身不协调。为了让某个轴测面内的尺寸标注看起来就像是在这个轴测面中，需要将尺寸线、尺寸界线倾斜某一角度，以使它们与相应的轴测轴平行。此外，标注文本必须设置成倾斜某一角度的形式，才能使文本的外观也具有立体感。图 5-22 所示的是标注的初始状态与调整外观后结果的比较。

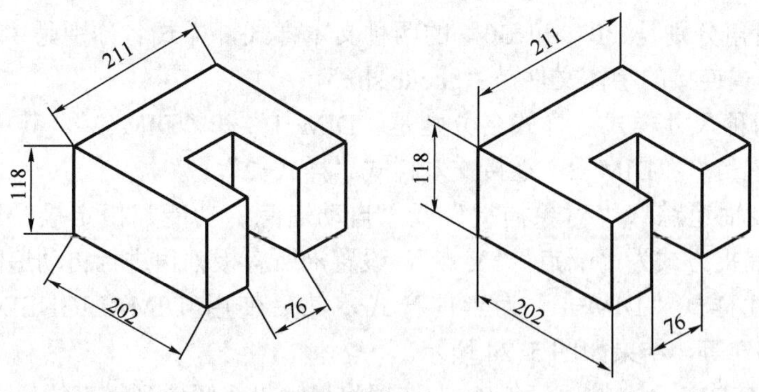

图 5-22　标注外观

5.2.1　任务引领

完成如图 5-23 所示的轴测图的尺寸标注。

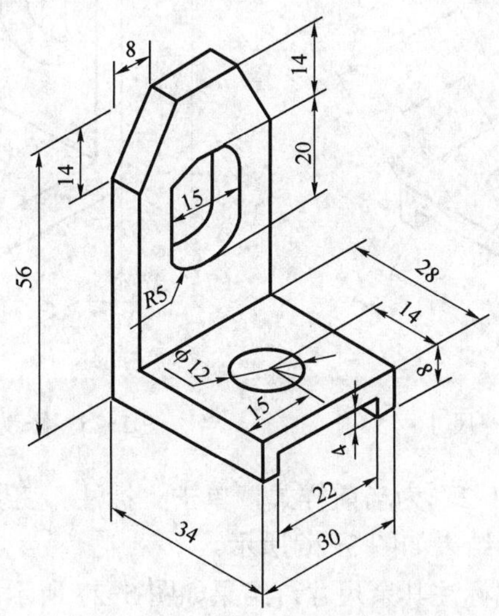

图 5-23　轴测图的尺寸标注

5.2.2　任务分析

在轴测图中标注尺寸的步骤如下：

① 创建两种尺寸样式，这两种样式控制的标注文本的倾斜角度分别是 30° 和-30° 。

② 由于在等轴测图中只有沿与轴测轴平行的方向进行测量才能得到真实的距离值，所以在创建轴测图的尺寸标注时应使用“DIMALIGNED”(对齐尺寸)。

③ 标注完成后，利用 DIMEDIT 命令的“倾斜(O)”选项修改尺寸界线的倾斜角度，使尺寸界线的方向与轴测轴的方向一致，这样标注外观具有立体感。

5.2.3　典型例题

① 打开轴测图。

② 建立倾斜角分别是 30° 和-30° 的两种文本样式，样式名分别是“样式-1”和“样式-2”，这两个样式连接的字体文件是“gbeitc.shx”。

③ 再创建两种尺寸样式，样式名分别是“DIM-1”和“DIM-2”。其中，“DIM-1”连接文本样式“样式-1”，“DIM-2”连接文本样式“样式-2”。

④ 打开“极轴追踪”、“对象捕捉”及“自动追踪”功能，指定极轴追踪角度增量为“30”，设定对象捕捉方式为“端点”“交点”，设置沿所有极轴角进行自动追踪。

⑤ 指定尺寸样式“DIM-1”为当前样式，然后使用 DIMALIGNED 命令标注尺寸“22”、“30”、“56”等，结果如图 5-24 所示。

⑥ 使用 DIMEDIT 命令的“倾斜(O)”选项将尺寸界线倾斜到竖直的位置、30° 或-30° 的位置，结果如图 5-25 所示。

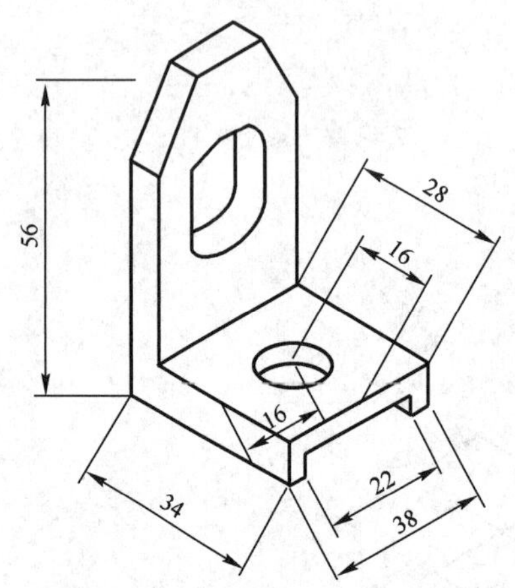

图 5-24　标注对齐尺寸

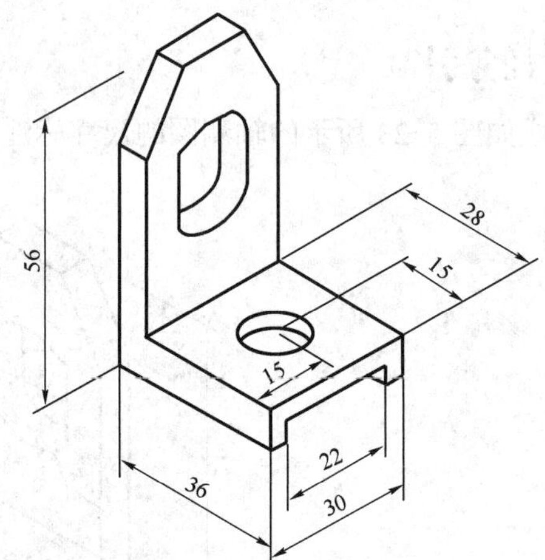

图 5-25　修改尺寸界线的倾斜角

⑦ 指定尺寸样式“DIM-2”为当前样式，单击“标注”工具栏上的按钮，选择尺寸“56”“34”“15”进行更新，结果如图 5-26 所示。

⑧ 利用关键点编辑方式标注其余尺寸，结果如图 5-27 所示。

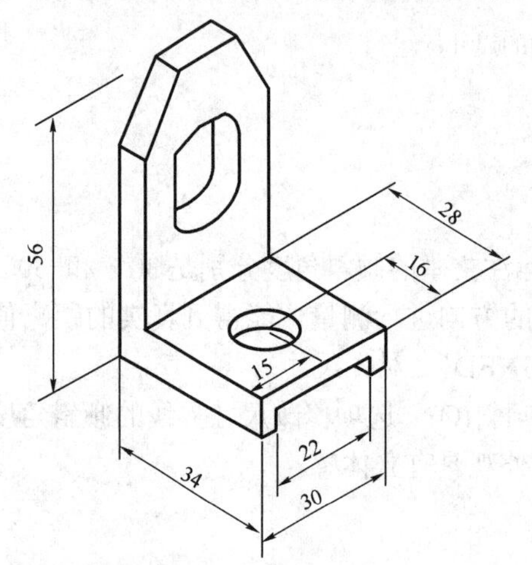

图 5-26　更新尺寸标注

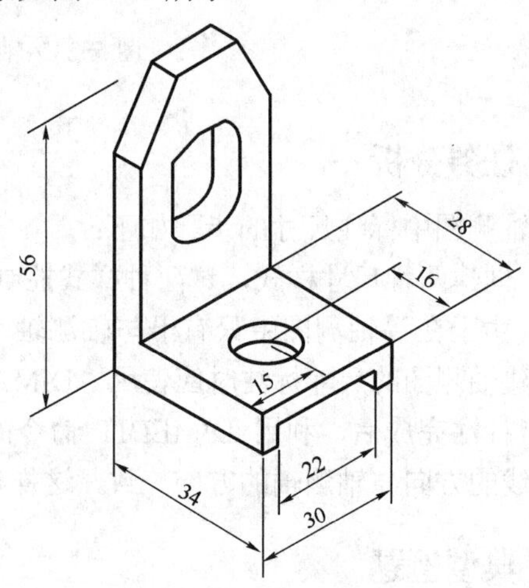

图 5-27　调整标注文字及尺寸线位置

⑨ 用与上述类似的方法标注其余尺寸，结果如图 5-28 所示。

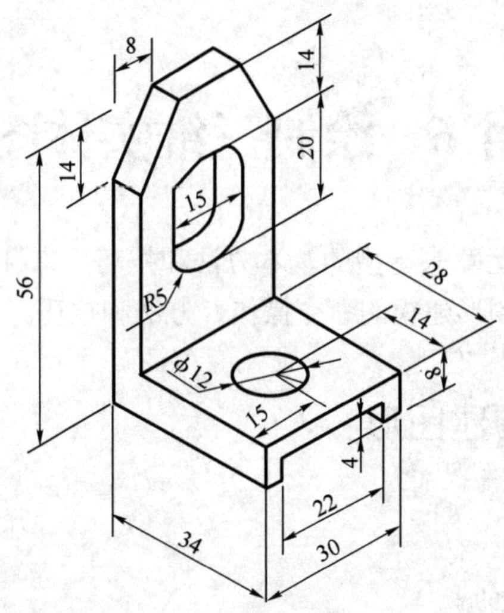

图 5-28　标注其余尺寸

项目 6　绘制三维实体图形

掌握通过面域间的布尔运算来造型的基本方法和技巧；掌握线架模型、曲面模型、实体模型的创建方法；掌握三维图形建模的命令操作、方法和技巧。

任务 6.1　利用面域构建图形

6.1.1　任务引领

绘制图 6-1 所示的面域造型。

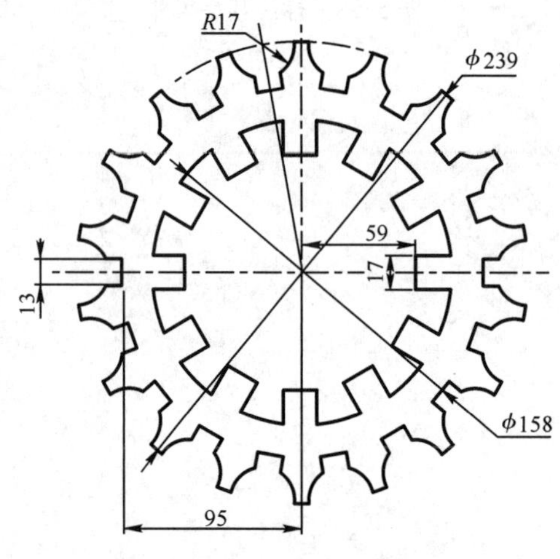

图 6-1　面域造型

6.1.2　命令学习

域是指二维的封闭图形，它可由直线、多段线、圆、圆弧、样条曲线等对象围成，但应保证相邻对象间共享连接的端点，否则不能创建域。用户可采用“并”、“差”、“交”等布尔运算来构造不同形状的图形。

1．创建面域

创建如图 6-2 所示的面域。

单击“绘图”工具栏上的按钮，或输入“REGION”命令，按以下步骤操作：

```
命令: _region
选择对象:                              //用交叉窗口选择两个矩形及圆，如图 6-2 所示
选择对象:                              //按〈Enter〉键结束
已创建 3 个面域。
```

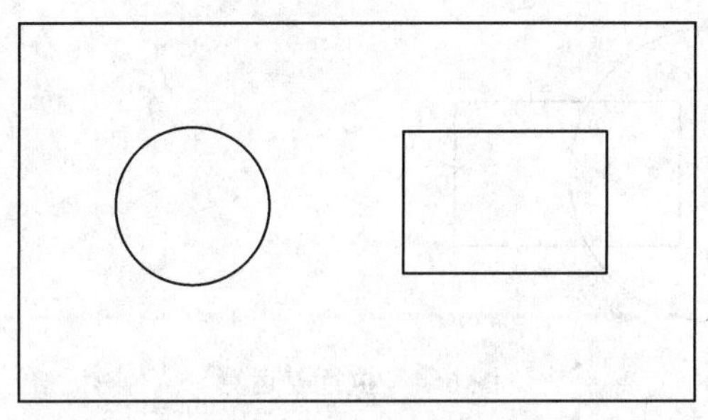

图 6-2　创建面域

用户可以对面域进行移动、复制等操作，还可以用“修改”工具栏上的按钮分解面域，使其还原为原始图形对象。

对图形创建面域后，还可以对面域进行并运算、差运算、交运算。

2．并运算

并运算是将所有参与运算的面域合并为一个新的面域。选择“修改”→“实体编辑”→“并集”命令，或输入“UNION”命令，按以下步骤操作：

```
命令: _union
选择对象:                    //选择圆面域及矩形面域，如图 6-3 左图所示
选择对象:                    //按 Enter 键结束
```

结果如图 6-3 右图所示。

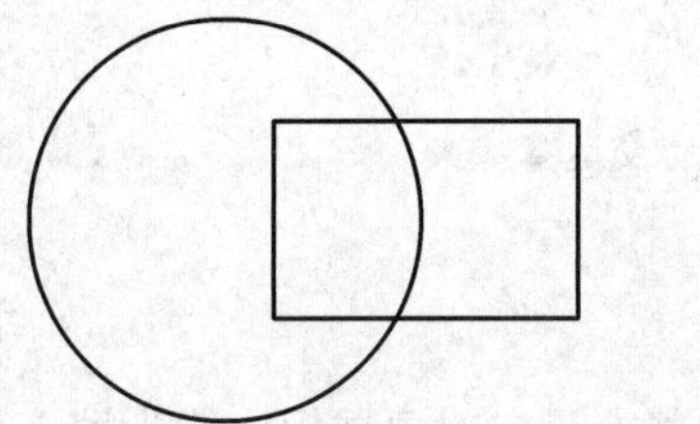

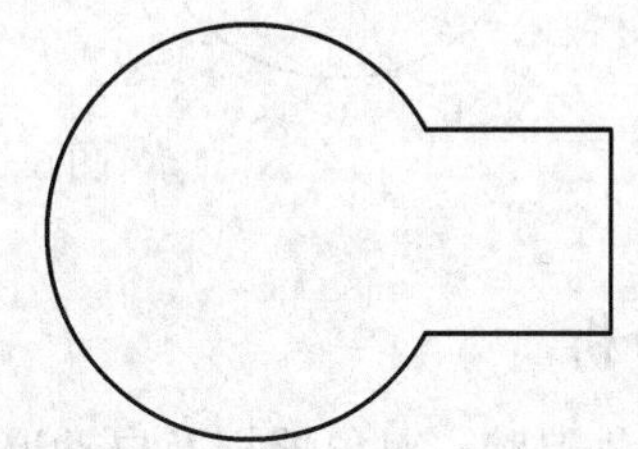

图 6-3　执行并运算

3．差运算

差运算是从一个面域中去掉一个或多个面域，从而形成一个新面域。选择“修改”→“实体编辑”→“差集”命令，或输入“SUBTRACT”命令，按以下步骤操作：

```
命令: _subtract
选择要从中减去的实体或面域
选择对象:                    //选择矩形面域，如图 6-4 左图所示
选择对象:                    //按〈Enter〉键
选择要减去的实体或面域
选择对象:                    //选择圆面域
选择对象:                    //按〈Enter〉键结束
```

操作结果如图 6-4 右图所示。

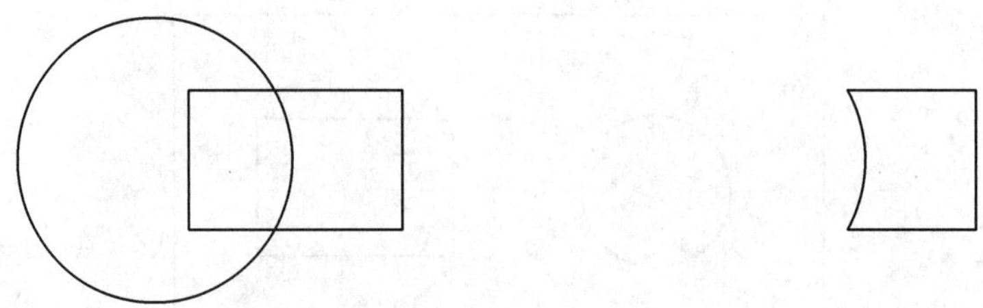

图 6-4　执行差运算

4．交运算

通过交运算可以求出各个相交面域的公共部分。选择“修改”→“实体编辑”→“交集”命令，或输入“INTERSECT”命令，按以下步骤操作：

```
命令: _intersect
选择对象:                    //选择圆面域及矩形面域，如图 6-5 所示
选择对象:                    //按〈Enter〉键结束
```

结果如图 6-5 右图所示。

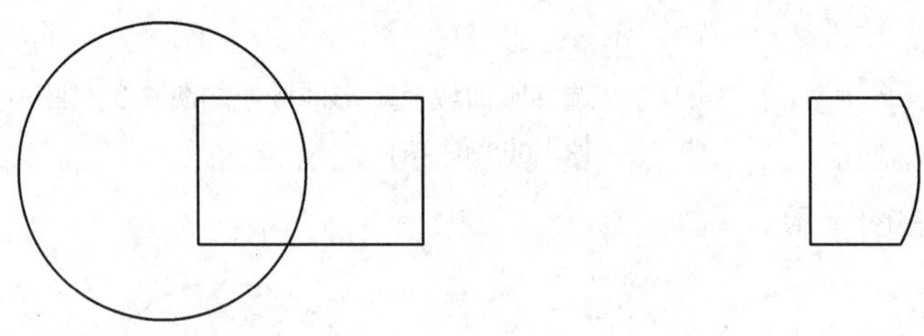

图 6-5　执行交运算

6.1.3　任务分析

① 打开极轴追踪、对象捕捉及自动追踪功能，设定对象捕捉方式为端点、交点。

② 绘制水平及竖直中心线，再绘制直径分别为 158 和 239 的 A、B 两个圆，用矩形命令画一个矩形 C，将两个圆及矩形创建成面域，如图 6-6 所示。

③ 用面域 A 减去面域 B，再创建面域 C 的环形阵列，按以下步骤操作，结果如图 6-7 所示。

```
命令: _subtract　选择要从中减去的实体或面域
选择对象:                    //选择面域 A，如图 6-7 所示
选择对象:                    //按〈Enter〉键
选择要减去的实体或面域
选择对象:                    //选择面域 B
选择对象:                    //按〈Enter〉键结束
```

利用“阵列”中的“环形阵列”命令绘制 11 个矩形 C。

④ 把生成的环形面域及所有矩形面域一起做“并”运算，按以下步骤操作，结果如图 6-8 所示。

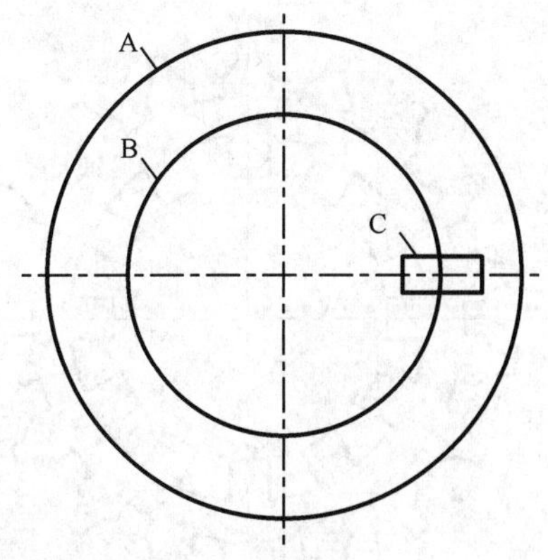

图 6-6　生成面域

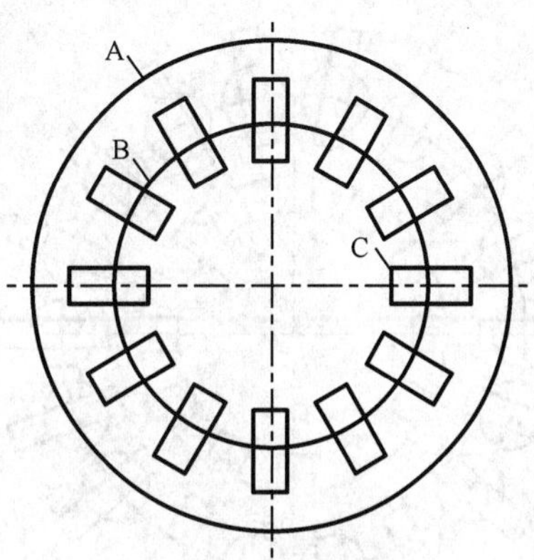

图 6-7　环形阵列

命令: _union
选择对象:　　　　　　　　　　　　//选择环形面域
选择对象:　　　　　　　　　　　　//选择所有的矩形面域
选择对象:　　　　　　　　　　　　//按〈Enter〉键结束

⑤ 用直线命令画矩形 B，再绘制一个圆 A，如图 6-9 所示。

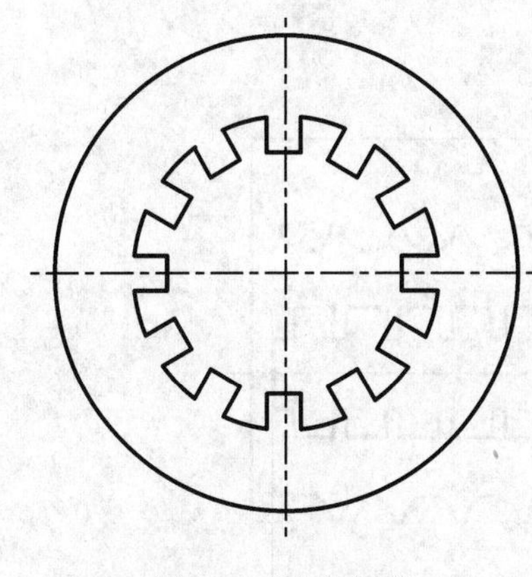

图 6-8 “并”运算

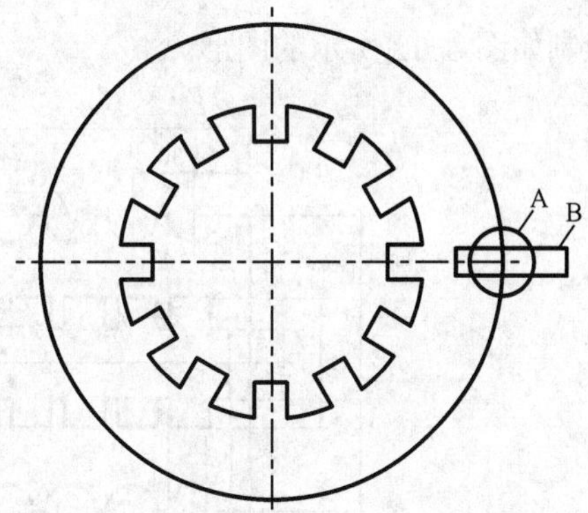

图 6-9　画矩形及圆

⑥ 把圆 A、矩形 B 创建成面域，然后将它们进行阵列，结果如图 6-10 所示。

⑦ 用面域 C 减去所有的圆面域 A 及矩形面域 B，具体操作步骤如下，结果如图 6-11 所示。

命令: _subtract　选择要从中减去的实体或面域
选择对象:　　　　　　　　　　　　//选择面域 C
选择对象:　　　　　　　　　　　　//按〈Enter〉键
选择要减去的实体或面域
选择对象:　　　　　　　　　　　　//选择所有圆面域 A 及矩形面域 B
选择对象:　　　　　　　　　　　　//按〈Enter〉键结束

总结范例绘图技巧：

① 首先将复杂图形的轮廓边界分成矩形、圆或其他简单线框。

② 绘制圆、矩形用简单闭合线框，并将其创建成面域。

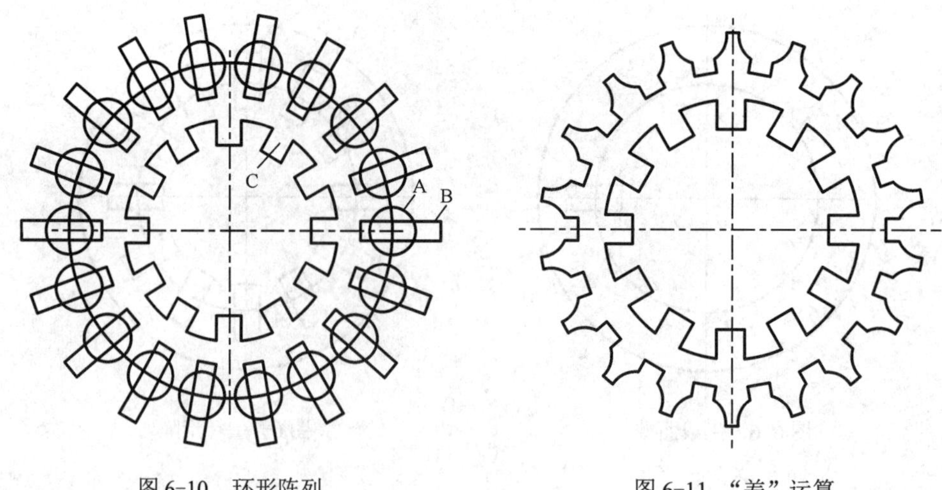

图 6-10　环形阵列　　　　图 6-11 “差”运算

③ 把矩形面域、圆面域及简单线框面域移动至所需位置，然后执行布尔运算形成复杂的图形。

6.1.4 典型例题

绘制如图 6-12 所示的图形。

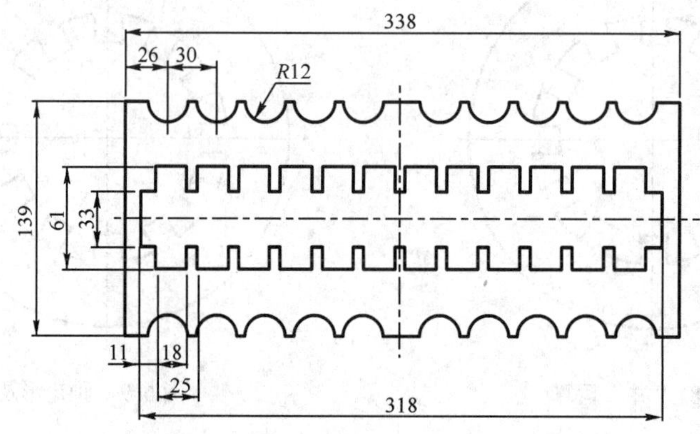

图 6-12　矩形阵列及面域造型

解题思路：

① 画长为 338、宽为 139 的矩形及半径为 12 的圆，并将圆、矩形创建成面域。

② 创建圆面域的矩形阵列，共生成 10 个小圆。

③ 将这 10 个小圆沿对称中心线镜像，再生成 10 个小圆。

④ 用矩形面域减去所有的圆域，执行“差”运算。

⑤ 在图形中间位置绘制长为 318、宽为 33 的矩形 A 及长为 18、宽为 61 的矩形 B，并创建面域。

⑥ 把矩形 B 沿水平方向阵列，共生成 12 个小矩形。

⑦ 把矩形 A 的面域与所有长为 18、宽为 61 的矩形面域一起做“并”运算。

6.1.5 实战训练

绘制图 6-13、图 6-14 所示的图形。

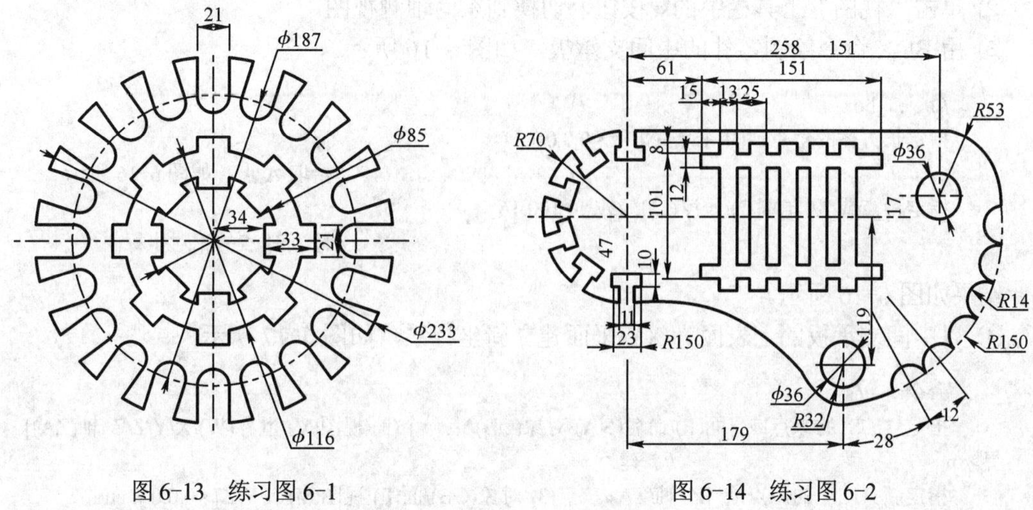

图 6-13　练习图 6-1　　图 6-14　练习图 6-2

任务 6.2　实心体建模

在创建实心体模型之前，首先要对模型进行分析，分析模型可划分为哪几个组成部分以及如何创建各组成部分。

6.2.1 任务引领

绘制图 6-15 所示的模型。

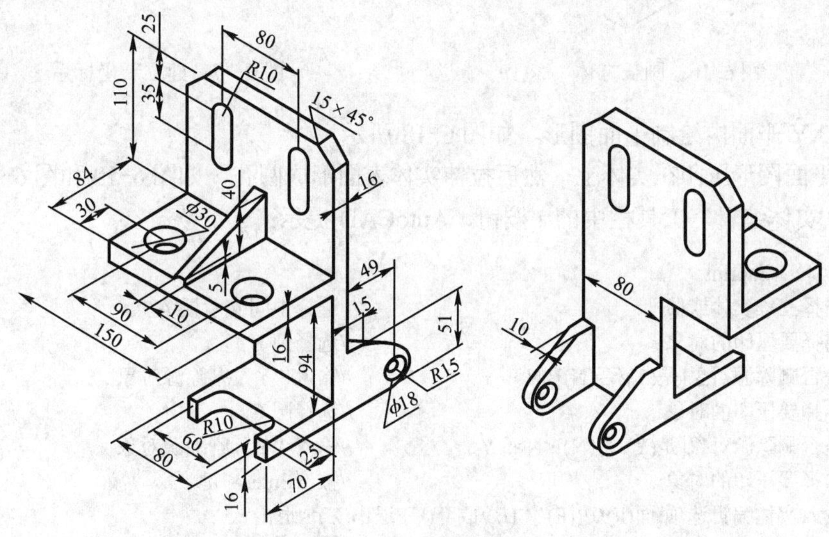

图 6-15　实体模型

6.2.2 任务分析

① 单击按钮，将工作空间切换至“三维建模”。

② 单击“视图”工具栏中的按钮，切换到东南轴测视图。

③ 用 BOX 命令绘制零件的中间支承板，如图 6-16 所示。

命令: _box

指定长方体的角点或[中心点(CE)]: <0,0,0>

//拾取 A 点，如图 6-16 所示

指定角点或[立方体(C)/长度(L)]: @150,100,16

//输入 B 点的相对坐标

结果如图 6-16 所示。

④ 以中间支承板的上表面为 XY 平面建立新坐标系，如图 6-17 所示。

命令: _ucs

指定 UCS 的原点或 [面(F)/命名(NA)/对象(OB)/上一个(P)/视图(V)/世界(W)/X/Y/Z/Z 轴(ZA)] <世界>: n //新建

指定新 UCS 的原点或 [Z 轴(ZA)/三点(3)/对象(OB)/面(F)/视图(V)/X/Y/Z] <0,0,0>: end

//捕捉端点 C，如图 6-17 所示

结果如图 6-17 所示。

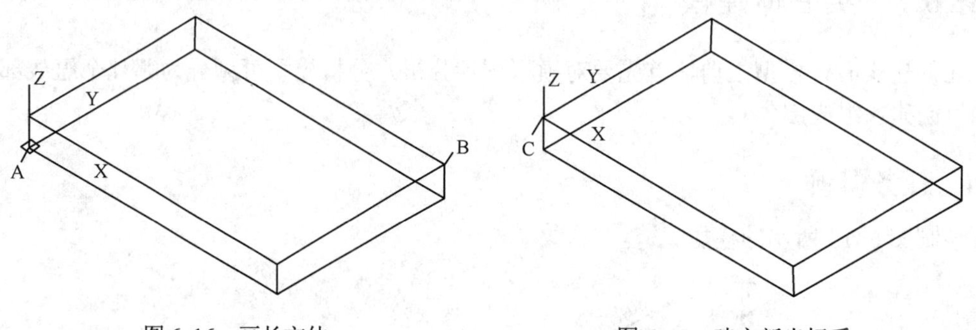

图 6-16　画长方体　　　　图 6-17　建立新坐标系

⑤ 在 XY 平面内绘制平面图形，如图 6-18 所示。

⑥ 将平面图形压印在实体上，然后拉伸实体表面形成圆孔，如图 6-19 和图 6-20 所示。单击“实体编辑”工具栏中的按钮，AutoCAD 提示：

命令: _imprint

选择三维实体或曲面: //选择中间支承板 A

选择要压印的对象: //选择圆 B

是否删除源对象[是(Y)/否(N)]<N>: Y //输入“Y”删除源对象

选择要压印的对象: //选择圆 C

是否删除源对象[是(Y)/否(N)]<N>: Y //输入“Y”删除源对象

选择要压印的对象: //按〈Enter〉键

输入实体编辑选项[面(F)/边(E)/体(B)/放弃(U)/退出(X)]<退出>:

//按〈Enter〉键结束

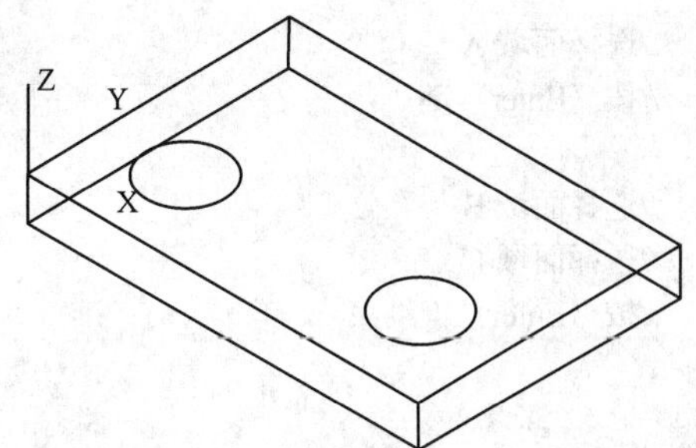

图 6-18　画平面图形

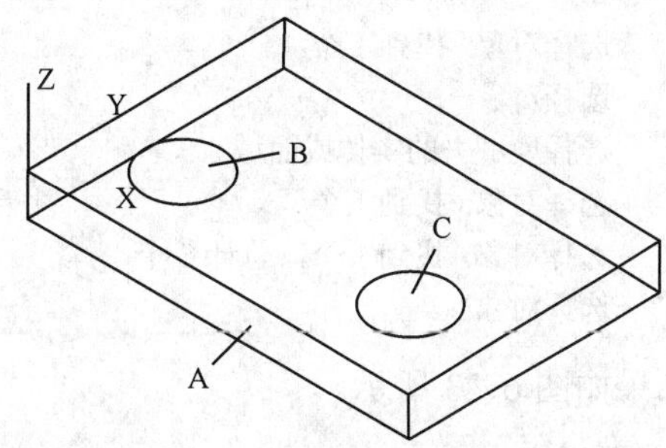

图 6-19　把平面图形压印在实体上

⑦ 单击“实体编辑”工具栏中的按钮，AutoCAD 提示：

选择面或[放弃(U)/删除(R)]: 找到一个面。　　//选择表面 B，如图 6-19 所示
选择面或[放弃(U)/删除(R)/全部(ALL)]: 找到一个面　　//选择表面 C
选择面或[放弃(U)/删除(R)/全部(ALL)]:　　//按〈Enter〉键
指定拉伸高度或[路径(P)]: -16　　//输入负的拉伸距离
指定拉伸的倾斜角度<0>:　　//按〈Enter〉键
输入实体编辑选项[面(F)/边(E)/体(B)/放弃(U)/退出(X)]:
　　//按〈Enter〉键结束

⑧ 将坐标系统 X 轴旋转 90°。

命令: _ucs
指定 UCS 的原点或 [面(F)/命名(NA)/对象(OB)/上一个(P)/视图(V)/世界(W)/X/Y/Z/Z 轴(ZA)] <世界>: n　　//新建
指定新 UCS 的原点或 [Z 轴(ZA)/三点(3)/对象(OB)/面(F)/视图(V)/X/Y/Z] <0,0,0>: X
　　//使用选项“X”
指定绕 X 轴的旋转角度<90>:　　//按〈Enter〉键结束

结果如图 6-21 所示。

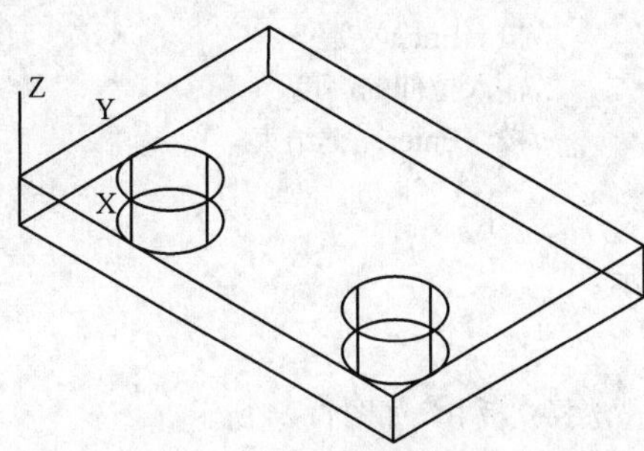

图 6-20　拉伸实体表面

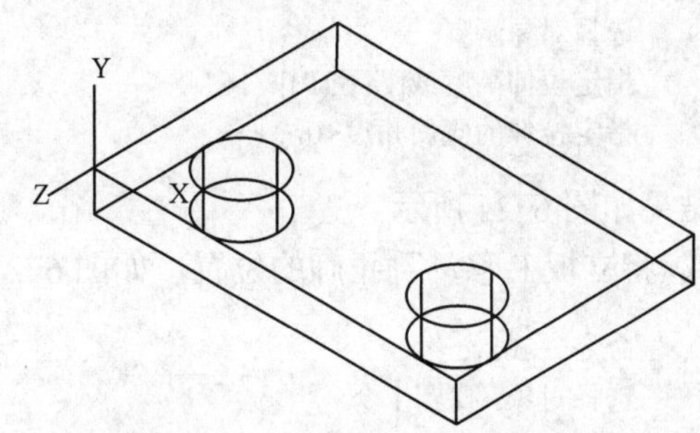

图 6-21　建立新坐标系

⑨ 在 XY 平面内绘制平面图形，如图 6-22 所示。

⑩ 将已画好的平面图形创建成面域，如图 6-23 所示。

命令: _region　　//创建面域
选择对象: 指定对角点: 找到 14 个　　//选择线框 A、B、C，如图 6-23 所示
选择对象:　　//按〈Enter〉键结束
命令: _subtract 选择要从中减去的实体或面域　　//差运算

选择对象: 找到 1 个　　　　　　　　　　　　　//选择面域 A
选择对象:　　　　　　　　　　　　　　　　　//按〈Enter〉键
选择要减去的实体或面域
选择对象: 找到 1 个　　　　　　　　　　　　　//选择面域 B
选择对象: 找到 1 个，总计 2 个　　　　　　　　//选择面域 C
选择对象:　　　　　　　　　　　　　　　　　//按〈Enter〉键结束

结果如图 6-23 所示。

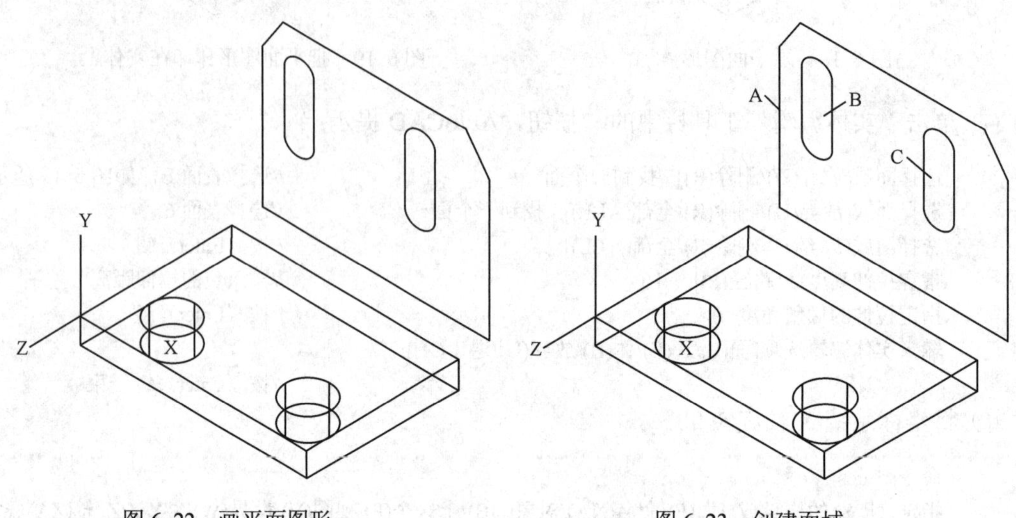

图 6-22　画平面图形　　　　　　　　图 6-23　创建面域

⑪ 拉伸面域形成实体，如图 6-24 所示。单击“实体”工具栏中的按钮，AutoCAD 提示：

命令: _extrude
选择对象: 找到 1 个　　　　　　　　　　　　　//选择已创建的面域
选择对象:　　　　　　　　　　　　　　　　　//按〈Enter〉键
指定拉伸高度或[路径(P)]: 16　　　　　　　　　//输入拉伸的高度
指定拉伸的倾斜角度<0>:　　　　　　　　　　//按〈Enter〉键结束

结果如图 6-24 所示。

⑫ 将立板 E 移动到正确的位置，如图 6-25 所示。

命令: _move
选择对象: 找到 1 个　　　　　　　　　　　　　//选择立板 E，如图 6-24 所示
选择对象:　　　　　　　　　　　　　　　　　//按〈Enter〉键
指定位移的基点:　　　　　　　　　　　　　　//捕捉 F 点
指定位移的第二点或<用第一点作位移>:　　　　//捕捉 G 点

结果如图 6-25 所示。

⑬ 将坐标系统 Y 轴旋转 90°，如图 6-26 所示。

指定 UCS 的原点或 [面(F)/命名(NA)/对象(OB)/上一个(P)/视图(V)/世界(W)/X/Y/Z/Z 轴(ZA)] <世界>: n　　　　　　//新建

指定新 UCS 的原点或 [Z 轴(ZA)/三点(3)/对象(OB)/面(F)/视图(V)/X/Y/Z] <0,0,0>: Y

　　　　　　　　　　　　　　　　　　　　　　　　　　//使用选项“Y”
指定绕 Y 轴的旋转角度<90>:　　　　　　　　　　　//按〈Enter〉键结束

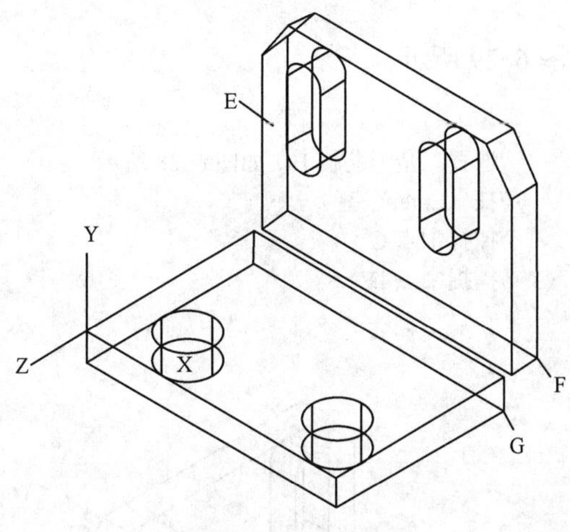

图 6-24　拉伸面域

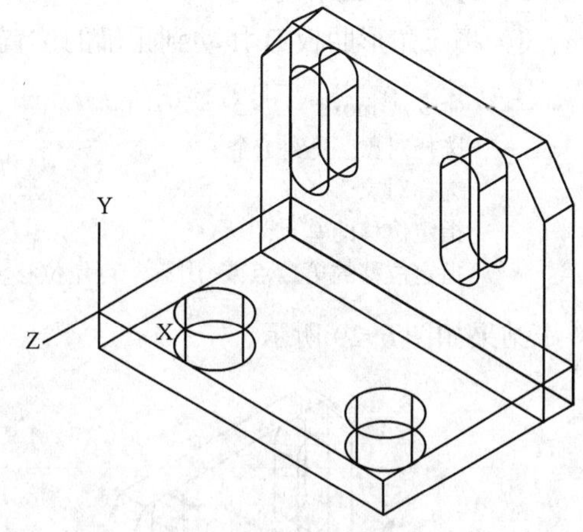

图 6-25　移动立板

结果如图 6-26 所示。

⑭ 在 XY 平面内绘制平面图形，如图 6-27 所示。

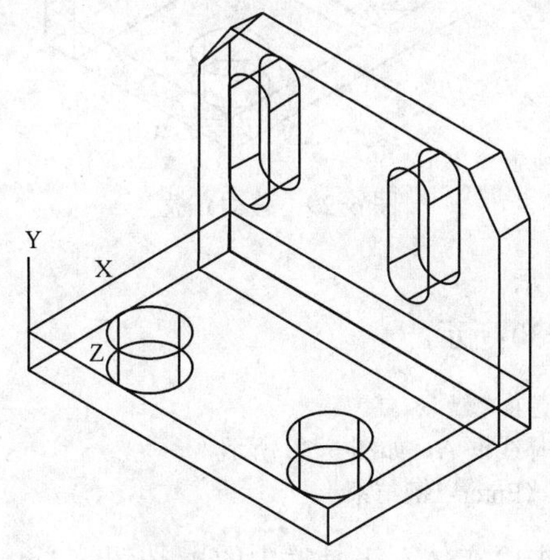

图 6-26　建立新坐标系

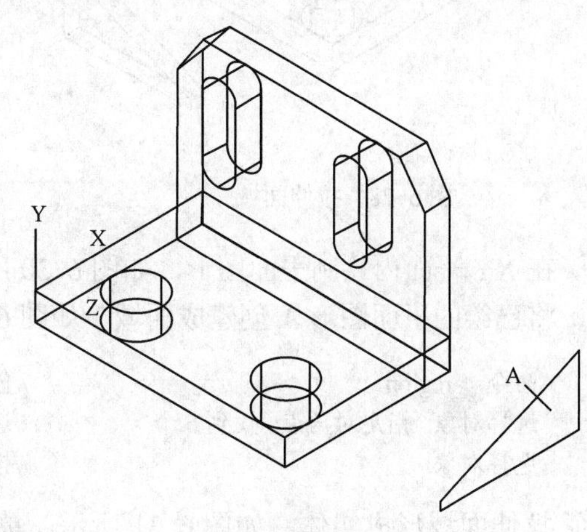

图 6-27　画平面图形

⑮ 将已绘的平面图形 A 创建成面域，如图 6-27 所示。

命令: _region　　　　　　　　　　　　　　　　　//创建面域
选择对象: 指定对角点: 找到 14 个　　　　　　　//选择线框 A，如图 6-27 所示
选择对象:　　　　　　　　　　　　　　　　　　　//按〈Enter〉键结束

⑯ 拉伸面域形成实体，如图 6-28 所示。单击“实体”工具栏中的按钮，AutoCAD 提示:

命令: _extrude
选择对象: 找到 1 个　　　　　　　　　　　　　　//选择已创建的面域
选择对象:　　　　　　　　　　　　　　　　　　　//按〈Enter〉键

指定拉伸高度或[路径(P)]: 10　　　　　　　　　　//输入拉伸的高度
指定拉伸的倾斜角度<0>:　　　　　　　　　　　　//按〈Enter〉键结束

结果如图 6-28 所示。

⑰ 将三角形肋板 B 移动到正确的位置，如图 6-29 所示。

命令: _move
选择对象: 找到 1 个　　　　　　　　　　　　//选择三角形肋板 B，如图 6-28 所示
选择对象:　　　　　　　　　　　　　　　　//按〈Enter〉键
指定位移的基点:　　　　　　　　　　　　　//捕捉中点 C
指定位移的第二点或<用第一点作位移>:　　　//捕捉中点 D

结果如图 6-29 所示。

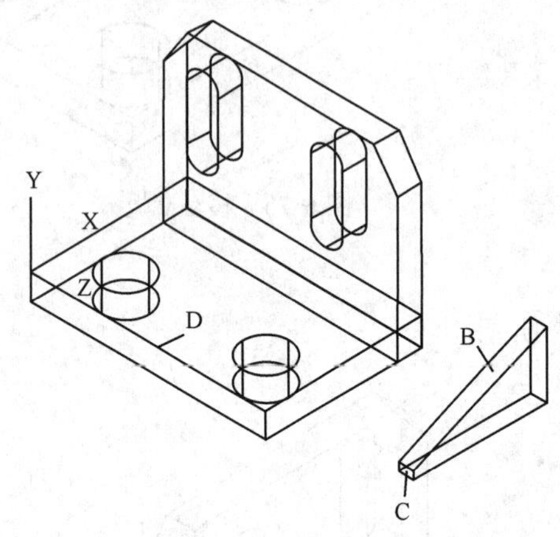

图 6-28　拉伸面域

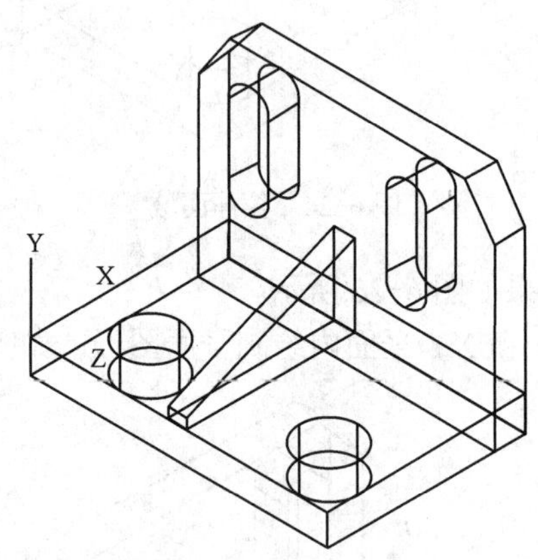

图 6-29　移动立板

⑱ 在 XY 平面内绘制平面图形，如图 6-30 所示。

⑲ 将已绘的平面图形 A 创建成面域，如图 6-30 所示。

命令: _region　　　　　　　　　　　　　//创建面域
选择对象: 指定对角点: 找到 6 个　　　　　//选择线框 A，如图 6-30 所示
选择对象:　　　　　　　　　　　　　　　//按〈Enter〉键结束

⑳ 拉伸面域形成实体，如图 6-31 所示。单击“实体”工具栏中的按钮，AutoCAD 提示：

命令: _extrude
选择对象: 找到 1 个　　　　　　　　　　　//选择已创建的面域
选择对象:　　　　　　　　　　　　　　　//按〈Enter〉键
指定拉伸高度或[路径(P)]: 80　　　　　　　//输入拉伸的高度
指定拉伸的倾斜角度<0>:　　　　　　　　　//按〈Enter〉键结束

结果如图 6-31 所示。

㉑ 将 L 形弯板 B 移动到正确的位置，如图 6-32 所示。

命令: _move
选择对象: 找到 1 个　　　　　　　　　　　//选择弯板 B，如图 6-31 所示
选择对象:　　　　　　　　　　　　　　　//按〈Enter〉键

指定位移的基点: //捕捉 C 点
指定位移的第二点或<用第一点作位移>: //捕捉 D 点

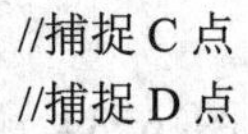

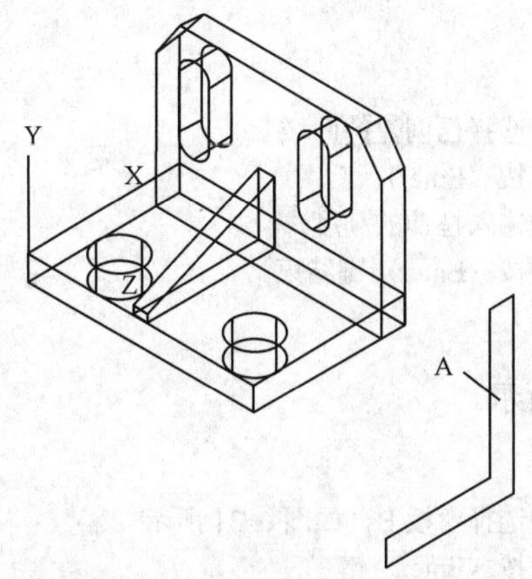

图 6-30　画平面图形

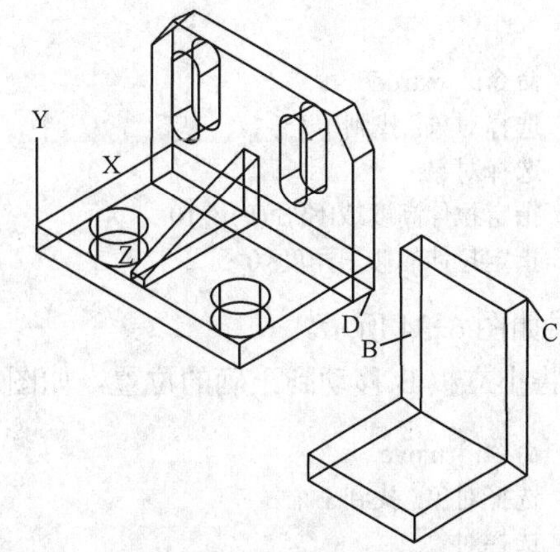

图 6-31　拉伸面域

结果如图 6-32 所示。

㉒ 在 XY 平面内绘制平面图形，如图 6-33 所示。

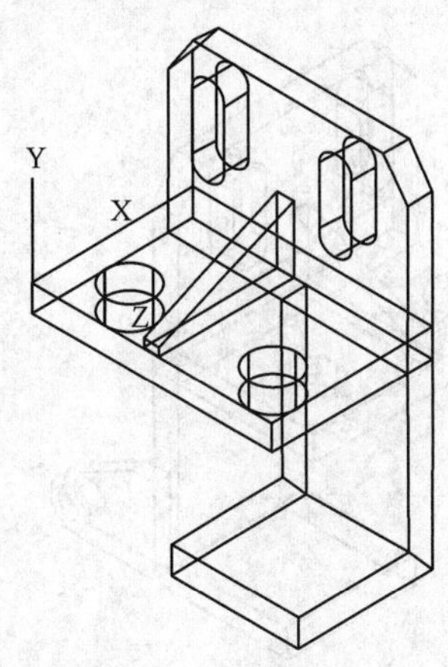

图 6-32　移动弯板

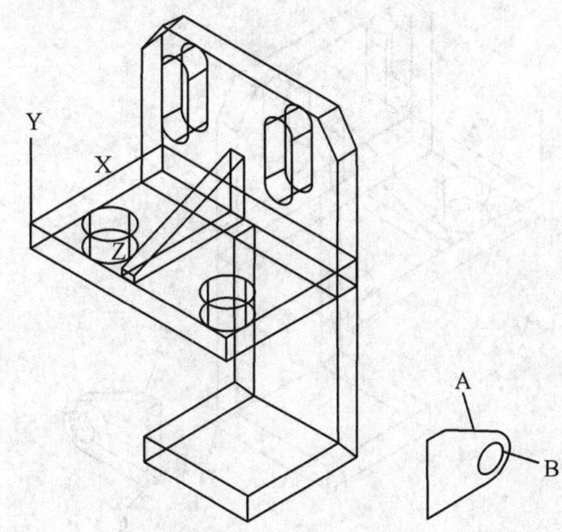

图 6-33　画平面图形

㉓ 将已绘的平面图形创建成面域，如图 6-33 所示。

命令: _region //创建面域
选择对象: 指定对角点: 找到 6 个 //选择线框 A、B，如图 6-33 所示
选择对象: //按〈Enter〉键结束
命令: _subtract 选择要从中减去的实体或面域 //差运算
选择对象: 找到 1 个 //选择面域 A
选择对象: //按〈Enter〉键
选择要减去的实体或面域
选择对象: 找到 1 个 //选择面域 B
选择对象: //按〈Enter〉键结束

结果如图 6-33 所示。

㉔ 拉伸面域形成实体，如图 6-34 所示。单击“实体”工具栏中的按钮，AutoCAD 提示：

命令: _extrude
选择对象: 找到 1 个　　　　//选择已创建的面域
选择对象:　　　　//按〈Enter〉键
指定拉伸高度或[路径(P)]: 10　　　　//输入拉伸的高度
指定拉伸的倾斜角度<0>:　　　　//按〈Enter〉键结束

结果如图 6-34 所示。

㉕ 将小立板 B 移动到正确的位置，如图 6-35 所示。

命令: _move
选择对象: 找到 1 个　　　　//选择弯板 B，如图 6-31 所示
选择对象:　　　　//按〈Enter〉键
指定位移的基点:　　　　//捕捉 C 点
指定位移的第二点或<用第一点作位移>:　　　　//捕捉 D 点

结果如图 6-35 所示。

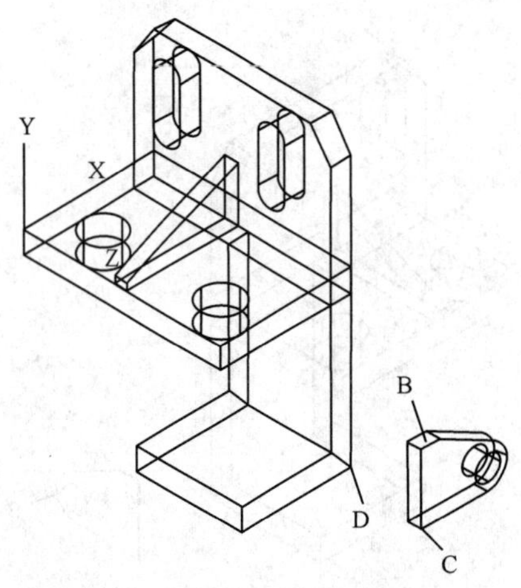

图 6-34　拉伸面域

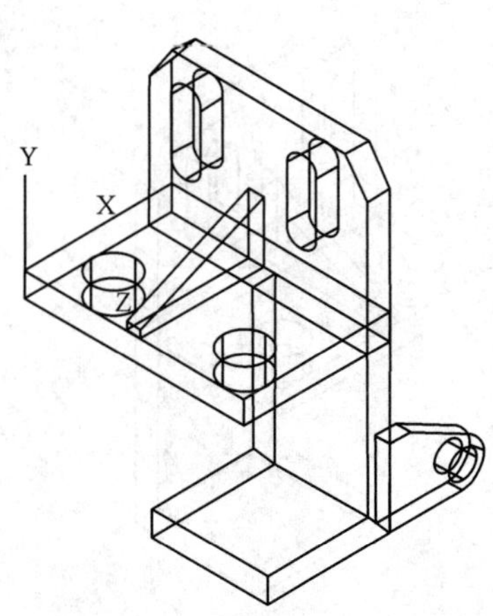

图 6-35　移动小立板

㉖ 镜像小立板 B，如图 6-36 所示。

命令: _mirror3d
选择对象: 找到 1 个　　　　//选择小立板 B，如图 6-36 所示
选择对象:　　　　//按〈Enter〉键
指定镜像平面(三点)的第一个点或[对象(O)/最近的(L)/Z 轴(Z)/视图(V)/XY 平面(XY)/YZ 平面(YZ)/ZX 平面(ZX)/三点(3)] <三点>: XY　　　　//使用选项“XY”
指定 XY 平面上的点 <0,0,0>:mid　　　　//捕捉中点 D
于
是否删除源对象?[是(Y)/否(N)]<否>　　　　//按〈Enter〉键结束

结果如图 6-36 所示。

㉗ 根据三点建立新坐标系，如图 6-37 所示。

```
命令: _ucs
指定 UCS 的原点或 [面(F)/命名(NA)/对象(OB)/上一个(P)/视图(V)/世界(W)/X/Y/Z/Z 轴(ZA)] <世界>: n                                //新建
指定新 UCS 的原点或 [Z 轴(ZA)/三点(3)/对象(OB)/面(F)/视图(V)/X/Y/Z] <0,0,0>: 3
                                        //使用选项“三点(3)”
指定新原点 <0,0,0>:end                   //捕捉端点 E，如图 6-37 所示
于
在正 X 轴范围上指定点<46.6413,-194.2316,0.0000>: end
于
                                        //捕捉端点 F
在 UCS XY 平面的正 Y 轴范围上指定点<45.6413,-193.2316,0.0000>: end
                                        //捕捉端点 G
```

结果如图 6-37 所示。

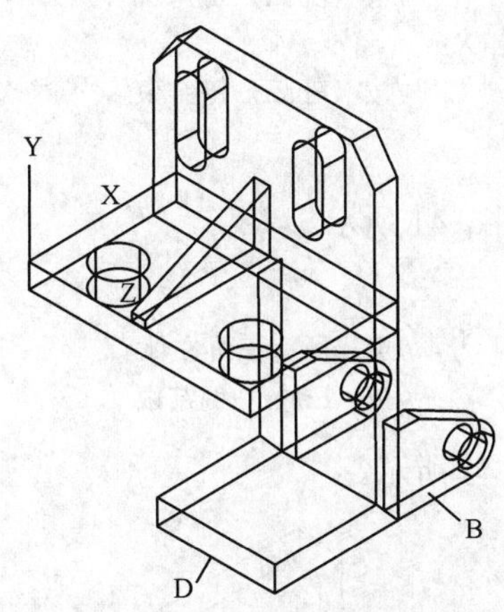

图 6-36　镜像小立板

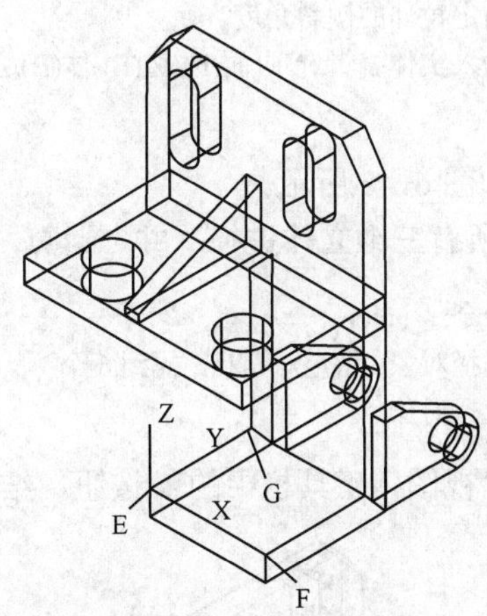

图 6-37　建立新坐标系

㉘ 在 XY 平面内绘制平面图形，如图 6-38 所示。

㉙ 将平面图形压印在实体上，然后拉伸实体表面形成缺口。单击“实体编辑”工具栏中的按钮，AutoCAD 提示：

```
选择三维实体或曲面:                      //选择 L 形弯板 A，如图 6-39 所示
选择要压印的对象:                        //依次选择平面图形 B 中的所有直线及圆弧（提示: 可用“常用”选项卡的“修改”面板中的按钮，将平面图形中的直线和圆弧合并）
是否删除源对象[是(Y)/否(N)]<N>: Y       //输入“Y”删除源对象
选择要压印的对象:                        //按〈Enter〉键
输入实体编辑选项[面(F)/边(E)/体(B)/放弃(U)/退出(X)]<退出>:
                                        //按〈Enter〉键结束
```

结果如图 6-39 所示。

单击“实体编辑”工具栏中的按钮，AutoCAD 提示：

```
选择面或[放弃(U)/删除(R)]: 找到一个面。   //选择表面 B，如图 6-39 所示
选择面或[放弃(U)/删除(R)/全部(ALL)]:     //按〈Enter〉键
```

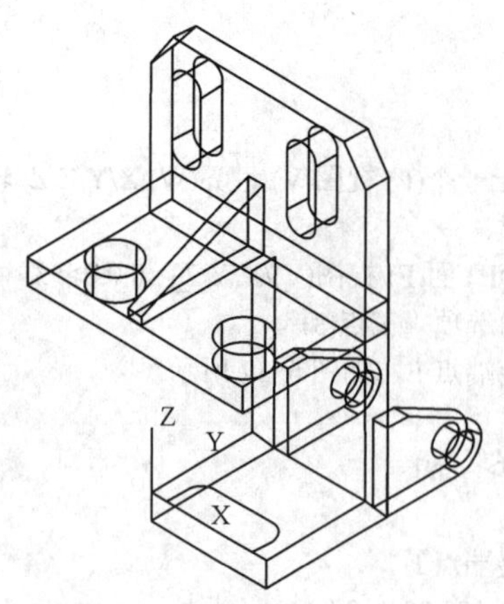

图 6-38　画平面图形

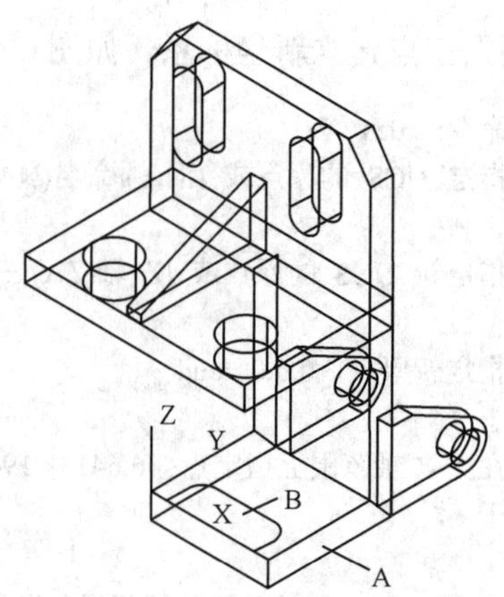

图 6-39　把平面图形压印在实体上

指定拉伸高度或[路径(P)]: -60　　//输入负的拉伸距离
指定拉伸的倾斜角度<0>:　　//按〈Enter〉键
输入实体编辑选项[面(F)/边(E)/体(B)/放弃(U)/退出(X)]:
　　//按〈Enter〉键结束

结果如图 6-40 所示。

㉚ 对所有三维立体进行“并”运算，结果如图 6-41 所示。

命令: _union
选择对象: 指定对角点: 找到 6 个　　//选择所有三维立体
选择对象:　　//按〈Enter〉键结束

单击“视图”工具栏中的按钮，结果如图 6-41 所示。

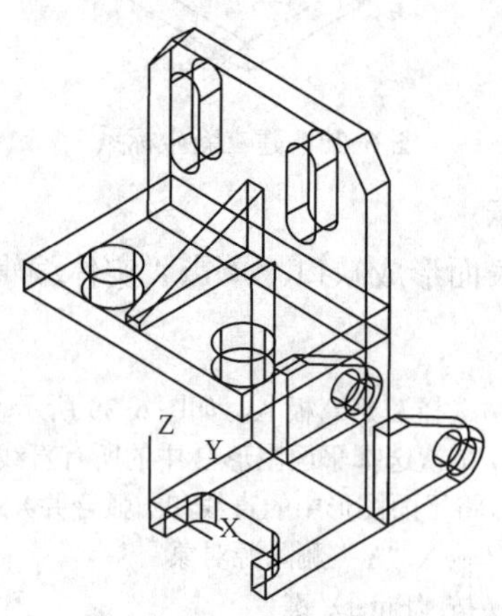

图 6-40　拉伸实体表面

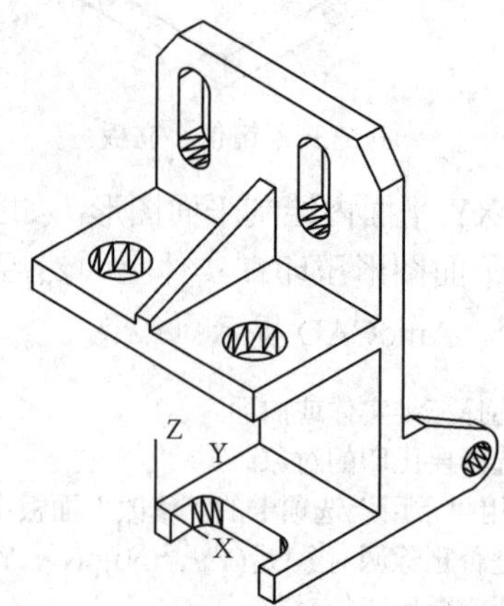

图 6-41 “并”运算

6.2.3 典型例题

绘制如图 6-42 所示的实体图形。

解题思路:

① 分析实体图形的组成，将模型分解为几个简单立体的组合。

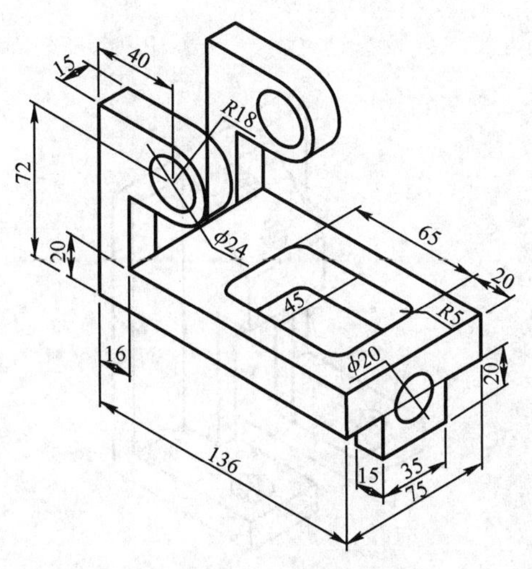

图 6-42　实体图形

② 在屏幕的适当位置绘制简单立体。

③ 将简单立体移动到正确的位置，组合三维模型。

④ 对所用简单立体执行“并”运算，形成单一立体。

6.2.4　实战训练

绘制图 6-43 和图 6-44 所示的图形。

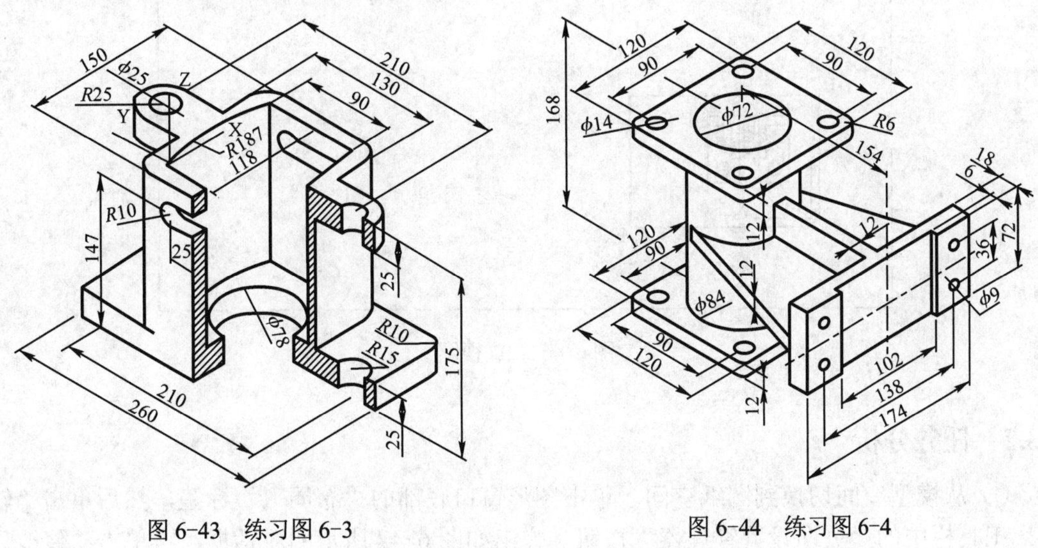

图 6-43　练习图 6-3　　　　图 6-44　练习图 6-4

任务 6.3　将三维模型转换成二维视图

6.3.1　任务引领

三维模型如图 6-45 所示，根据此三维模型生成 2D 视图，绘图比例为 1:20，图纸幅面为 A1，结果如图 6-46 所示。

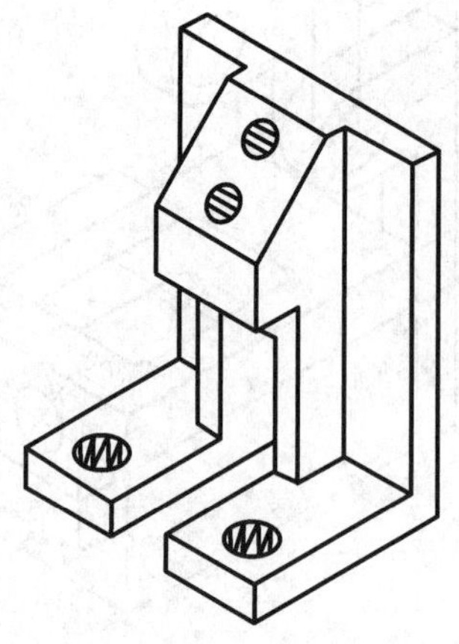

图 6-45　三维模型

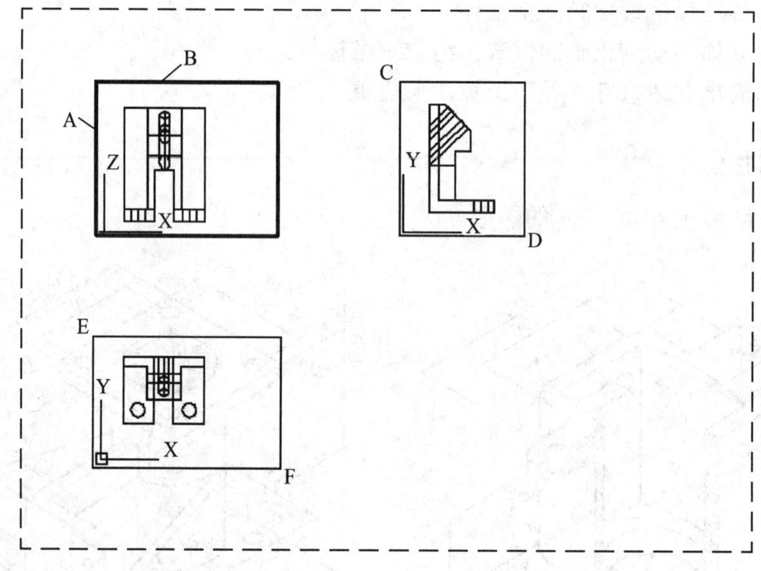

图 6-46　2D 视图

6.3.2　任务分析

① 从模型空间切换到图纸空间。单击图形窗口底部的“布局 1”标签，然后单击“输出”工具栏中的“页面设置管理器”按钮，弹出如图 6-47 所示的对话框，再单击“修改”按钮，弹出“页面设置”对话框，如图 6-48 所示。

② 在“图纸尺寸”下拉列表中设定图纸幅面为“ISO A1”。

③ 单击“确定”按钮，进入图纸空间。AutoCAD 在 A1 图纸上自动创建一个浮动视口，如图 6-49 所示。用户可以把浮动视口作为一个几何对象，因而能用 MOVE、COPY、SCALE 和 STRETCH 等命令及关键点编辑方式进行编辑。

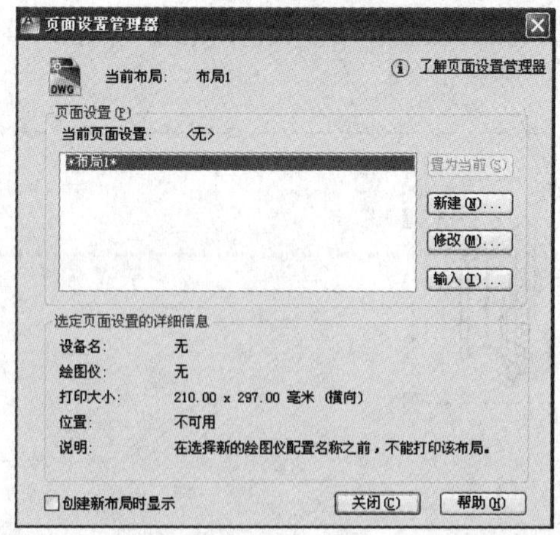

图 6-47 “页面设置管理器”对话框

图 6-48 “页面设置”对话框

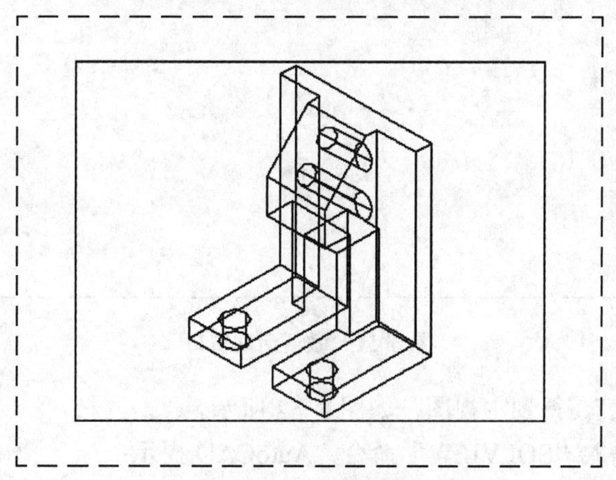

图 6-49 进入图纸空间

④ 选择浮动视口，激活它的关键点，进入拉伸模式，然后调整视口大小，结果如图 6-50 所示。

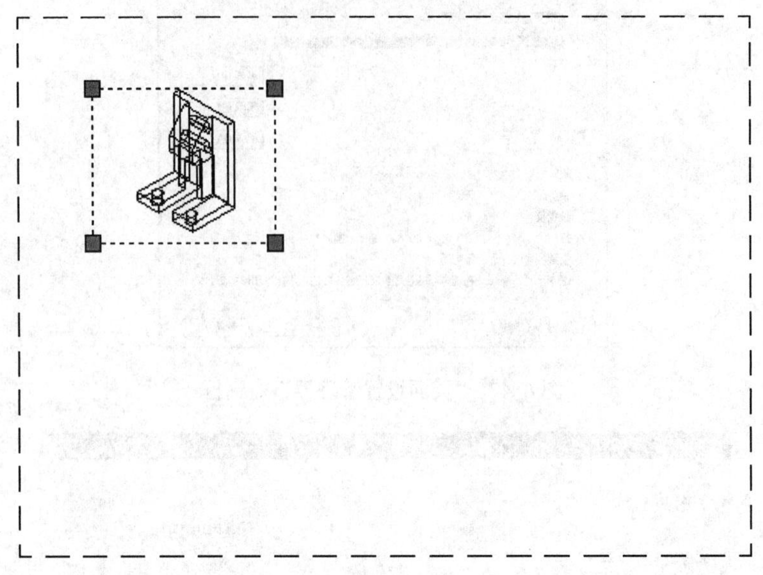

图 6-50　调整浮动窗口大小

⑤ 单击“图纸”按钮，激活图纸上的浮动窗口（此时进入浮动模型视口），再单击“标准”工具栏中的“激活活动窗口”按钮，使模型全部显示在视口中，如图 6-51 所示。

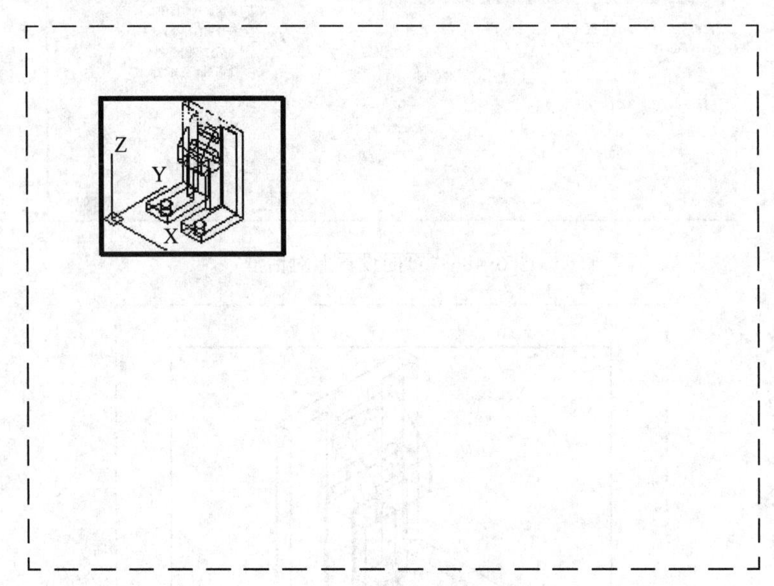

图 6-51　激活活动窗口

⑥ 设置“前视点”，得到主视图，如图 6-52 所示。

⑦ 在命令行中输入“SOLVIEW”命令，AutoCAD 提示：

命令: _solview

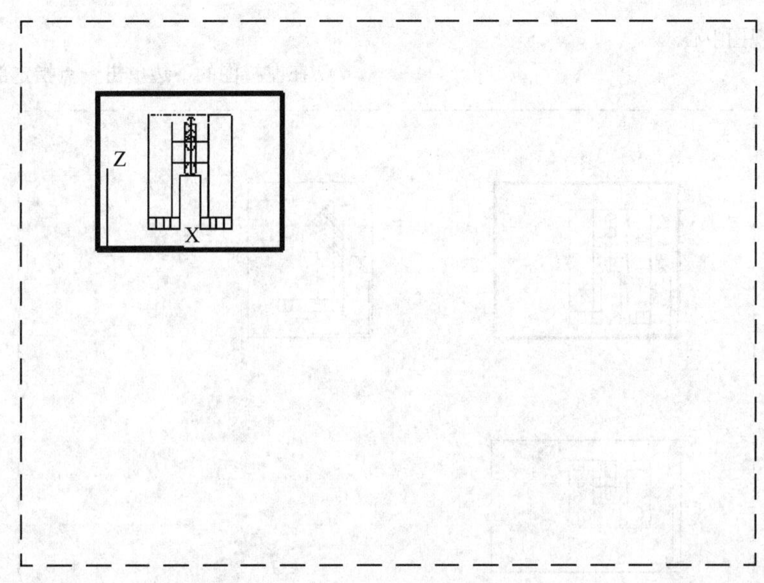

图 6-52　主视图

```
输入选项 [UCS(U)/正交(O)/辅助(A)/截面(S)]: o
                                              //使用选项“正交(O)”
指定视口要投影的那一侧:                       //选择浮动视口的 A 边，如图 6-53 所示
指定视图中心:
                                              //在主视图的右边单击一点指定左视图的位置
指定视图中心 <指定视口>:                      //按〈Enter〉键
指定视口的第一个角点:                         //单击 C 点
指定视口的对角点:                             //单击 D 点
输入视图名: 左视图                            //输入视图的名称
输入选项 [UCS(U)/正交(O)/辅助(A)/截面(S)]: o
                                              //使用选项“正交(O)”
指定视口要投影的那一侧:                       //选择浮动视口的 B 边
指定视图中心:
                                              //在主视图的下边单击一点指定俯视图的位置
指定视图中心 <指定视口>:                      //按〈Enter〉键
指定视口的第一个角点:                         //单击 E 点
指定视口的对角点:                             //单击 F 点
输入视图名: 俯视图                            //输入视图的名称
输入选项 [UCS(U)/正交(O)/辅助(A)/截面(S)]:     //按〈Enter〉键
```

⑧ 命令行输入 SOLVIEW 命令，AutoCAD 提示：

```
命令: _solview
输入选项 [UCS(U)/正交(O)/辅助(A)/截面(S)]:s
                                              //使用选项“截面(S)”
指定剪切平面的第一个点:                       //捕捉中点 G
指定剪切平面的第二个点:                       //捕捉中点 H
指定要从哪侧查看:                             //在主视图的左侧单击一点
输入视图比例 <0.3465>: 0.5                    //输入剖视图的缩放比例
```

指定视图中心:

//在左视图的下边单击一点指定剖视图的位置

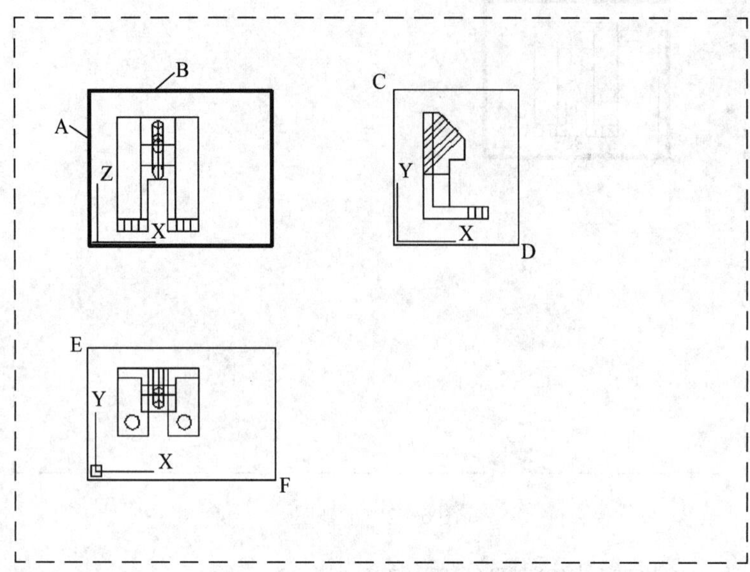

图 6-53　生成俯视图及左视图

另外，还可生成剖视图、斜视图、向视图及其他辅助视图，这里不再赘述。

6.3.3　典型例题

为图 6-54 所示的三维模型生成 2D 视图，绘图比例为 1:3、图纸幅面为 A3，结果如图 6-55 所示。

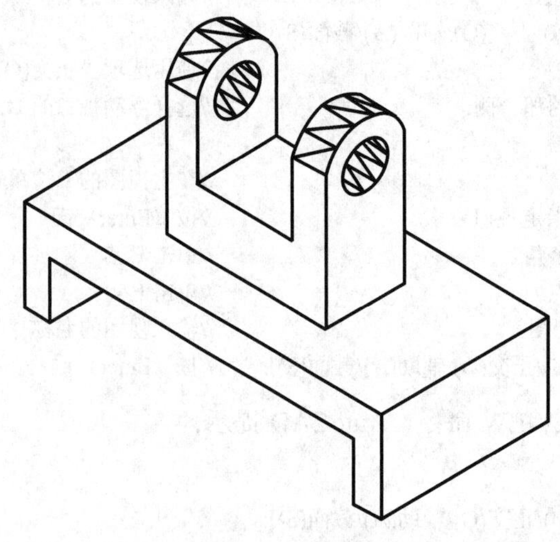

图 6-54　三维模型

解题思路：

① 进入图纸空间，设定图纸幅面，在 AutoCAD 生成的视口中调整视点，得到所需的视图。

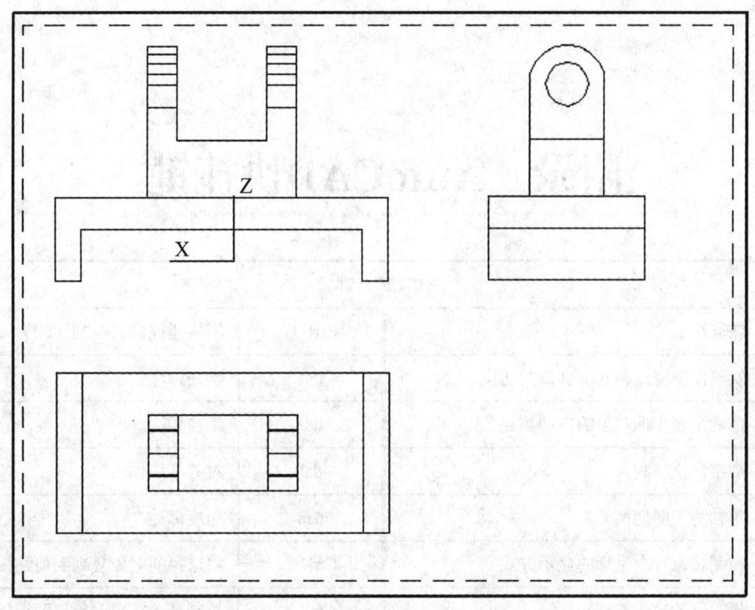

图 6-55　三维模型的平面视图

② 用 SOLVIEW 命令创建基本视图。

③ 设定视口的缩放比例。

6.3.4　实战训练

绘制图 6-56 和图 6-57 所示的三维模型。

图 6-56　三维模型 1

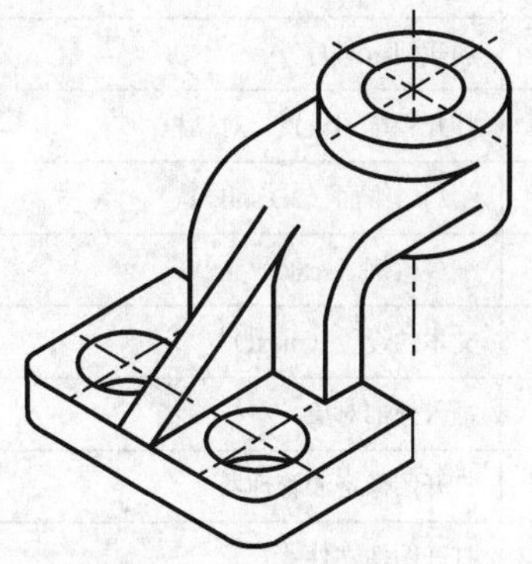

图 6-57　三维模型 2

附录 AutoCAD快捷键

快 捷 键			
F1	获取帮助	Ctrl+B	栅格捕捉模式控制（F9）
F2	实现作图窗口和文本窗口的切换	dra	半径标注
F3	控制是否实现对象的自动捕捉	ddi	直径标注
F4	数字化仪控制	dal	对齐标注
F5	等轴测平面切换	dan	角度标注
F6	控制状态行上坐标的显示方式	Ctrl+C	将选择的对象复制到剪贴板上
F7	栅格显示模式控制	Ctrl+F	控制是否实现对象自动捕捉（F3）
F8	正交模式控制	Ctrl+G	栅格显示模式控制（F7）
F9	栅格捕捉模式控制	Ctrl+J	重复执行上一步命令
F10	极轴模式控制	Ctrl+K	超级链接
F11	对象追踪控制	Ctrl+N	新建图形文件
Ctrl+M	打开“选项”对话框	AA	测量区域和周长（area）
AL	对齐（align）	AR	阵列（array）
AP	加载*.lsp 程序	VP	打开“视口”对话框（ddvpoint）
SE	打开“草图设置”对话框	ST	打开“文字样式”对话框（style）
SO	绘制二维面（2D solid）	SP	拼写检查（spell）
SC	缩放比例（scale）	SN	栅格捕捉模式设置（snap）
DT	文本的设置（dtext）	DI	测量两点间的距离
OI	插入外部对象	Ctrl+1	打开“特性”选项板
Ctrl+2	打开图像资源管理器	Ctrl+6	打开数据库连接管理器
Ctrl+O	打开图像文件	Ctrl+P	打开“打印”对话框
Ctrl+S	保存文件	Ctrl+U	极轴模式控制（F10）
Ctrl+V	粘贴剪贴板上的内容	Ctrl+W	对象追踪控制（F11）
Ctrl+X	剪切所选择的内容	Ctrl+Y	重做
Ctrl+Z	取消前一步的操作	A	绘制圆弧
B	定义块	C	绘制圆
D	打开标注样式管理器	E	删除
F	倒圆角	G	对象组合

（续）

快捷键			
H	填充	I	插入
S	拉伸	T	文本输入
W	定义块并保存到硬盘中	L	绘制直线
M	移动	X	分解
V	设置当前坐标	U	恢复上一次操作
O	偏移	P	移动
Z	缩放		

参 考 文 献

[1] 高文胜．计算机辅助设计——AutoCAD 2012[M]．北京：北京理工大学出版社，2013．

[2] 龙马工作室．AutoCAD 2012 实战从入门到精通[M]．北京：人民邮电出版社，2013．

[3] 刘玉莹，陈爱荣．AutoCAD 2008 项目化实例教程[M]．北京：北京理工大学出版社，2012．

[4] 王宏，杨雪静．AutoCAD 2012 中文版从基础到实训[M]．北京：清华大学出版社，2012．

[5] 二代龙震工作室．AutoCAD 2010 机械设计基础教程[M]．北京：清华大学出版社，2010．

[6] 李淑君．AutoCAD 2008 实用教程[M]．北京：北京理工大学出版社，2011．

[7] 徐秀娟．AutoCAD 实用教程[M]．北京：北京理工大学出版社，2010．

[8] 刘俊英，梁丰，于景福，等．AutoCAD 机械设计项目式教程[M]．北京：清华大学出版社，2010．

[9] 张选民，颜建强，李龙，等．AutoCAD 2008 机械设计典型案例[M]．北京：清华大学出版社，2007．